JIAZHUANG SHUIDIANGONG JINENG XIANCHANGTONG

家装水电工技能现场通 升级版

阳鸿钧 等 编著

中国电力出版社
CHINA ELECTRIC POWER PRESS

内 容 提 要

本书以家装现场彩图的形式展现了水电工的基本知识与技能。从工具的应用到材料的识别与应用，再到装饰装修通用技能的讲解，最后是暗装与明装技能的讲解，使读者能够适应城镇与农村家装的全能全面要求，真正达到快学快上岗、学业就业创业一本通的目的。

本书适合希望从事或从事家居装饰装修的水电工和业主快学快用或者参考阅读，也适合水电工程自学者、家装公司水电工、进城务工人员、回乡或者下乡家装建设人员、物业水电工、农村基层电工、转业创业人员阅读，还可供相关学校作为培训教材。

图书在版编目（CIP）数据

家装水电工技能现场通：升级版 / 阳鸿钧等编著. —北京：中国电力出版社，2021.5

ISBN 978-7-5198-5351-8

Ⅰ.①家… Ⅱ.①阳… Ⅲ.①房屋建筑设备-给排水系统-基本知识 ②房屋建筑设备-电气设备-基本知识 Ⅳ.①TU821 ②TU85

中国版本图书馆 CIP 数据核字（2021）第 022651 号

出版发行：中国电力出版社
地　　址：北京市东城区北京站西街 19 号（邮政编码 100005）
网　　址：http://www.cepp.sgcc.com.cn
责任编辑：莫冰莹　（010-63412526）
责任校对：黄　蓓　马　宁
装帧设计：唯佳文化
责任印制：杨晓东

印　　刷：三河市航远印刷有限公司
版　　次：2021 年 5 月第一版
印　　次：2021 年 5 月北京第一次印刷
开　　本：880 毫米×1230 毫米　32 开本
印　　张：7.75
字　　数：219 千字
定　　价：50.00 元

版权专有　侵权必究

本书如有印装质量问题，我社营销中心负责退换

前言

随着我国城镇化进程的加快以及人们生活水平的提高，家装行业得到了持久发展，家装队伍也在不断壮大。作为家装工程中的隐蔽工程，水电工程自然受到家装行业与广大业主的高度重视。本书主要为广大水电工及时掌握家居水电工程的施工规范与要求编写。本次升级版修订主要增加了新技术、新工艺、新产品的内容，例如，增加水工、弱电（例如管钳、网线钳）等新类型工具的使用；增加装修热点技术，例如，卫生间管道架空工艺、同层排水工艺、家居 WiFi 布置工艺、家居手机管理系统等。同时，针对现行标准的更新与修订，修改了不适时宜的内容，从而使内容更新、更全、更实用。

全书以专题形式进行讲解，共 6 章。其中，第 1 章主要介绍工具的应用。第 2 章主要介绍水电材料的特点、应用。第 3 章主要介绍家装水电的通用技能。第 4 章主要介绍识图看图的方法与案例。第 5 章主要介绍水电暗装技能。第 6 章主要介绍水电明装技能。附录介绍了建筑水电基础及不规范操作图例。

本书在编写过程中参阅了一些珍贵的资料或文献，在此对这些资料和文献的作者深表谢意。另外，在编写中得到了其他有关单位、同行和朋友的帮助，在此也表示感谢。

由于编者水平有限，书中有不尽如人意之处，恳请读者批评指正。

编 者
2021 年 3 月

目录

前言

第1章　工具活学活用 …………………………………… 1

 1-1　活学活用螺丝刀 ………………………………… 2
 1-2　活学活用钳子 …………………………………… 2
 1-3　活学活用扳手 …………………………………… 3
 1-4　活学活用电烙铁 ………………………………… 4
 1-5　活学活用电锤 …………………………………… 7
 1-6　活学活用锤子 …………………………………… 7
 1-7　活学活用万用表 ………………………………… 9
 1-8　活学活用PVC电线管弯管器 …………………… 11
 1-9　活学活用电工线管穿线器（引线器）………… 11
 1-10　活学活用免剥皮电工并线器 ………………… 13
 1-11　活学活用PP-R熔接器 ………………………… 14
 1-12　活学活用手动试压泵 ………………………… 16

第2章　水电材料面面观 ………………………………… 18

 2-1　怎样选择家居装饰管材 ………………………… 19
 2-2　认识、了解PP-R管材 ………………………… 19
 2-3　全面了解PP-R给水管配件 …………………… 22
 2-4　轻松掌握PP-R给水管配件的用量选择 ……… 24
 2-5　PP-R管安装要求 ……………………………… 26
 2-6　认识PVC管 …………………………………… 27
 2-7　全面了解PVC水管配件 ……………………… 27
 2-8　了解水管接头 ………………………………… 30
 2-9　了解编织管与不锈钢波纹管 ………………… 30

2-10	了解下水配件	34
2-11	水龙头种类与特点	35
2-12	水龙头安装注意事项	38
2-13	了解阀门	38
2-14	洗面器的种类	42
2-15	全面了解家装用电线与电缆、接口	44
2-16	了解常用弱电插头	53
2-17	了解 PVC 电工套管与其附件	53
2-18	全面了解开关	55
2-19	全面了解插座与其接线	63
2-20	全面了解弱电插座与其接线	65
2-21	全面了解底盒与接线盒	67
2-22	了解一体化 PVC 86 型电视专用背景盒	69
2-23	了解杯疏	70
2-24	了解带盖活线 PVC 三通	71
2-25	了解成品活接过桥弯	72
2-26	了解上墙弯	72
2-27	了解波纹管	73
2-28	了解半圆线槽	74
2-29	了解线管固定管夹	75
2-30	了解连排管夹	76

第 3 章 通用技能全掌握 77

3-1	导线绝缘层的剥除	78
3-2	单芯铜导线的连接	79
3-3	单芯铜导线的接线圈制作	80
3-4	单芯铜导线盒内封端连接操作	81
3-5	多股铜导线连接	81
3-6	导线出线端子装接	82
3-7	导线绝缘的恢复	83
3-8	开关面板的检测	83
3-9	特殊开关面板的安装	85
3-10	插座的检测与安装	86
3-11	在插座面板上实现开关控制插座	91

3-12	强电配电箱的认识与安装	91
3-13	弱电配电箱的认识与安装	95
3-14	天然气管道的连接	98
3-15	家居电器与设备	99
3-16	洗碗机的安装	102
3-17	浴霸的安装	103
3-18	浴霸开关的类型与接线安装	108
3-19	燃气热水器的安装	111
3-20	不同灯具的特点	113
3-21	灯具的接线原则	114
3-22	灯具的安装要求	115
3-23	花灯的组装	116
3-24	普通座式灯头安装	117
3-25	吊线式灯头的安装	117
3-26	吸顶灯、壁灯的安装	117
3-27	嵌入式灯具（光带）的安装	118
3-28	日光灯（荧光灯）的安装	118
3-29	有线电视系统的组成	121
3-30	有线电视分配器的安装	122
3-31	电视插座的连接	124
3-32	四芯线电话插座的连接	125
3-33	电话水晶头的制作	125
3-34	电话线基本连接	127
3-35	超五类线网络插座的连接	127
3-36	RJ45接头的排线与连接	128
3-37	网络基本连线	130
3-38	卫生器具给水额定流量、当量、支管管径与流出水头	133
3-39	生活饮用水管道安装的要求与规范	134
3-40	卫生器具名称排水流量与卫生器具排水管最小坡度	135
3-41	排水管道的要求与规范	136
3-42	地漏的选择与要求	137
3-43	PP-R的熔接	138
3-44	阀门的安装与检查	140
3-45	水表的安装	140

3-46 居住与公共建筑卫生器具的安装高度……………… 141
3-47 洗面器水龙头的安装…………………………… 142
3-48 洗涤盆与立柱盆的安装………………………… 144
3-49 坐便器的安装…………………………………… 149
3-50 连体坐便器（马桶）的安装…………………… 150
3-51 水箱的安装……………………………………… 153
3-52 洗菜盆水龙头的安装…………………………… 153
3-53 浴盆的安装要领………………………………… 154

第4章 识图看图教你会……………………………… 156

4-1 识图看图概述…………………………………… 157
4-2 怎样看配电系统图……………………………… 158
4-3 怎样看插座布置图……………………………… 162
4-4 怎样看照明布置图……………………………… 163
4-5 家装案例电气图………………………………… 164
4-6 现场1:1画样图………………………………… 167

第5章 暗装技能教你懂……………………………… 168

5-1 怎样定位………………………………………… 169
5-2 怎样划线（弹线）与开槽……………………… 170
5-3 家装开关插座安装有关数据与基准线………… 173
5-4 怎样布管与连接………………………………… 175
5-5 稳埋盒、箱的最终效果与怎样稳埋盒、箱…… 177
5-6 怎样走线与连线………………………………… 179
5-7 开关、插座、底盒怎样连接…………………… 180
5-8 管路敷设及盒箱安装允许偏差………………… 184
5-9 怎样敷设给水管与排水管……………………… 184
5-10 卫生间水路安装………………………………… 187
5-11 淋浴器的安装…………………………………… 188
5-12 水管怎样开槽与布管…………………………… 189
5-13 管路封槽………………………………………… 194
5-14 认识地暖系统…………………………………… 195
5-15 地暖安装工艺流程……………………………… 197

第6章 明装技能教你用 ... 201

- 6-1 水电明装的应用领域 ... 202
- 6-2 明装电路配线材料的要求 ... 202
- 6-3 进户线的连接 ... 204
- 6-4 家装明装电路需要的主要机具 ... 204
- 6-5 家装明装电路作业条件与水电工艺流程 ... 205
- 6-6 家装明装电路怎样弹线定位 ... 205
- 6-7 家装明装电路线槽的布管与固定 ... 206
- 6-8 家装明装电路线槽连接与走线 ... 209
- 6-9 家装明装电路照明开关安装要求与规定 ... 210
- 6-10 一开五孔带开关单控插座的应用安装技巧 ... 211
- 6-11 漏电开关的特点与安装 ... 213
- 6-12 明装灯座的安装 ... 215
- 6-13 明装灯座开关的安装 ... 218
- 6-14 拉线开关的安装 ... 219
- 6-15 塑料线槽配线安装 ... 219
- 6-16 地板线槽配线安装 ... 220
- 6-17 吊扇与壁扇的安装 ... 220
- 6-18 明装电话线线槽 ... 223
- 6-19 PP-R明装的要求与规范 ... 223
- 6-20 聚丙烯给水管道的管支撑中心距离的确定 ... 225
- 6-21 PP-R明装补偿臂最小长度的确定 ... 226
- 6-22 PP-R明装膨胀或收缩的防止与补偿 ... 226
- 6-23 波纹管安装、成型技巧 ... 228

附录A 掌握家装常见尺寸 ... 231

附录B 水电基础知识 ... 233

附录C 家装施工的不规范操作 ... 234

附录D 胀塞、膨胀管与金属锚栓套管 ... 236

第1章

工具活学活用

1-1 活学活用螺丝刀

1. 螺丝刀的特点

螺丝刀又叫做起子、改锥，它是一种拧转螺栓或螺钉使其就位的工具。螺丝刀有普通、一字、十字、电动、组合型、直形、L形、T形、内六角、外六角等不同种类。应用时，需要合理选择螺丝刀的品种规格，不得"以小代大"，螺丝刀口端应与螺栓或螺钉上的槽口相吻合。如果口端太薄，容易折断，口端太厚，不能够完全嵌入槽内，刀口或螺栓槽口容易损坏。

2. 怎样使用螺丝刀

螺丝刀顺时针方向旋转螺钉一般为嵌紧，逆时针方向旋转螺钉一般为松出。螺丝刀开始拧松或最后拧紧时，一般需要用力将螺丝刀压紧后再用手腕力扭转螺丝刀。当螺栓松动后，可以用手心轻压螺丝刀柄，用拇指、中指、食指快速转动螺丝刀即可。使用螺丝刀时，不要用锤子敲击工具以加力，或把螺丝刀当锤子使用。

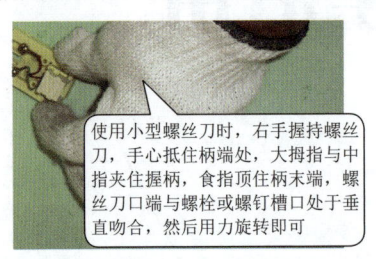

使用小型螺丝刀时，右手握持螺丝刀，手心抵住柄端处，大拇指与中指夹住握柄，食指顶住柄末端，螺丝刀口端与螺栓或螺钉槽口处于垂直吻合，然后用力旋转即可

使用中型螺丝刀时，大拇指、食指与中指要夹住握柄。手掌顶住柄末端

小型螺丝刀的使用方法 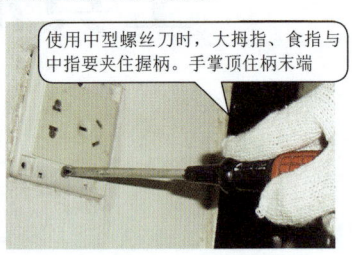　　　　中型螺丝刀的使用方法

1-2 活学活用钳子

1. 钳子的特点

钳子是一种用于扭转、弯曲、剪断金属丝线或者夹持、固定加工工件的手工工具。钳子的外形一般呈V形，一般由手柄、钳腮和钳嘴组成。

钳子的种类

2. 钳子的种类与使用方法

按性能分：夹扭型钳子、剪切型钳子、夹扭剪切型钳子等。

按形状分：尖嘴钳、斜嘴钳、针嘴钳、扁嘴钳、圆嘴钳、弯嘴钳、顶切钳、钢丝钳、花鳃钳等。

按主要功能、用途分：钢丝钳、剥线钳、夹持式钳子、管子钳等。

按通常规格分：4.5in迷你钳、5in钳子、6in钳子、7in钳子、8in钳子、9.5in钳子等（in为英寸单位，1in：25.4mm）。

按用途分：DIY钳、工业级用钳、专用钳等。

按结构形式分：穿鳃钳、叠鳃钳等。

第1章 工具活学活用 3

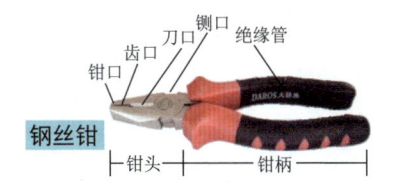

钢丝钳
钳口 齿口 刀口 铡口 绝缘管
钳头 钳柄

尖嘴钳主要用来剪切线径较细的单股线与多股线、单股导线接头弯圈、剥塑料绝缘层、夹取小零件等

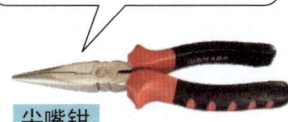

尖嘴钳

斜嘴钳

使用钳子时，用右手操作。
操作时，钳口朝内侧，便于控制钳切部位。
用小指伸在两钳柄中间来抵住钳柄，这样分开钳柄灵活

在带电剪切导线时，不得用刀口同时剪切不同电位的两根线以免发生短路事故

尖嘴钳立握法

尖嘴钳平握法

尖嘴钳的使用方法

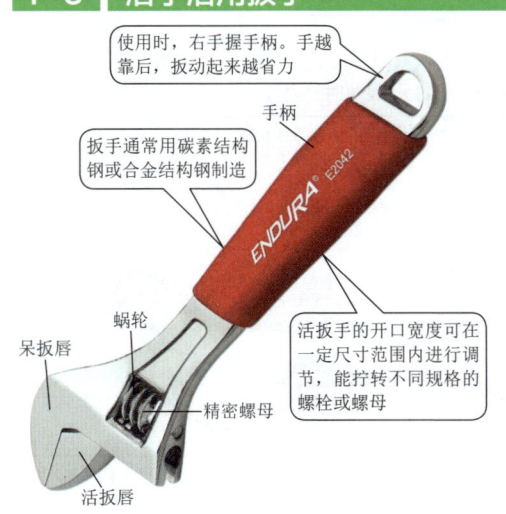

1-3　活学活用扳手

使用时，右手握手柄。手越靠后，扳动起来越省力

手柄

扳手通常用碳素结构钢或合金结构钢制造

活扳手的开口宽度可在一定尺寸范围内进行调节，能拧转不同规格的螺栓或螺母

呆扳唇
蜗轮
精密螺母
活扳唇

扳手的结构

水龙头采用扳手来安装

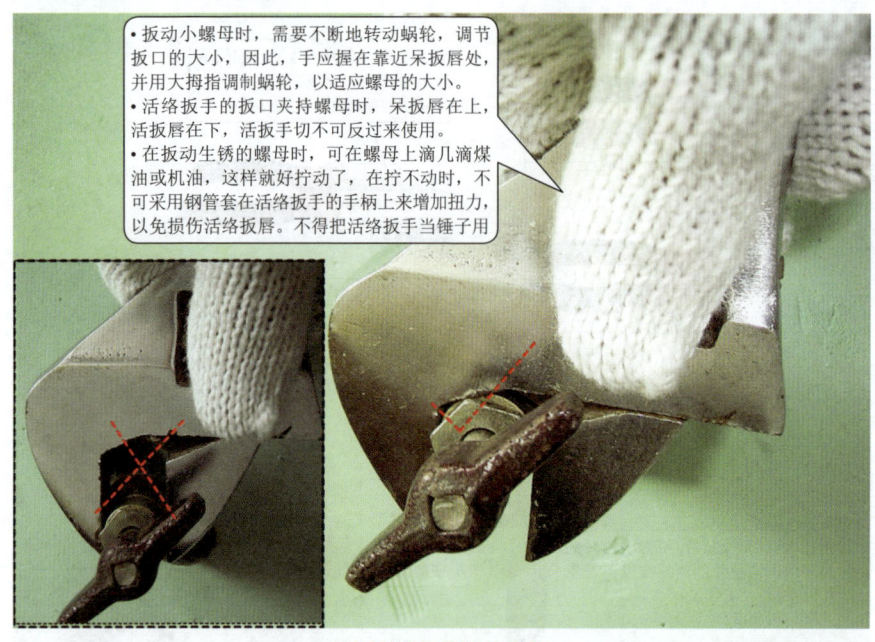

- 扳动小螺母时，需要不断地转动蜗轮，调节扳口的大小，因此，手应握在靠近呆扳唇处，并用大拇指调制蜗轮，以适应螺母的大小。
- 活络扳手的扳口夹持螺母时，呆扳唇在上，活扳唇在下，活扳手切不可反过来使用。
- 在扳动生锈的螺母时，可在螺母上滴几滴煤油或机油，这样就好扳动了，在拧不动时，不可采用钢管套在活络扳手的手柄上来增加扭力，以免损伤活络扳唇。不得把活络扳手当锤子用

扳手的使用方法与要点

1-4 活学活用电烙铁

1. 电烙铁的选择

（1）20W 内热式或 25W 的外热式电烙铁，在焊接集成电路、晶体管、受热易损元器件时选用。

（2）45~75W 外热式电烙铁或 50W 内热式电烙铁，在焊接导线、同轴电缆时选用。

（3）100W 以上的电烙铁，在焊接较大的元器件时选用。

| 烙铁芯是将电热丝平行地绕制在一根空心瓷管上制成，中间的云母片绝缘，并引出两根导线与 200V 交流电源连接 | 烙铁芯的功率规格不同，其内阻也不同：
25W 电烙铁——阻值约为 2kΩ。
45W 电烙铁——阻值约为 1kΩ。
75W 电烙铁——阻值约为 0.6kΩ。
100W 电烙铁——阻值约为 0.5kΩ |

- 烙铁头
- 首用发热芯冒烟属正常现象
- 插头
- 不锈钢外壳
- 烙铁芯
- 木柄
- 电源引线

烙铁头一般采用紫铜制成，新烙铁在使用前需要先上锡。首先用锉刀把烙铁头按需要锉成一定的形状，再接上电源，当烙铁头温度升至能熔锡时，将松香涂在烙铁头上，等松香冒烟后再涂上一层焊锡

外热式电烙铁

第1章 工具活学活用　5

焊接时还常用到镊子（或尖嘴钳）工具来夹置导线，起到固定或散热作用

可调恒温电烙铁耗电比普通烙铁低

长时间不使用电烙铁或离开工作岗位时，切记关闭电烙铁的电源，以避免烫坏物品或引起火灾

内热式电烙铁

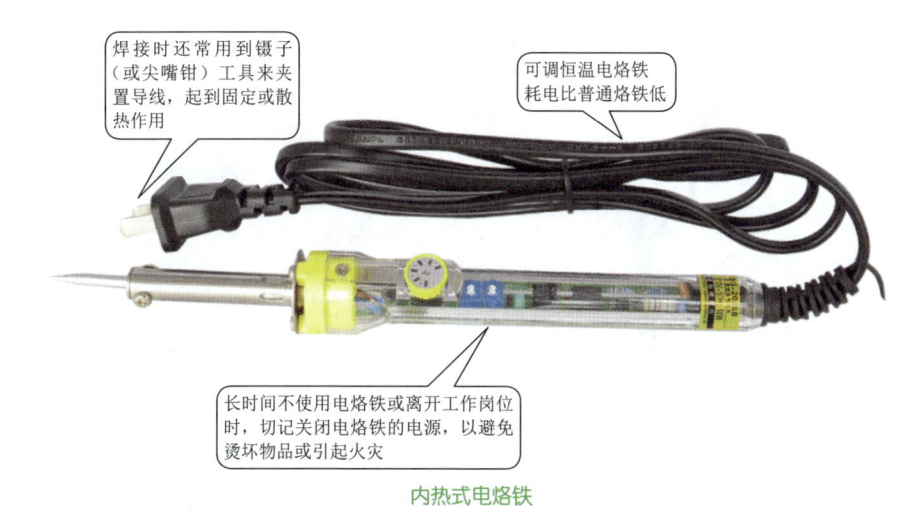

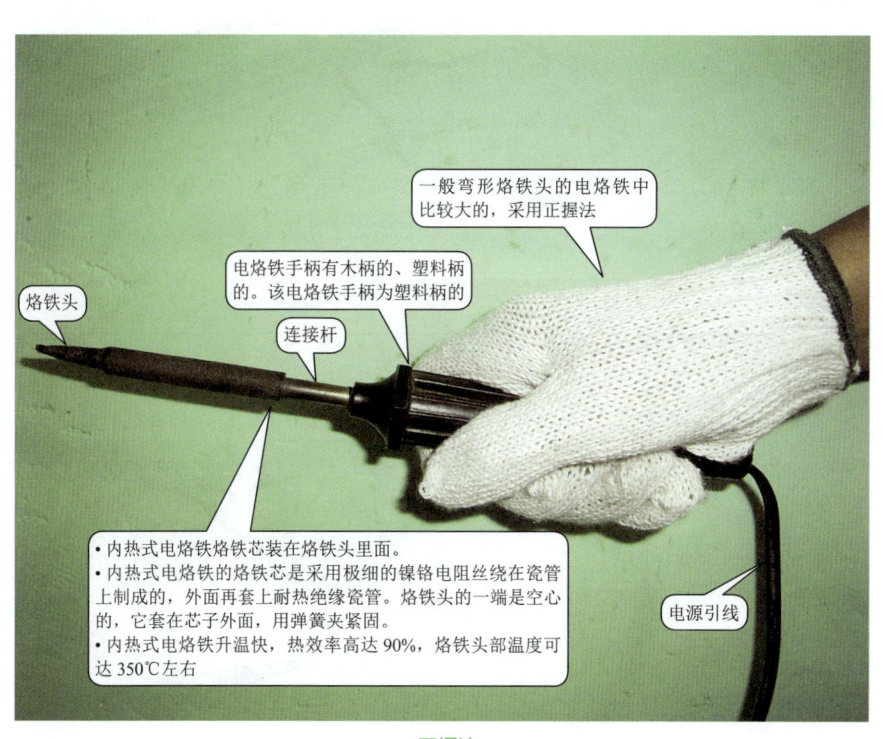

一般弯形烙铁头的电烙铁中比较大的，采用正握法

电烙铁手柄有木柄的、塑料柄的。该电烙铁手柄为塑料柄的

烙铁头

连接杆

电源引线

- 内热式电烙铁烙铁芯装在烙铁头里面。
- 内热式电烙铁的烙铁芯是采用极细的镍铬电阻丝绕在瓷管上制成的，外面再套上耐热绝缘瓷管。烙铁头的一端是空心的，它套在芯子外面，用弹簧夹紧固。
- 内热式电烙铁升温快，热效率高达90%，烙铁头部温度可达350℃左右

正握法

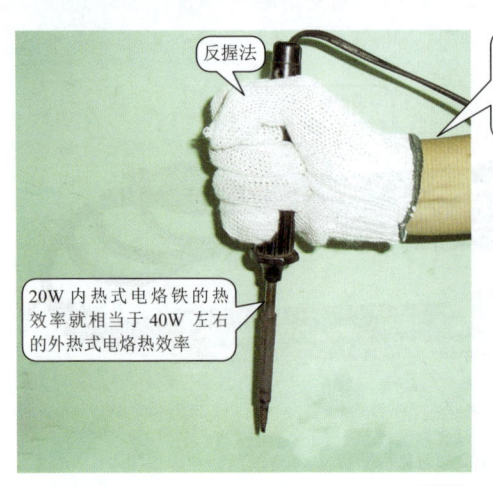

反握法

反握法，就是用五指把电烙铁的柄握在掌内，一般适用于大功率电烙铁，焊接散热量较大的被焊件。握笔法一般适用小功率的电烙铁，焊接散热量小的被焊件

20W 内热式电烙铁的热效率就相当于 40W 左右的外热式电烙热效率

◆ 适用于一般仪表、仪器、铜、锡、铁等金属器上焊接。
◆ 焊接前先将物品表面擦净。
◆ 焊接时，把焊点擦干净，然后涂点焊锡膏，再用电烙铁焊接焊点

反握法

连续焊接的时候，用左手的拇指、小指和食指夹住焊锡丝，另外两个手指配合，就能把焊锡丝连续向前送进

把成卷的焊锡拉直

连续焊锡时焊锡丝的拿法

断续焊接时，只用拇指和食指拿住焊丝送锡，不能连续送

镀锡前，要把多股导线绞合，绞合时旋转角一般约为 30°～40°，旋转方向应与原线芯旋转方向一致。
一般在绝缘皮前留 1~3mm 没有锡的间隔

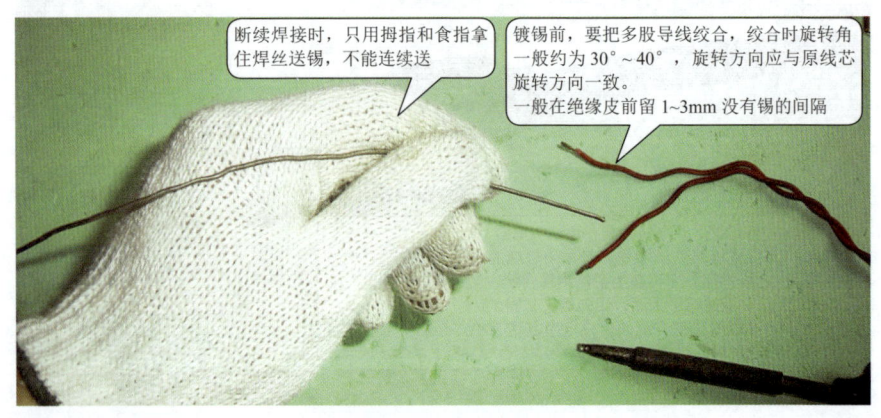

断续焊锡时焊锡丝的拿法

2. 电烙铁的应用——多股导线镀锡要点

（1）剥导线头的绝缘皮不要伤线芯。
（2）保持导线镀锡处清洁。
（3）镀锡前，要把多股导线绞合，绞合时旋转角一般约在30°~40°，旋转方向应与原线芯旋转方向一致。
（4）绞合完成后，再将绝缘皮剥掉。
（5）涂焊剂镀锡要留有余地。
（6）镀锡前要将导线蘸松香水，也可将导线放在有松香的木板上用烙铁给导线毂一层焊剂，同时镀上焊锡。
（7）不要让锡浸入到绝缘皮中，一般在绝缘皮前留1~3mm间隔使之没有锡。这样有利于穿套管，便于检查导线有无断股，保证绝缘皮端部整齐。

1-5 活学活用电锤

电锤的钻头有方柄钻头、圆柄钻头。电锤钻头规格一般用直径（mm）表示，见表1-1。

表1-1 钻头规格 mm

钻头规格	工作长度	长度
4	50	110
5	50	110
5	100	160
5.5	50	110
5.5	100	160
8	50	110
8	100	160
10	200	260
12	150	210

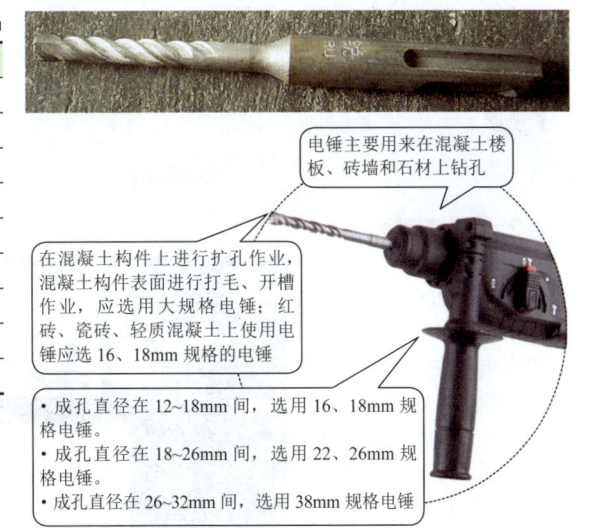

电锤主要用来在混凝土楼板、砖墙和石材上钻孔

在混凝土构件上进行扩孔作业，混凝土构件表面进行打毛、开槽作业，应选用大规格电锤；红砖、瓷砖、轻质混凝土上使用电锤应选16、18mm规格的电锤

- 成孔直径在12~18mm间，选用16、18mm规格电锤。
- 成孔直径在18~26mm间，选用22、26mm规格电锤。
- 成孔直径在26~32mm间，选用38mm规格电锤

电锤的特点与使用方法

1-6 活学活用锤子

1. 锤子的特点

锤子是敲打物体使其移动或变形的一种锤击工具。小锤子常用来敲钉子，矫正或是将物件敲开。

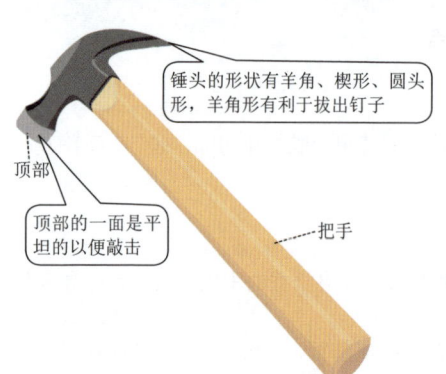

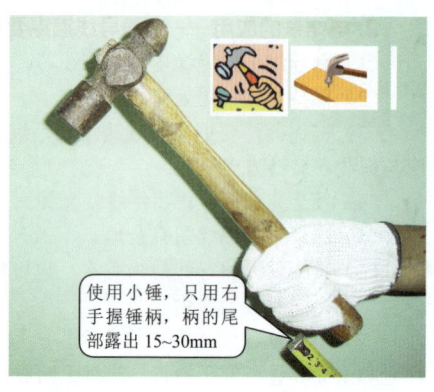

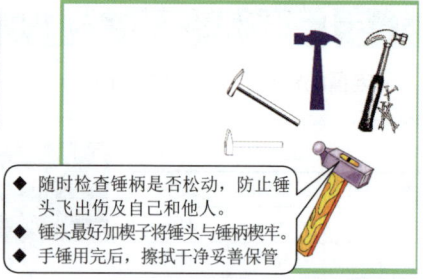

锤头的形状有羊角、楔形、圆头形，羊角形有利于拔出钉子

顶部

顶部的一面是平坦的以便敲击

把手

使用小锤，只用右手握锤柄，柄的尾部露出 15~30mm

锤子的拿法：为保证敲击的力度与准确性，要依靠手腕部位的运动带动锤子，大拇指应抵住锤柄，其余四指握住锤柄

◆ 随时检查锤柄是否松动，防止锤头飞出伤及自己和他人。
◆ 锤头最好加楔子将锤头与锤柄楔牢。
◆ 手锤用完后，擦拭干净妥善保管

锤子的使用常识

2. 怎样使用锤子

锤头有圆有方，重量有大有小，2000g 以上的称为大锤。使用大锤时，右手在前，左手在后，两手紧握锤柄。并且以大锤的锤柄与右（左）臂加起来的长度为半径，以自己的身体为中心，平举右（左）手臂向前、后、左、右各转一圈，当没有受到任何东西的阻碍时，说明使用大锤的区域是安全的。使用较大锤子时（例如中锤）一定要握紧，先对准需要打击的零件轻轻打击两下，然后再用力。

一般人习惯用右手，并且右手比左手力气大一些。因此，使用大锤时，右手在前，左手在后。如果左手在前，右手在后，一般人操作时不好用力

多层建筑大多是砖混结构，屋内每道墙基本是承重墙，装饰时不可以敲墙

在作业现场正确使用锤子

1-7 活学活用万用表

1. 万用表如何使用

家装中使用万用表主要是检测开关、线路是否正常，以及检测绝缘性能是否正常。使用万用表时（测量前），需要检查红表笔、黑表笔连接的位置是否正确，不能接反，否则测量直流电量时会因正负极的反接而使指针反转，损坏表头部件。

红色表笔接到红色接线柱或标有"+"号的插孔内，
黑色表笔接到黑色接线柱或标有"-"号的插孔内

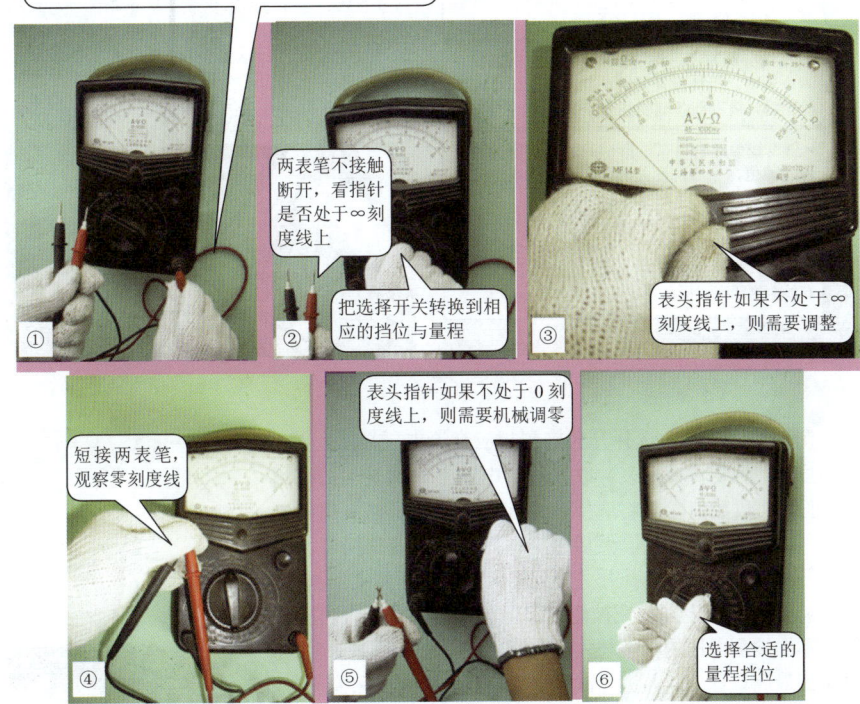

①

② 两表笔不接触断开，看指针是否处于∞刻度线上

把选择开关转换到相应的挡位与量程

③ 表头指针如果不处于∞刻度线上，则需要调整

④ 短接两表笔，观察零刻度线

⑤ 表头指针如果不处于0刻度线上，则需要机械调零

⑥ 选择合适的量程挡位

万用表的使用步骤

2. 怎样读万用表的指示数据

交流、直流标度尺（均匀刻度）的读数：根据选择的挡位，指示的数字乘以相应的倍率来读数，也可以根据选择的挡位换算读数。当表头指针位于两个刻度间的某个位置时，应将两刻度间的距离等分后，估读一个数值。

欧姆标度尺（非均匀刻度）的读数：根据选择的挡位乘以相应的倍率，也就是读取的数据×挡位即可。当表头指针位于两个刻度间的某个位置时，由于欧姆标度尺的刻度是非均匀刻度，需要根据左边与右边刻度缩小或扩大的趋势，估读一个数值。

万用表的主要性能指标基本上取决于表头的性能、表头的灵敏度。灵敏度是指表头指针满刻度偏转时流过表头的直流电流值，该值越小，说明表头的灵敏度越高

指针式万用表主要由指示部分、测量电路、转换装置组成

刻度线旁标有 R 或 Ω，指示的是电阻值，当转换开关调在欧姆挡时，就读此条刻度线

刻度线旁标有"—"，指示的是直流电压、直流电流值，当转换开关调在直流电压或直流电流挡时，就读此条刻度线

- 刻度线旁标有"~"，指示的是交流电压、交流电流值，当转换开关调在交流电压或交流电流挡时，就读此条刻度线。
- 有的万用表刻度线旁还标有 10V，则指示的是 10V 的交流电压值，当转换开关调在交、直流电压挡，量程在交流 10V 时，就读此条刻度线。
有的刻度线旁还标有 dB，则指示的是音频电平

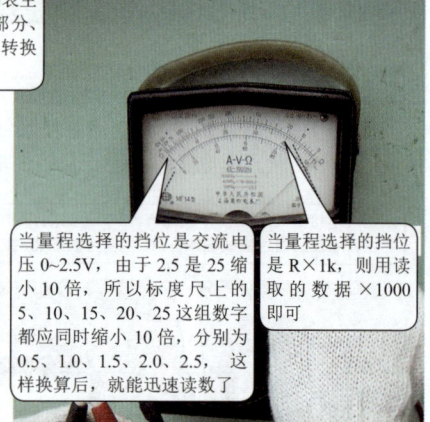

当量程选择的挡位是交流电压 0~2.5V，由于 2.5 是 25 缩小 10 倍，所以标度尺上的 5、10、15、20、25 这组数字都应同时缩小 10 倍，分别为 0.5、1.0、1.5、2.0、2.5，这样换算后，就能迅速读数了

当量程选择的挡位是 R×1k，则用读取的数据 ×1000 即可

万用表的读数举例

测量交流电压： 选择开关旋到相应交流电压挡上。测电压时，需要将万用表并联在被测电路上。如果不知被测电压的大致数值，需将选择开关旋至交流电压挡最高量程上，并进行试探测量，然后根据试探情况再调整挡位。

测量直流电压： 选择开关旋到相应直流电压挡上。测电压时，需要将万用表并联在被测电路上，并且注意正、负极性。如果不知被测电压的极性与大致数值，需将选择开关旋至直流电压挡最高量程上，并进行试探测量，然后根据试探情况再调整极性和挡位。

测量直流电流： 根据电路的极性正确地把万用表串联在电路中，并且预先选择好开关量程。

测量电阻： 把选择开关旋在适当"Ω"挡，两根表笔短接，进行调零，然后检测阻值即可。

万用表的应用

3. 使用万用表的注意事项

（1）万用表用 R×10k 电阻挡测兆欧级的阻值时，不可将手指捏在电阻两端，这样人体电阻会使测量结果偏小。

（2）测量大电流、大电压需要根据所用万用表的特点来选择红表笔所要插的挡位孔。

（3）不能用电流挡测量电压，否则会烧坏万用表。

（4）测量电阻时，被测对象不能处在带电状态下。

（5）在测量中，不能在测量的同时换挡，尤其是在测量高电压、大电流时，更要注意。

1-8 活学活用 PVC 电线管弯管器

1. PVC 电线管弯管器概述

PVC 电线管弯管器属于一种常见、经典的电工工具。

PVC 电线管弯管器有内用弯管器和外用弯管器两种。从弯管的效果来讲，内用弯管器的效果好，容易控制管子的弯度。外用弯管器不容易控制，弯的不到位，并且 PVC 电线管弯过了很难变回原来的形状与要弯的度数。

PVC 电线管内用弯管器是一种弹簧样的。PVC 电线管弯管器的外径比 PVC 管内径稍小。通常把 PVC 电线管内用弯管器叫做弹簧。

PVC 电线管弯管器就是避免直接弯折 PVC 管，容易瘪掉的现象。弯折时，PVC 电线管弯管器在 PVC 管内部撑住不让其瘪掉。

PVC 电线管弯管器规格（指管径）有 16、20、25、32mm。如果弯折 40、50mm 以上的 PVC 管，则不用 PVC 电线管弯管器，而用成品弯。

另外，PVC 电线管弯管器还分为 A 管弯管器、B 管弯管器。其中，B 管略粗，同管径的 A、B 弯管器不能够通用。

PVC 电线管弯管器

2. PVC 电线管弯管器的应用操作

应用操作时，只需要将型号合适的 PVC 电线管弹簧弯管器穿入 PVC 电线管内。然后不要太用劲，掰到自己要的弯度即可。弯好后，把 PVC 电线管弯管器抽出（有时需要拴根绳子在弯管器上，以便于抽出）。

1-9 活学活用电工线管穿线器（引线器）

1. 电工线管穿线器（引线器）概述

电工线管穿线器属于一种新型工具，其应用可以提高工作效率。

电工线管穿线器主要用于安装暗线时管道中牵引引导绳，以及布防通信电缆、网线、视频线等操作。

电工线管穿线器有采用钢丝包胶穿线器、红色塑料钢穿线器、绞线的穿线器、带轮的穿线器、不锈钢弹簧的穿线器等多种类型。

一般而言，材质偏软的适合近距离线管的操作，材质较硬的适合远距离线管的操作。另外，电工线管穿线器弯头位置相邻太近时，不易穿过；具有特殊滚轮的，则能更有效地穿过弯头。

圆头弹头　扁头弹头

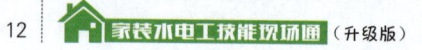

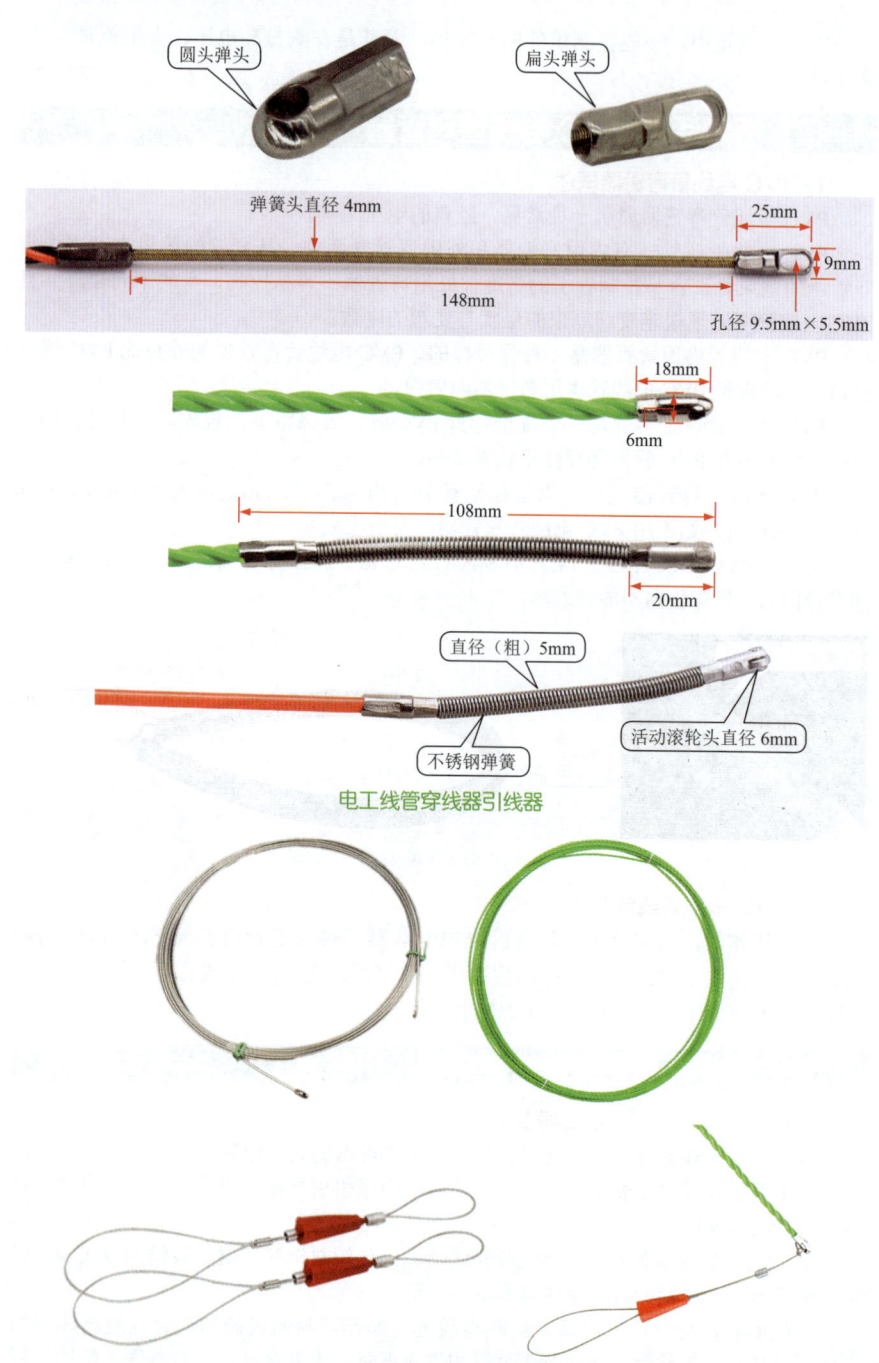

弹簧头直径 4mm
25mm
9mm
148mm
孔径 9.5mm×5.5mm

18mm
6mm

108mm
20mm

直径（粗）5mm
不锈钢弹簧
活动滚轮头直径 6mm

电工线管穿线器引线器

电工线管穿线器引线器（一）

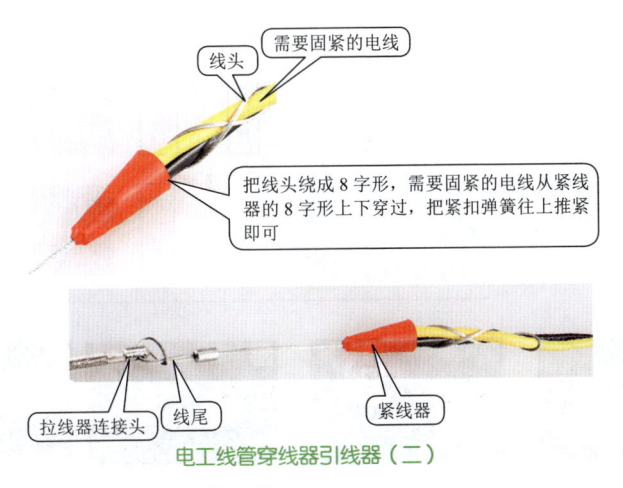

第1章　工具活学活用 | 13

线头
需要固紧的电线

把线头绕成8字形，需要固紧的电线从紧线器的8字形上下穿过，把紧扣弹簧往上推紧即可

拉线器连接头　线尾　　　紧线器

电工线管穿线器引线器（二）

2. 电工线管穿线器（引线器）的使用

使用电工线管穿线器（引线器），操作简单，可大大提高布线穿线工作效率。其使用方法如下：

（1）铺排好合理走向的电线线管。线管弯头处要采用弯管器弯好，并把线管固定好。

（2）将穿线器任意一端穿过线管，在线管另一端拉出一小段。将需要进入线管的电线各线头削去大约5cm，然后取一根裸线穿进穿线器的头部小孔圈，并且折牢固。如果有多条线需要进入同一线管，则把它们（多条线）绞在一起，并且用胶布包好。

（3）一人拉扯穿线器一端，另一人在另一端慢慢把电线顺入线管。

（4）如果拉扯困难时，可以轻轻敲打线管，以便穿线顺畅。

1-10　活学活用免剥皮电工并线器

免剥皮电工并线器属于一种新型工具，其应用可以提高工作效率。免剥皮电工并线器有剥三线、剥四线、剥五线等规格。

免剥皮电工并线器操作简单，剥线器接线端子绕 2.5~4mm² 电线后，再利用钳子夹持，然后利用手电钻头旋转使电线剥皮、并线。

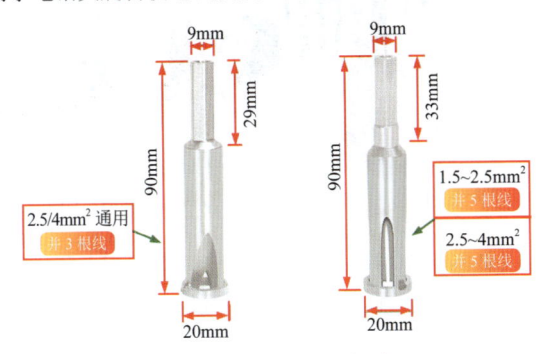

9mm　29mm　90mm　2.5/4mm² 通用　并3根线　20mm

9mm　33mm　90mm　1.5~2.5mm² 并5根线　2.5~4mm² 并5根线　20mm

免剥皮电工并线器（一）

| 将并线器固定于手枪钻上，并用螺丝刀松开并线器上的螺钉 | 将通孔的免剥皮并线器插入多功能并线器进线口后，拧紧螺钉固定住 | 并线保留长度增加到150mm | 启动电钻时，往前压着点力气，旋转一秒不到，慢慢拉出即可 |

免剥皮电工并线器（二）

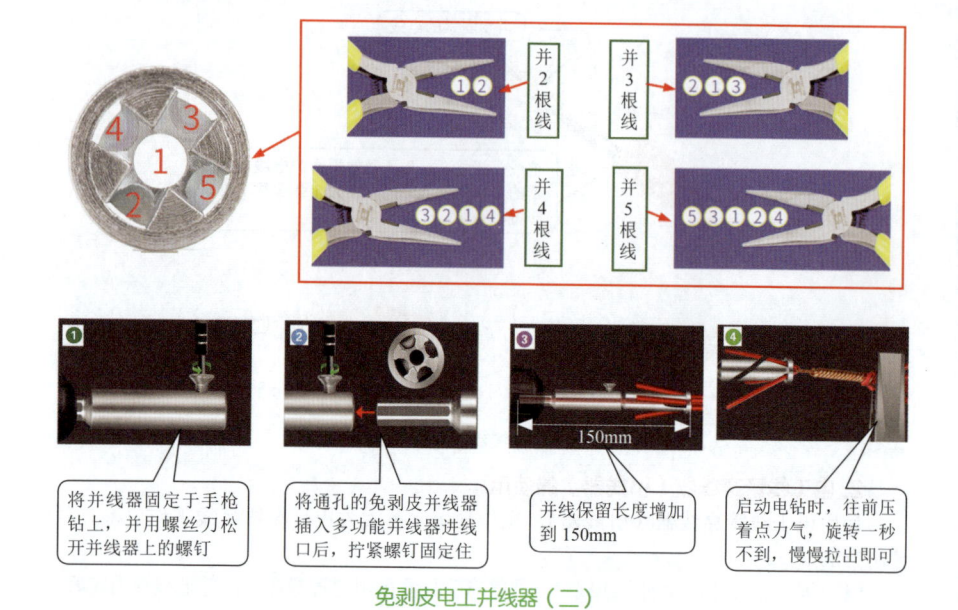

1-11 活学活用 PP-R 熔接器

1. 了解 PP-R 熔接器

PP-R 熔接器有微电脑数显热熔器、机械可调温热熔器等类型。PP-R 熔接器常见的附件是模头。模头有不同的规格，熔接时，需要根据 PP-R 管材选择相应规格的模头。

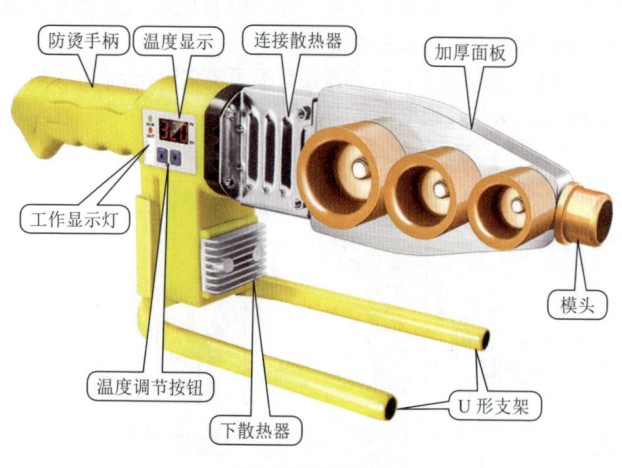

PP-R 数显热熔器

标注：防烫手柄、温度显示、连接散热器、加厚面板、工作显示灯、模头、温度调节按钮、下散热器、U形支架

第1章 工具活学活用 | 15

下面是一款 PP-R 熔接器模头尺寸（款式一）的介绍。

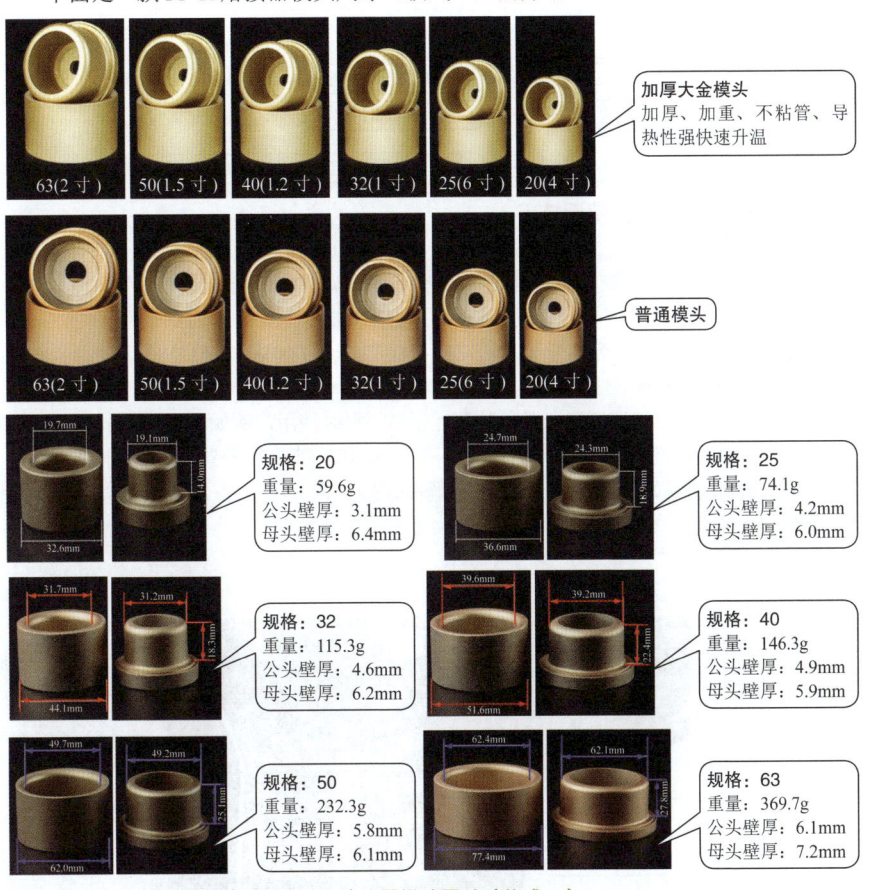

加厚大金模头：加厚、加重、不粘管、导热性强快速升温

63(2寸)　50(1.5寸)　40(1.2寸)　32(1寸)　25(6寸)　20(4寸)

普通模头

63(2寸)　50(1.5寸)　40(1.2寸)　32(1寸)　25(6寸)　20(4寸)

规格：20
重量：59.6g
公头壁厚：3.1mm
母头壁厚：6.4mm

规格：25
重量：74.1g
公头壁厚：4.2mm
母头壁厚：6.0mm

规格：32
重量：115.3g
公头壁厚：4.6mm
母头壁厚：6.2mm

规格：40
重量：146.3g
公头壁厚：4.9mm
母头壁厚：5.9mm

规格：50
重量：232.3g
公头壁厚：5.8mm
母头壁厚：6.1mm

规格：63
重量：369.7g
公头壁厚：6.1mm
母头壁厚：7.2mm

PP-R 熔接器模头尺寸（款式一）

另外一款 PP-R 熔接器模头尺寸（款式二）见表 1-2。

表 1-2　PP-R 熔接器模头尺寸（款式二）

类型	凹模内径	凹模深度	凸模外径
超特厚黑金 20（4 分）	19.6mm	16.5mm	19.2mm
超特厚黑金 25（6 分）	24.5mm	18.0mm	24.0mm
超特厚黑金 32（1 寸）	31.5mm	20.5mm	31.0mm
超特厚黑金 40（1.2 寸）	39.5mm	24.5mm	39.0mm
超特厚黑金 50（1.5 寸）	49.3mm	24.5mm	49.2mm
超特厚黑金 63（2 寸）	62.3mm	29.2mm	62.0mm
规格 16	15.8mm	16.0mm	15.0mm
数控特厚大金 20	19.7mm	15.5mm	19.4mm
数控特厚大金 25	24.5mm	16.7mm	24.2mm
数控特厚大金 32	31.3mm	18.4mm	31.0mm

2. PP-R 熔接器的选择技巧

PP-R 熔接器的选择技巧如下：

- 前端独立模头 → 解决墙角接管难题
- 面板的面积大小 → 直接影响热量的储存
- 电源线 → 加厚、加长、加粗防烫电源线使用更安全

3. PP-R 熔接器的使用技巧

PP-R 熔接器的使用技巧如下：

（1）使用热熔器模头的插管深度（凹模或者母头深度、凸模或者公头深度）对于热熔成型尺寸的估计，或者热熔前热熔深度的划基准线有着比较的重要性。

（2）有的数显热熔器温度设置在 250~260℃时为 600W，270~280℃时为 800W，280~300℃时为 1200W。

（3）有的数显热熔器适用于几种热塑性塑料管材时使用，例如 PP-R、PE、PP-C 等。

（4）一款数显热熔器的操作方法如下：长按 SET 键进行设置，设置到指定温度，再按 SET 键就设置好了。向上箭头表示调高温度，向下箭头表示调低温度，默认设置温度为 260℃。

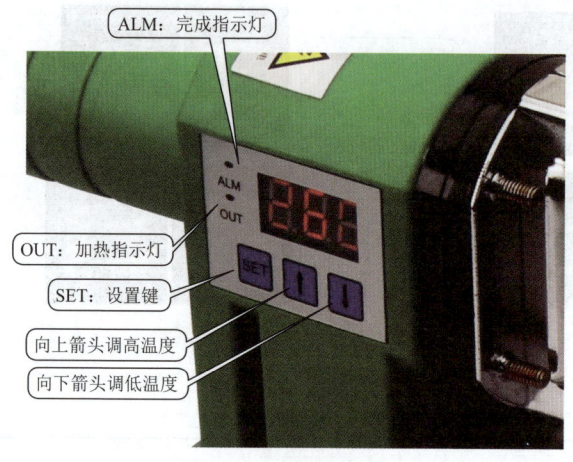

- ALM：完成指示灯
- OUT：加热指示灯
- SET：设置键
- 向上箭头调高温度
- 向下箭头调低温度

一款数显热熔器的操作方法

（5）熔接时，4 分管子与管件插进模具到拔出模具时间大约 5~7s 内完成；6 分管子与管件的时间大约 7~9s 内完成；1 寸管子与管件的时间大约 10~12s 内完成。时间过长，管子管件熔化会沾模具，同时也容易出现堵塞管子等异常现象的发生。

1-12 活学活用手动试压泵

1. 手动试压泵的概述

手动试压泵有 25kg 手动试压泵、40 kg 手动试压泵、60 kg 手动试压泵、70 kg 手动试压泵等规格。家装 PPR 自来水管试压可以选择 25kg 手动试压泵。

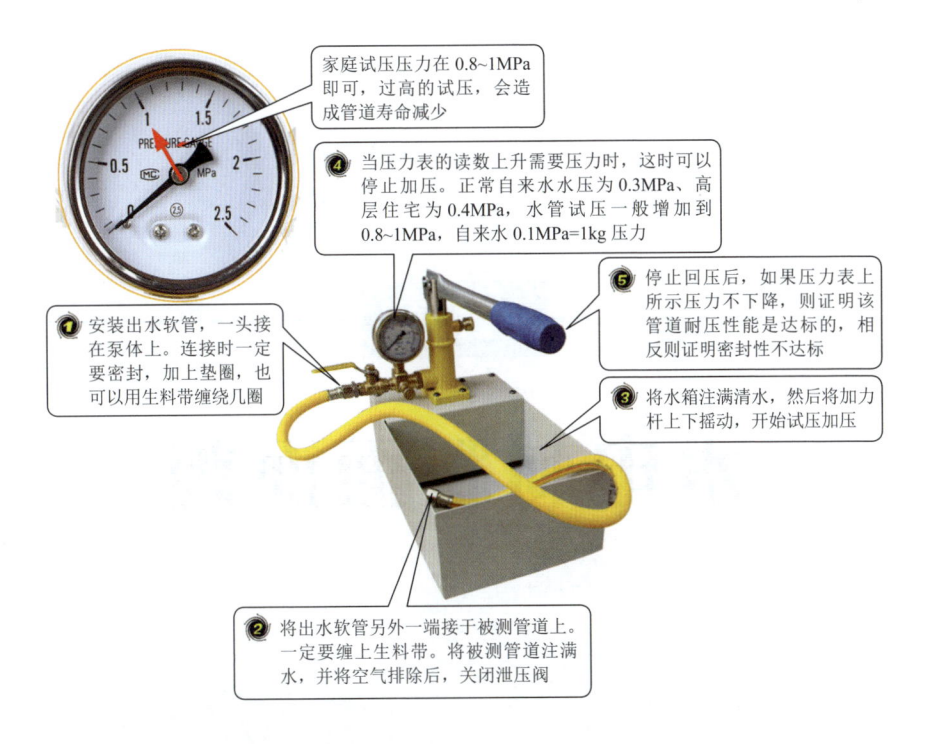

① 安装出水软管，一头接在泵体上。连接时一定要密封，加上垫圈，也可以用生料带缠绕几圈

④ 当压力表的读数上升需要压力时，这时可以停止加压。正常自来水水压为 0.3MPa、高层住宅为 0.4MPa，水管试压一般增加到 0.8~1MPa，自来水 0.1MPa=1kg 压力

家庭试压压力在 0.8~1MPa 即可，过高的试压，会造成管道寿命减少

⑤ 停止回压后，如果压力表上所示压力不下降，则证明该管道耐压性能是达标的，相反则证明密封性不达标

③ 将水箱注满清水，然后将加力杆上下摇动，开始试压加压

② 将出水软管另外一端接于被测管道上。一定要缠上生料带。将被测管道注满水，并将空气排除后，关闭泄压阀

2. 手动试压泵的使用

（1）首先将出水软管接在被测水管道上，注意连接要密封，也就是密封件要安装好。

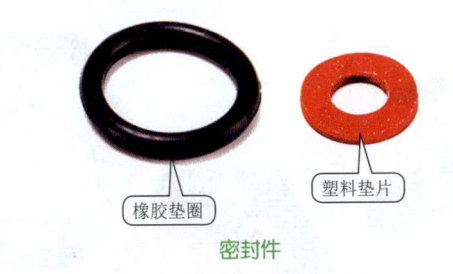

橡胶垫圈

塑料垫片

密封件

（2）将被测管道注满水，并且将管道内空气排出后关闭开关。
（3）将手动试压泵水箱注满清水，将手动试压泵板杆上下掀动开始试压加压。
（4）当手动试压泵压力表的读数上升到需要的压力时停止加压。
（5）手动试压泵停止加压后，如果压力表上所示压力不下降，则说明该管道密封性能是好的。如果压力表上所示压力下降，则说明该管道密封性能不好，有泄漏现象。

第 2 章

水电材料面面观

2-1 怎样选择家居装饰管材

常见的管材

选择家居装饰管材方法如下：
（1）生活给水管管径小于或等于 150mm 时，选择镀锌钢管或给水塑料管。
（2）生活给水管管径大于 150mm 时，可以采用给水铸铁管。
（3）生活给水管埋地敷设，管径等于或大于 75mm 时，宜采用给水铸铁管。
（4）大便器、大便槽、小便槽的冲洗管，宜采用给水塑料管。
（5）给水管道引入管的管径，不宜小于 20mm。
（6）生活或给水管道的水流速度，不宜大于 2m/s。

2-2 认识、了解 PP-R 管材

1. 什么是 PP-R 管

PP-R 管又叫三型聚丙烯管。三型聚丙烯管及管配件是由特殊的无规共聚聚丙烯（PP-R）制成，该聚丙烯含有的乙烯分子在聚丙烯聚合物链中随机分布，是一种高强度的材料，即使在 -5℃ 时仍然耐冲击。PP-R 管在家装中用作冷、热水的给水管。

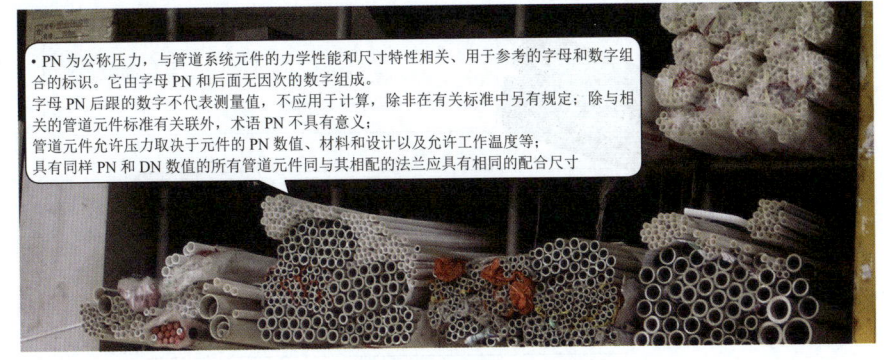

- PN 为公称压力，与管道系统元件的力学性能和尺寸特性相关，用于参考的字母和数字组合的标识。它由字母 PN 和后面无因次的数字组成。
  字母 PN 后跟的数字不代表测量值，不应用于计算，除非在有关标准中另有规定；除与相关的管道元件标准有关联外，术语 PN 不具有意义；
  管道元件允许压力取决于元件的 PN 数值、材料和设计以及允许工作温度等；
  具有同样 PN 和 DN 数值的所有管道元件同与其相配的法兰应具有相同的配合尺寸

管材的表示方法（一）

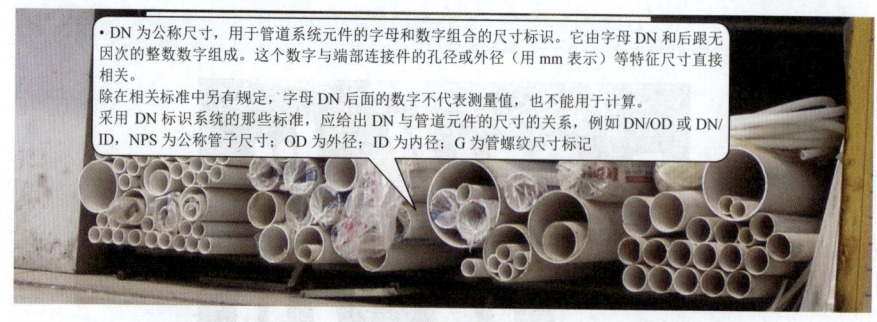

- DN 为公称尺寸，用于管道系统元件的字母和数字组合的尺寸标识。它由字母 DN 和后跟无因次的整数数字组成。这个数字与端部连接件的孔径或外径（用 mm 表示）等特征尺寸直接相关。
- 除在相关标准中另有规定，字母 DN 后面的数字不代表测量值，也不能用于计算。
- 采用 DN 标识系统的那些标准，应给出 DN 与管道元件的尺寸的关系，例如 DN/OD 或 DN/ID，NPS 为公称管子尺寸；OD 为外径；ID 为内径；G 为管螺纹尺寸标记

管材的表示方法（二）

管体上有蓝色标识线代表是冷水管。有的管材有文字说明。管体上有红色标识线代表热水管。有的管材有文字说明

PP-R 管选择方法：
外观——优质管外表光滑、标识齐全、有防伪标识、色泽基于均匀、无气泡、无凹陷、无杂质。
韧性——好的 PP-R 管韧性好，可轻松弯成一圈不断裂。劣质 PP-R 管较脆，一弯即断。
内部——好的 PP-R 管内部光滑、平整，无气泡、无凹陷、无杂质等。
砸——PP-R 管材较容易砸碎，P-PB 管材砸不碎

高层建筑或者离供水厂较近的地区居室装修，在选购 PP-R 管作供水管时，最好选择管系列为 S3.2 压力等级或该等级以上的管子，管件的选择比管材压力要大一个等级为宜

管材的特点及选择方法

2. 选择 PP-R 给水管有什么要求

自来水公司供应的生活用水压力一般为 0.2~0.35MPa，因此，水管管材能承受的压力要远远大于这个数字。PP-R 给水管有白色、灰色、绿色，根据实际情况选择。PP-R 给水管系列 S 的选择见表 2-1。

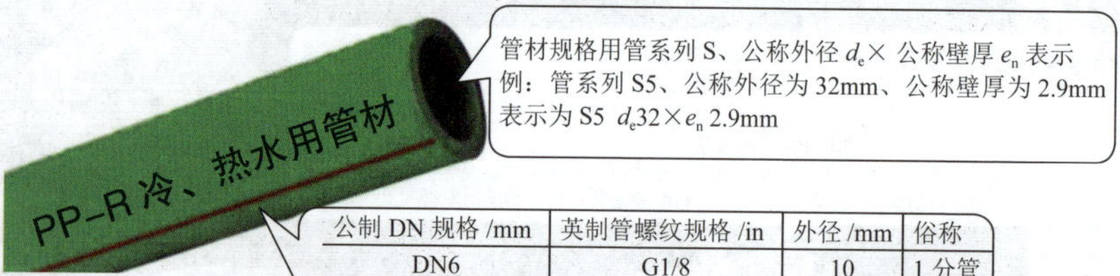

管材规格用管系列 S、公称外径 d_e× 公称壁厚 e_n 表示
例：管系列 S5、公称外径为 32mm、公称壁厚为 2.9mm 表示为 S5 d_e32× e_n 2.9mm

PP-R 冷、热水用管材

公制 DN 规格 /mm	英制管螺纹规格 /in	外径 /mm	俗称
DN6	G1/8	10	1 分管
DN8	G1/4	13.5	2 分管
DN10	G3/8	17	3 分管
DN15	G1/2	21.3	4 分管
DN20	G3/4	26.8	6 分管
DN25	G1	33.5	1 寸管

PP-R 管的有关规格（一）

表 2-1　　　　　　　　　　　PP-R 给水管系列 S 的选择

设计压力 /MPa	管系列 S			
	级别 1 $\sigma_d = 3.09\text{MPa}$	级别 2 $\sigma_d = 2.13\text{MPa}$	级别 4 $\sigma_d = 3.30\text{MPa}$	级别 5 $\sigma_d = 1.90\text{MPa}$
0.4	5	5	5	4
0.6	5	3.2	5	3.2
0.8	3.2	2.5	4	2
1.0	2.5	2	3.2	—

管子规格、尺寸及壁厚　　mm

公称外径 d_e	壁厚 e				
	公称压力 /MPa				
	1.0	1.25	1.6	2.0	2.5	3.2
	标准尺寸率 SDR				
	13.6	11	9	7.4	6	5
20	—	—	2.3	2.8	3.4	4.0
25	—	2.3	2.8	3.5	4.2	5.0
32	2.4	3.0	3.6	4.4	5.4	6.4
40	3.0	3.7	4.6	5.5	6.7	8.0
50	3.7	4.6	5.6	6.9	8.3	10.0
63	4.7	5.8	7.1	8.6	10.5	12.6
75	5.5	6.8	8.4	10.1	12.5	15.0
90	6.6	8.2	10.1	12.3	15.0	18.0
110	8.1	10.0	12.3	15.1	18.3	22.0

PP-R 管的有关规格（二）

管质量判断：管子外壁光滑、平整，没有气泡、没有裂纹、没有明显的沟槽、没有凹陷、没有杂质等缺陷。管端应切割平整，且与轴线垂直

PP-R 管质量判断

3. PP-R 给水管有哪些种类

PP-R 塑铝稳态管： 为五层复合结构，中间层是铝层，外层和内层为 PP-R。层与层之间采用不同的热熔胶，通过高温高压挤出复合而成。

PP-R 纳米抗菌管： 在吸收 PP-R 水管环保节能的基础上通过技术手段达到银离子有效抑制细菌滋生的 PP-R 管。

FRPP 玻纤增强管： 在传统 PP-R 水管产品优点的基础上加入优质玻璃纤维，从而使塑料管道的韧性进一步提高与加强。

2-3 全面了解 PP-R 给水管配件

PP-R 给水管配件：

PP-R 给水管配件包含三通异径接头、等径三通接头、承口内螺纹三通接头、承口外螺纹三通接头、90°承口外螺纹弯头、等径 45°弯头、异径弯头等。

- **三通异径接头**：三端均接 PP-R 管，其中一端变径
- **等径三通接头**：三端接相同规格的 PP-R 管。例：T25 表示三端均接 25PP-R 管
- **承口内螺纹三通接头**：三端接相同规格的 PP-R 管。例：T25 表示三端均接 25PP-R 管

- **承口外螺纹三通接头**：中端接内螺纹（常接不锈钢金属管、不锈钢编织软管等），两端接 PP-R 管。例：T25×1/2M×25 表示两端接 25PP-R 管，中间接 1/2in 内螺纹（1in=25.4mm=8 英分）
- **90°承口外螺纹弯头**：一端接 PP-R 管，另一端接内螺纹，外螺纹。例：S25×1-2M 表示一端接 25PP-R 管，另一端 1/2in 内螺纹（1in=25.4mm=8 英分）
- **等径 45°弯头**：两端接相同规格的 PP-R 管，45°弯。例：∠25×25（45°）表示两端均接 25PP-R 管

- **异径弯头**：两端接不同规格的 PP-R 管。例：∠32×25 表示一端接 32PP-R 管，另一端接 25PP-R 管
- **内螺纹弯头活接**：一端接 PP-R 管，一端接外螺纹。主要用于水表及热水器连接，用于需拆卸的安装连接
- **带座内螺纹弯头**：一端接 PP-R 管，一端接外牙。该管件可通过底座固定在墙上。例：∠20×1/2F（Z）表示一端接 20PP-R 管，另一端接 1/2in 外螺纹（1in=25.4mm=8 英分）

第2章 水电材料面面观

等径 90° 弯头
- 两端接相同规格 PP-R 管
- 例：L25 表示两端接 25PP-R 管
- 两端接相同规格 PP-R 管

90° 承口内螺纹弯头
- 一端接 PP-R 管
- 例：∠25×1/2F 表示一端接 25PP-R 管，另一端接 1/2in 外螺纹
- 内螺纹
- 常接水龙头
- 另一端接外螺纹

异径四通接头
- 大径做上级水管
- 接 PP-R 管
- 接 PP-R 管
- 接 PP-R 管
- 小径做分支管

过桥弯
- 例：W25 表示两端均接 25PP-R 管
- 两端接相同规格 PP-R 管
- 两端接相同规格 PP-R 管

过桥弯管 (S3.2 系列)
- 两端接不同规格 PP-R 管
- 两端接不同规格 PP-R 管
- 例：F12-L25×20 表示一端接 25PP-R 管，另一端接 20PP-R 管

承口活接头
- 规格有 S20、S25、S32、S40、S50、S63

外螺纹（外牙）直通
- 一端接 PP-R 管
- 例：S20×1/2M 表示一端接 20PP-R 管，另一端接 1/2in 内螺纹
- 另一端接内螺纹

内牙直通
- 例：S20×1/2F 表示一端接 20PP-R 管，另一端接 1/2in 外螺纹
- 一端接外螺纹
- 一端接 PP-R 管

内牙活接 1
- 主要用于水表连接
- 用于需拆卸处的安装连接
- 一端接外螺纹
- 一端接 PP-R 管

内螺纹活接 2
- 用于需拆卸处的安装连接
- 一端接 PP-R 管
- 主要用于水表连接
- 一端接外螺纹

承口外螺纹活接头
- 用于需拆卸处的安装连接
- 一端接内螺纹
- 一端接 PP-R 管
- 例：T20×1/2M×20 表示两端接 20PP-R 管，中间接 1/2in 内螺纹

异径直通
- 两端接不同规格的 PP-R 管
- 例：S25×20 表示一端接 25PP-R 管，另一端接 20PP-R 管

等径直通
- 两一端接相同规格的 PP-R 管
- 例：S25 表示两端均接 25PP-R 管
- 两一端接相同规格的 PP-R 管

管帽
- 用于相关规格 PP-R 管封堵
- 例：D32 表示接 32PP-R

PP-R 抗菌管外丝弯头

选择管配件时，需要注意它们可以分为 PP-R 铜管管材管件、PP-R 管材管件（即普通类的）、PP-R 抗菌管材管件等类型，也就是说各种管道应采用与该类管材相应的专用配件。管配件代号和符号见表 2-2。

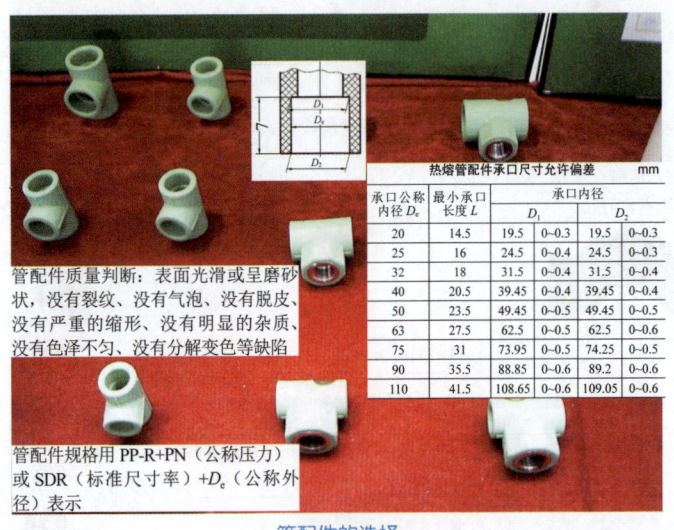

管配件质量判断：表面光滑或呈磨砂状，没有裂纹、没有气泡、没有脱皮、没有严重的缩形、没有明显的杂质、没有色泽不匀、没有分解变色等缺陷

管配件规格用 PP-R+PN（公称压力）或 SDR（标准尺寸率）+D_e（公称外径）表示

热熔管配件承口尺寸允许偏差 mm

承口公称内径 D_e	最小承口长度 L	承口内径 D_1		D_2	
20	14.5	19.5	0~0.3	19.5	0~0.3
25	16	24.5	0~0.4	24.5	0~0.4
32	18	31.5	0~0.4	31.5	0~0.4
40	20.5	39.45	0~0.4	39.45	0~0.4
50	23.5	49.45	0~0.5	49.45	0~0.5
63	27.5	62.5	0~0.5	62.5	0~0.6
75	31	73.95	0~0.5	74.25	0~0.5
90	35.5	88.85	0~0.6	89.2	0~0.6
110	41.5	108.65	0~0.6	109.05	0~0.6

管配件的选择

表 2-2　　　　　　　　　　管配件代号和符号

管配件代号	符号	管配件代号	符号
套管接头		三通 异径三通	
异径接头（扩） 异径接头（缩）		螺纹三通	
90°弯头		螺纹直通	
45°弯头		螺纹 90°弯头	

2-4　轻松掌握 PP-R 给水管配件的用量选择

1. 一厨两卫一阳台

（1）45°弯头大约需要 10~15 只。
（2）90°弯头大约需要 30~40 只。
（3）PP-R 管大约需要 55~65m。
（4）等径直接接头大约需要 5~10 只。
（5）内螺纹三通大约需要 3~5 只。
（6）内螺纹弯头大约需要 17~20 只。
（7）内螺纹直接接头大约需要 3~5 只。

（8）平脚管卡大约需要 15~25 只。
（9）绕曲管大约需要 3~4 只。
（10）生料带大约需要 2~3 圈。

一厨两卫一阳台效果图

（11）双热熔球阀大约需要 1 只。
（12）外螺纹弯头大约需要 2~3 只。
（13）外螺纹直接接头大约需要 2~3 只。
（14）异径直接接头大约需要 2~3 只。
（15）正三通大约需要 5~10 只。

2. 一厨一卫一阳台

（1）45°弯头大约需要 5~10 只。
（2）90°弯头大约需要 20~30 只。
（3）PP-R 管大约需要 30~45m。
（4）等径直接接头大约需要 3~6 只。
（5）内螺纹三通大约需要 2~4 只。
（6）内螺纹弯头大约需要 10~12 只。
（7）内螺纹直接接头大约需要 2~4 只。
（8）平脚管卡大约需要 10~15 只。
（9）绕曲管大约需要 1~2 只。
（10）生料带大约需要 1~2 圈。
（11）双热熔球阀大约需要 0~1 只。
（12）丝堵大约需要 10~20 只。
（13）外螺纹弯头大约需要 2~3 只。
（14）外螺纹直接接头大约需要 1~2 只。
（15）异径直接接头大约需要 1~2 只。
（16）正三通大约需要 4~8 只。

一厨一卫一阳台效果图

2-5 PP-R 管安装要求

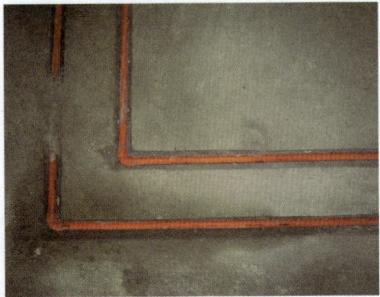

PP-R 管安装效果

PP-R管安装要求：
（1）开始使用时，PP-R 管道端部 4~5cm 最好切掉。
（2）冬期施工 PP-R 管应避免踩压、敲击、碰撞、抛摔。
（3）PP-R 水管布管最好走顶，便于检修。
（4）若 PP-R 水管布管走地下，很难发现漏水，不便维修。

（5）不同品牌的产品原料可能不一样，对管材管件熔接可能会产生不利因素，为避免引起熔接处渗漏，尽量选择同一品牌的管材与管件。

（6）使用带金属螺纹的 PP-R 管件时，必须用足密封带，以避免螺纹处漏水。

（7）PP-R 管件不要拧太紧，以免出现裂缝导致漏水。

（8）PP-R 管安装后必须进行增压测试，试压时间 30min，打到 0.8～1MPa。试验压力下 30s 内压力降不大于 0.05MPa，降至工作压力下检查，不渗不漏。

（9）供水系统完工后，需要备个草图，以免日后打孔、钉钉损坏 PP-R 管道。

2-6 认识 PVC 管

PVC 给水管： PVC 给水管颜色一般为白色或灰色，长度一般为 4m 或者 6m，连接方式有溶剂粘接式、弹性密封圈式。新型的硬聚氯乙烯给水管道（PVC-U）是一种供水管材，具有耐酸、耐碱、耐腐蚀性强，耐压性能好，强度高，质轻，流体阻力小，无二次污染等特点，可以适用于冷热水管道系统、采暖系统、纯净水管道系统、中央（集中）空调系统等。

PVC 排水管的应用

PVC 排水管的外形

PVC 排水管： PVC 排水管应用很广，称之排水管王也不为过。PVC 管壁面光滑，流体阻力小，密度仅是铁管的 1/5。常用 PVC-U 排水管规格（公称外径）：32、40、50、75、90、110、125、160、200、250、315mm。PVC-U 管材的长度一般为 4m 或 6m。

2-7 全面了解 PVC 水管配件

1. PVC 水管配件

直落水接头： 主要用于连接管路，使管路透气、溢流，清除伸缩余量。

三通： 有等径三通、变径三通、斜三通、正三通等。安装时要注意顺水方向，便于安装横管时自然形成坡度。

（1）45°斜三通公称外径 D 有：50mm×50mm、75mm×50mm、75mm×75mm、90mm×50mm、90mm×90mm、110mm×50mm、110mm×75mm、110mm×110mm、125mm×50mm、125mm×75mm、125mm×110mm、125mm×125mm、160mm×75mm、160mm×90mm、160mm×110mm、160mm×125mm、160mm×160mm。

（2）90°顺水三通公称外径 D 有：50mm×50mm、75mm×75mm、90mm×90mm、110mm×50mm、110mm×75mm、110mm×110mm、125mm×125mm、160mm×160mm。

（3）瓶型三通公称外径 D 有：110mm×50mm、110mm×75mm。

（4）异径管公称外径 D 有：50mm×40mm、50mm×75mm、75mm×50mm、75mm×75mm、90mm×50mm、90mm×75mm、90mm×90mm、110mm×50mm、110mm×90mm、110mm×75mm、110mm×110mm、125mm×50mm、125mm×75mm、125mm×90mm、125mm×110mm、125mm×125mm、160mm×75mm、160mm×90mm、160mm×110mm、160mm×125mm、160×160mm

规格有 50、75、110、160mm 等

变径三通、斜三通、正三通等

直落水接头与三通图例

斜三通： 三通意味着有三个管口是相通的。斜三通可以分为右斜三通和左斜三通。

吊卡： PVC 吊卡也叫做吊卡、管卡。主要起固定 PVC 管的作用。PVC 排水管横管一般要求每隔 0.6m 装吊卡一只。

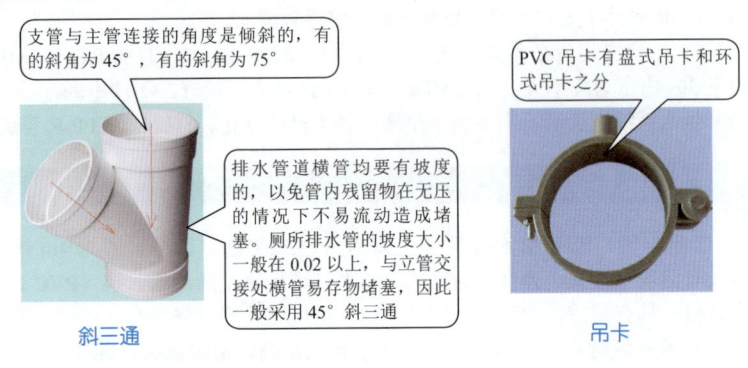

支管与主管连接的角度是倾斜的，有的斜角为 45°，有的斜角为 75°

PVC 吊卡有盘式吊卡和环式吊卡之分

排水管道横管均要有坡度的，以免管内残留物在无压情况下不易流动造成堵塞。厕所排水管的坡度大小一般在 0.02 以上，与立管交接处横管易存物堵塞，因此一般采用 45°斜三通

斜三通

吊卡

立管卡（墙卡）： 墙卡是注塑成型塑料件，主要起固定支承排水管等作用。墙卡规格有 50、75、110、160mm 等。

检查口和清扫口： 排水检查口一般是指排水立管检查口，是检修管道堵塞时用的。清扫口安装在卫生间、厨房的地面上，用于排水，一般设有装饰面盖。

立管检查口一般在排水立管、弯头、水平支管的顶部

立管检查口规格有 50、75、110、160、200mm 等

立管卡

检查口

存水弯： 存水弯中会保持一定的水，可以将下水道下面的空气隔绝，防止臭气、小虫进入室内。

四通： 四通分为立体四通、平面四通、右四通、左四通、汇合四通等。

规格有 50、75、110mm 等

存水弯有 S 形存水弯、P 形存水弯（依据存水弯的形状来分类）。S 形存水弯一般用于与排水横管垂直连接的场所。P 形存水弯一般用于与排水横管或排水立管水平直角连接的场所

立体四通

平面四通

平面四通、立体四通的规格有 50、75、110mm 等

如果把正三通或正四通装入家居立管与横支管连接处，会造成连接处形成水舌流，横支管水流不畅，卫生器具的水封容易被破坏。因此，立管与横支管连接处安装斜三通或斜四通

存水弯

四通

弯头： 用来改变管路方向的管配件。出户横管与立管的连接如果均采用一个 90°弯头，则堵塞率较高。如果采用两个 45°的弯头连接，则效果要好一些。

伸缩节： 主要用于排除管道热胀冷缩的伸缩量，防止管道因热胀冷缩而变形破裂。

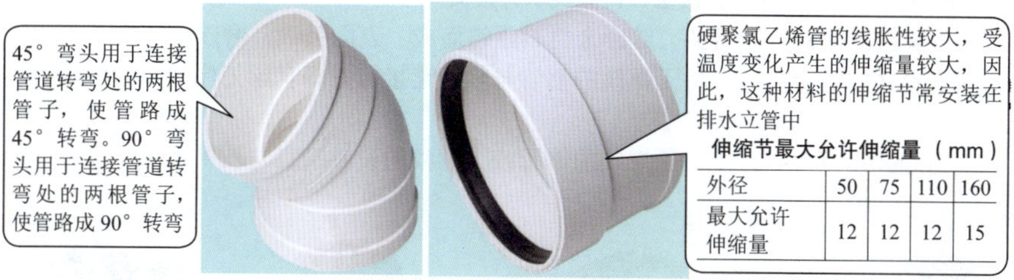

45°弯头用于连接管道转弯处的两根管子，使管路成 45°转弯。90°弯头用于连接管道转弯处的两根管子，使管路成 90°转弯

硬聚氯乙烯管的线胀性较大，受温度变化产生的伸缩量较大，因此，这种材料的伸缩节常安装在排水立管中

伸缩节最大允许伸缩量（mm）

外径	50	75	110	160
最大允许伸缩量	12	12	12	15

弯头与伸缩节

止水环： 起到防漏、防渗的作用。U 形弯：用于防止异味。在改动下水管时，应先装 U 形弯再装防臭地漏，避免返异味。

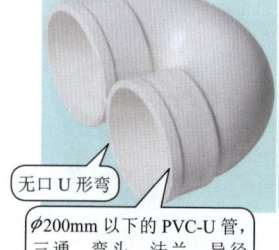

PVC 立管穿楼板时，应加止水环

有口 U 形弯

无口 U 形弯

⌀200mm 以下的 PVC-U 管，三通、弯头、法兰、异径管、U 形弯等管件，一般采用黏结连接的方式连接

U 形弯分为无口 U 形弯、有口 U 形弯。U 形弯规格有 50、75、110mm 等

止水环　　　　　　　　　　　　　　　　　U 形弯

2. PVC 管材的加工

PVC 管材量取长度决定后，可以采用钢锯、手工钢锯、小圆锯割锯。割后两端应保持平整，并且用蝴蝶锉除去毛边并倒角，倒角不宜过大。

PVC 管附件 　　　　　　　　　　　　　　　PVC 管胶水

3. PVC 管附件连接

首先要求所连接的 PVC 管接口要平齐、干净，然后上 PVC 管胶水，胶水要均匀、足够，然后把 PVC 管与附件上、下口对好，趁胶水没干往下按进，微调，等晾干即可。

2-8 了解水管接头

水管接头是连接水管路、可以装拆的连接件的总称。根据使用方式可以分为外螺纹端接式水管接头、卡套式水管接头、自固式水管接头。

外螺纹端接式水管接头： 锌合金材料压铸而成，表面镀锌、磨砂或镀铬。

卡套式水管接头： 能将无螺纹的钢管与软管连接，省却套丝工序，只需将螺丝旋入即可。

自固式水管接头： 能将无螺纹的钢管或无螺纹的设备端口与软管连接，省去套丝工序。

内螺纹接头（有的是铜合金材料的） 　　内螺纹弯头 　　G1/2 外螺纹接头 　　G1/2 内外螺纹接头

G1/2 内螺纹接头 　　G3/4 转 G1/2 接头 　　内螺纹三通

各式各样的水管接头

2-9 了解编织管与不锈钢波纹管

1. 编织管

编织管根据使用用途可以分为单头管、淋浴管（花洒软管）等。单头管主要是用于水龙头、洗菜盆等。淋浴管一般有 201 不锈钢编织管、304 不锈钢编织管。

编织管根据生产工艺可以分为低、中、高等三等。低等的编织管在材质上采用比较低端丝径细的铝丝、铁螺母、锌合金内芯、橡胶内管等特点。低等的编织管具有价格优势，但是容易发生漏水、氧化等问题。中等的编织管主要以 304 钢丝、EPDM 材质、全铜配件为主。中档的编织管适用期限一般在 5 年以上。高等编织管则有具体的用途，例如净水器编织软管。

家装一般要求配置中档以上的编织管。编织管具有内管，但是其使用寿命没有波纹管长。编织管可以用在经常接触的地方。编织管适合面盆水龙头、洗菜盆水龙头、非热水器、马桶等使用。

第 2 章 水电材料面面观 | 31

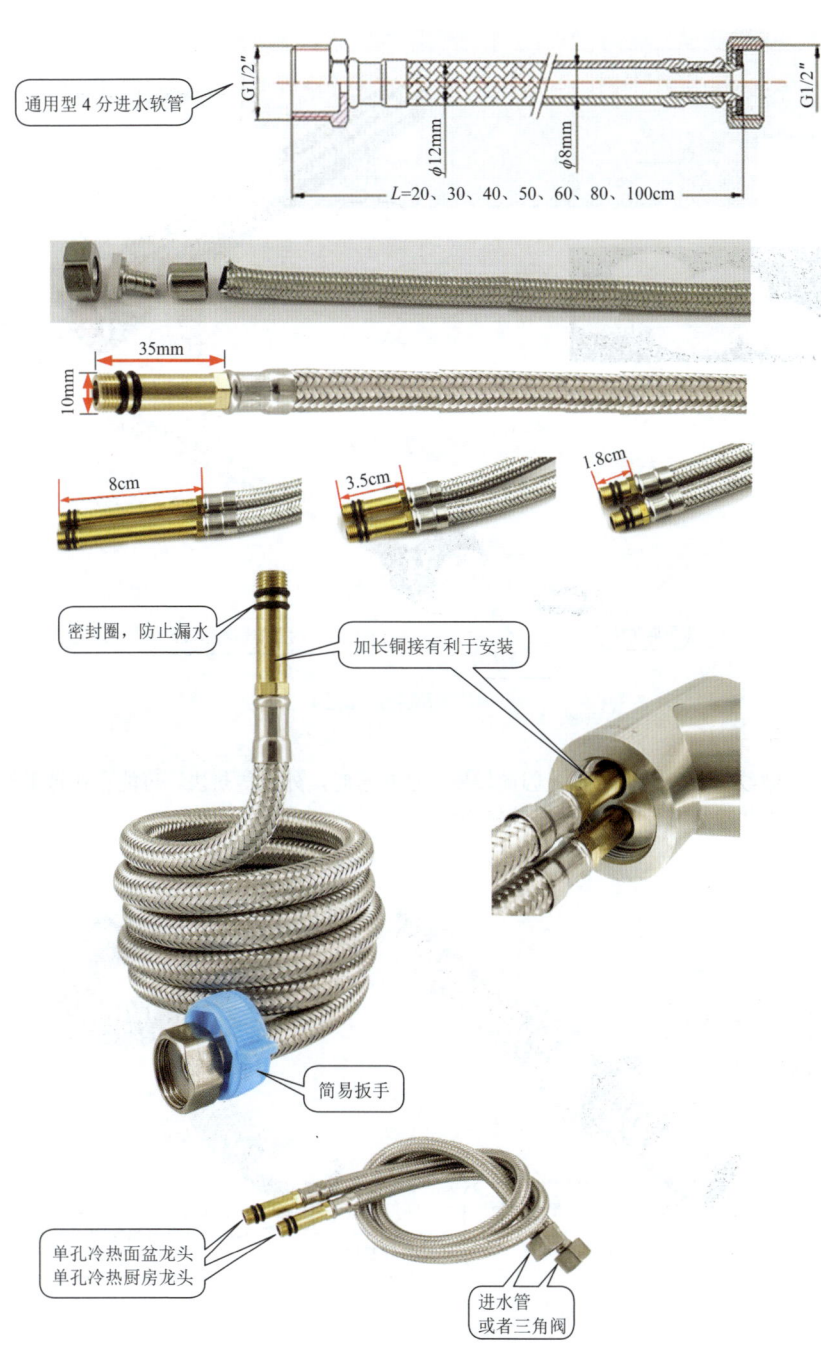

通用型4分进水软管
G1/2
ϕ12mm
ϕ8mm
L=20、30、40、50、60、80、100cm

35mm
10mm

8cm 3.5cm 1.8cm

密封圈，防止漏水
加长铜接有利于安装

简易扳手

单孔冷热面盆龙头
单孔冷热厨房龙头

进水管
或者三角阀

编织管的特点（一）

编织管的特点（二）

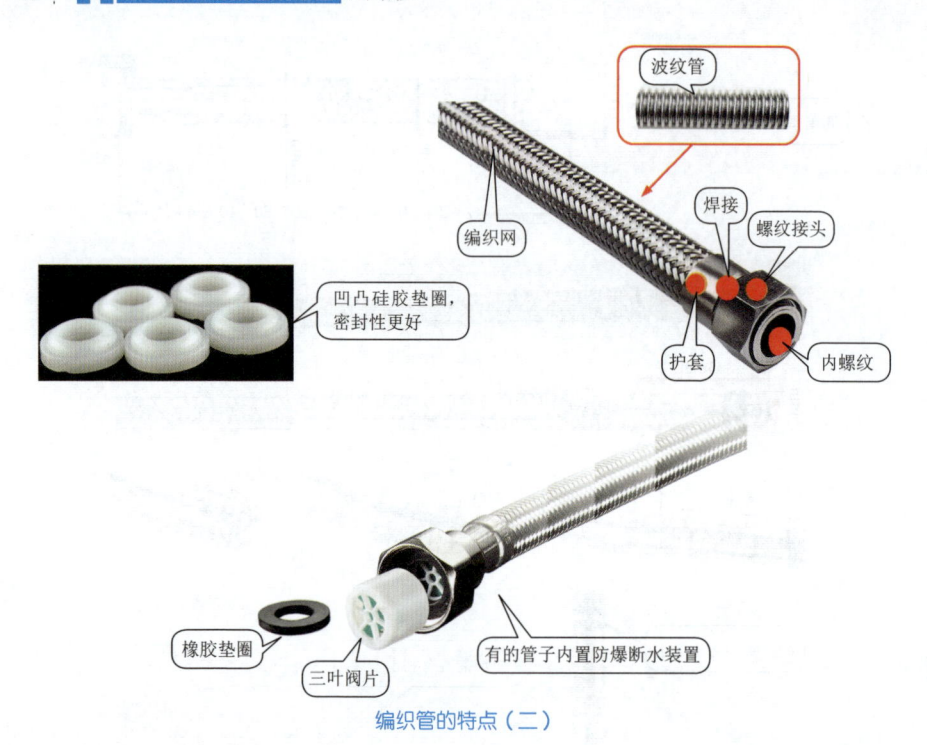

2. 不锈钢波纹管

波纹管是没有内管的，因此较硬。过热水时，外表传热快，可能存在烫手等现象。为此，常用在不需要经常接触的地方。

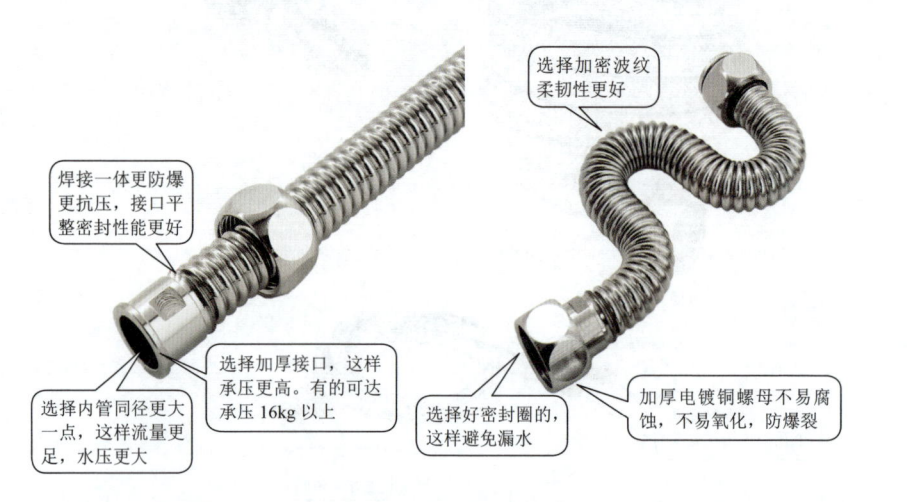

不锈钢波纹管的特点（一）

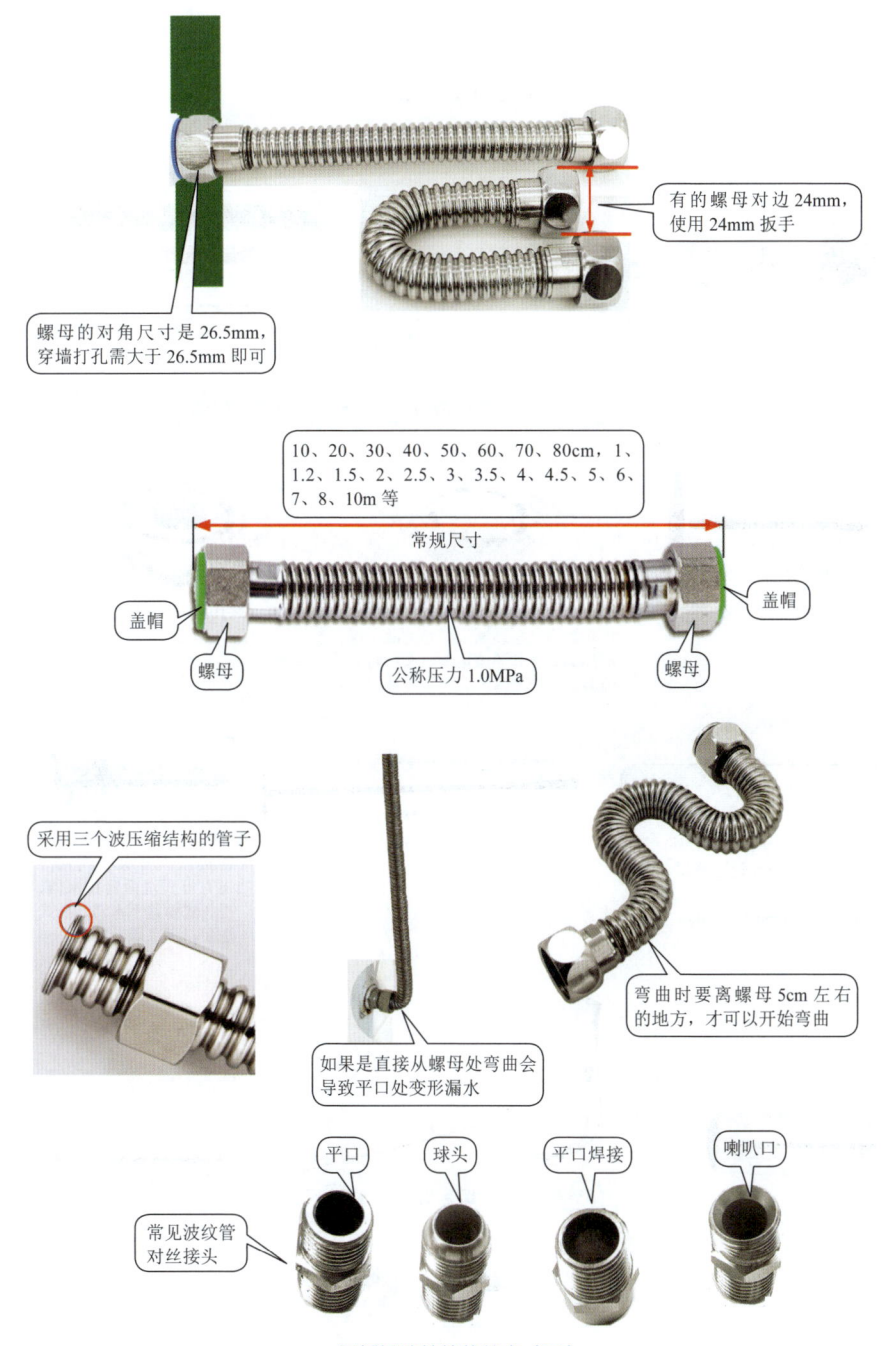

第 2 章 水电材料面面观

有的螺母对边 24mm，使用 24mm 扳手

螺母的对角尺寸是 26.5mm，穿墙打孔需大于 26.5mm 即可

10、20、30、40、50、60、70、80cm、1、1.2、1.5、2、2.5、3、3.5、4、4.5、5、6、7、8、10m 等

常规尺寸

盖帽

螺母

公称压力 1.0MPa

盖帽

螺母

采用三个波压缩结构的管子

如果是直接从螺母处弯曲会导致平口处变形漏水

弯曲时要离螺母 5cm 左右的地方，才可以开始弯曲

平口

球头

平口焊接

喇叭口

常见波纹管对丝接头

不锈钢波纹管的特点（二）

3. 304 不锈钢的检测

判断编织管与不锈钢波纹管采用的是 304 不锈钢，可以采用滴不锈钢鉴别水来判断，其中滴不锈钢鉴别水后，304 不锈钢会呈灰绿色。

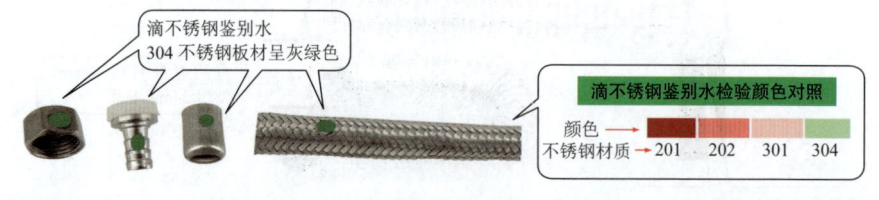

滴不锈钢鉴别水
304 不锈钢板材呈灰绿色

滴不锈钢鉴别水检验颜色对照
颜色
不锈钢材质　201　202　301　304

304 不锈钢的检测

2-10 了解下水配件

冲水阀防污器

10cm×10cm 方形防臭地漏。另外，还有镀铬花型地漏、普通地漏、薄形地漏、方形弹跳地漏、水封防臭地漏、小便器落地式地漏等种类

10cm×10cm 方形洗衣机地漏

蹲便器不锈钢冲水管。另外，还有蹲便器全铜冲水管、脚踏式冲水管、300mm×250mm×ϕ32mm、1000mm×250mm×ϕ32mm 等种类

冲水管

弹跳式洗面器排水器（配置按压式开关）。另外，还有板式洗面器排水器、提拉式面盆下水器、板式洗面器下水器等种类

进水管

浴缸排水管、螺旋式浴缸排水管

洗面器入墙式排水管（通用口径 32mm），有短、长之分

各式各样的下水配件（一）

φ30 防臭下水管，有长度为 80cm 的

小便器斗式排水管。另外，还有小便器壁挂式排水管（通用口径 32mm）

全铜波纹下水管。另外，还有板式洗面器排水管

各式各样的下水配件（二）

2-11 水龙头种类与特点

单联式水龙头：只有一根进水管，可以接冷水管或热水管，一般厨房水龙头、卫生间拖把水龙头常选择该类型的水龙头。

双联式水龙头：可以同时接冷水管和热水管两根，一般浴室面盆、有热水供应的厨房洗菜盆选择该类型的水龙头。

三联式水龙头：除接冷、热水两根管道外，还可以接淋浴喷头，一般浴缸选择该类型的水龙头。

单冷水龙头：主要有洗衣机水龙头、拖把池水龙头。其中，洗衣机与拖把池主要区别在于多一个接洗衣机水龙头的接头。

混合水淋浴水龙头：具有两个进水孔，两孔间的距离一般是 15cm±1cm。

注：淋浴水龙头是一种冷水与热水的混水阀，并且需要接手提花洒。淋浴水龙头安装在墙上的距离可以细微调节，其水管间距一般为 15cm±1.5cm。如果需要下出水则可以采用三联淋浴水龙头。淋浴水龙头常见配件有装饰盖、垫片、偏心调节铜脚。如果管子距离是非标准的，则可以采用大偏心底座来安装。如果是明管可以采用暗转明转接头，把水龙头装为明管水龙头。

单孔面盆水龙头：一般适用于台面上只有一个孔或者台面上没有开孔的洗脸盆。选购单孔水龙头时需要注意洗脸盆的高度。最好选好洗脸盆后再选购水龙头。一般厨房立式水龙头可以当面盆水龙头使用。

单孔面盆水龙头是有冷、暖水功能的。一般水龙头配有单头进水软管，如果软管不够长可以接长。水龙头安装时需要另装三角阀，并且一般是配一冷一热的三角阀。洗脸盆常用配件有面盆下水器、面盆下水管。辅助材料主要有生料带、玻璃胶。如果 4 分内丝 6 分的进水龙头则需要采用 4 内 6 外接头转换（1 分即 1 英分，1in=8 英分 =25.4mm）。

双孔面盆水龙头：一般适用于台盆上有 2 个孔 (或者 3 个孔) 的洗脸盆。选购双

单把单孔面盆龙头

单孔面盆水龙头

孔水龙头应当注意最边上2个孔的正常中心距是10.5cm(国标)。双孔面盆水龙头一般均配送固定配件，但没有配送进水软管，需要另外购买。双孔面盆水龙头安装一般需要配上三角阀，并且一般是配一冷一热三角阀。洗脸盆常用配件有面盆下水器、面盆下水管，辅助材料有生料带、玻璃胶等。

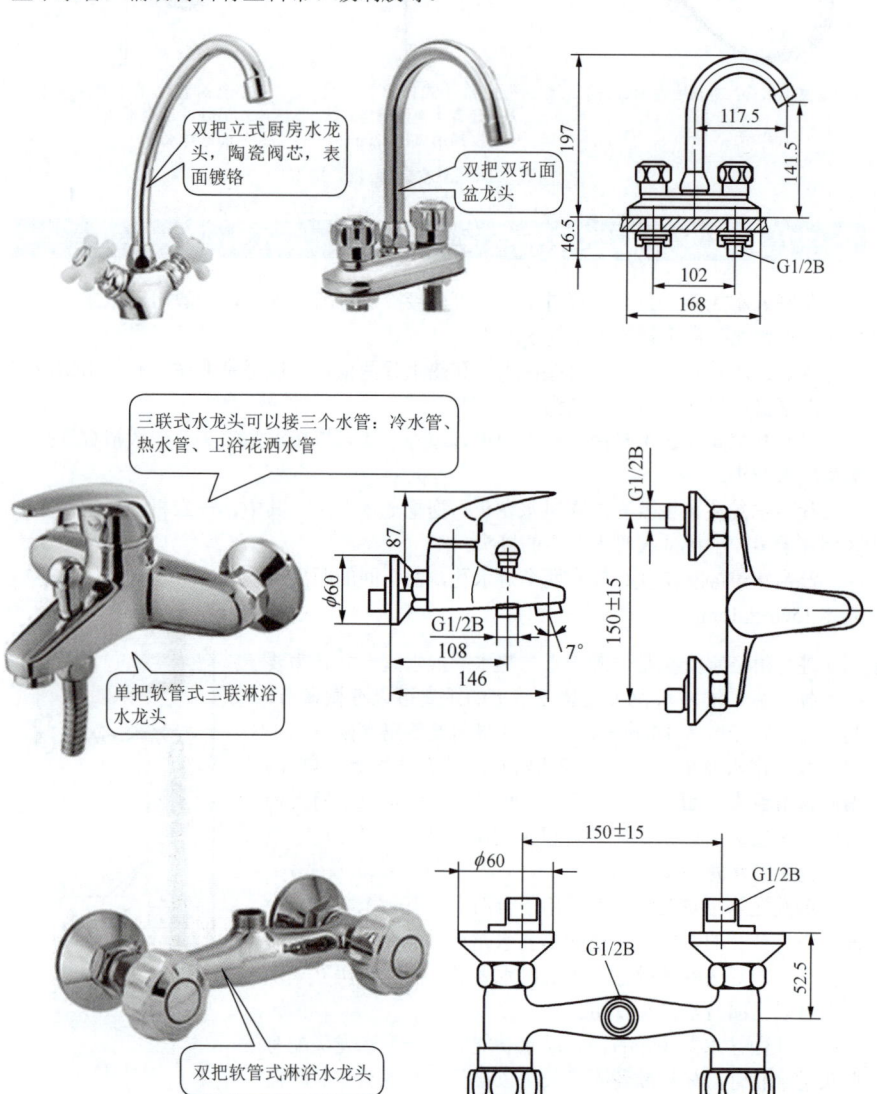

双把立式厨房水龙头，陶瓷阀芯，表面镀铬

双把双孔面盆龙头

三联式水龙头可以接三个水管：冷水管、热水管、卫浴花洒水管

单把软管式三联淋浴水龙头

双把软管式淋浴水龙头

几种水龙头的外形与安装尺寸

注：图中标注尺寸单位为mm。

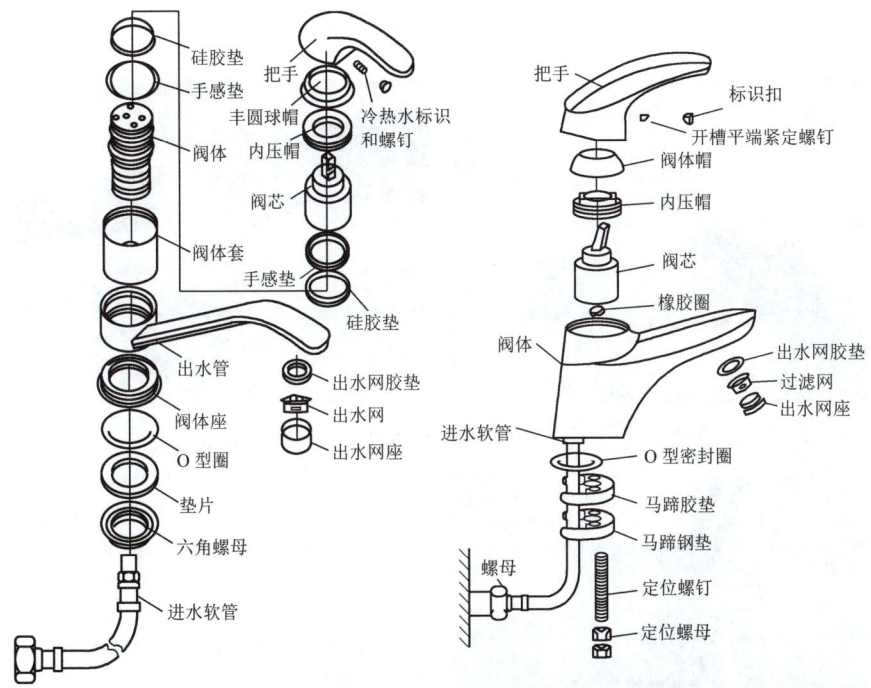

水龙头的典型结构

对于没有配装饰盖的水龙头，装饰盖需另外购置。安装角阀时若水管太短，可以采用内外丝接头接长。

水龙头与配件应选择质量好的，尤其是热水水龙头，否则水龙头与配件容易损坏。

劣质水龙头与配件容易损坏

2-12 水龙头安装注意事项

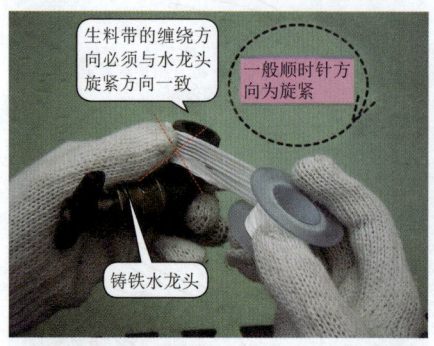

生料带的缠绕方向必须与水龙头旋紧方向一致

一般顺时针方向为旋紧

铸铁水龙头

定位螺栓尽量选择铜材料的，一些铁质件容易生锈，给将来维修带来困难

水龙头的安装注意事项：

（1）安装时，不得随意拆开水龙头内部。

（2）水龙头安装前，需要清除水管内的杂质、污泥，以免堵塞水龙头，影响出水功能。

（3）安装冷热混合水龙头时，需要注意冷、热水进水标记（一般红色表示热水，蓝色表示冷水），以免影响出水不正常或热水烫人事故。

（4）安装好水龙头后，需要仔细检查各个连接密封处是否连接紧密，管道是否泄漏。

2-13 了解阀门

1. 阀门的特点与种类

阀门是流体管路的控制装置。阀门的基本功能是接通、切断管路介质的流通，改变介质的流通、流向以及调节介质的压力、流量，从而保护管路、设备的正常运行。驱动阀门就是借助手动、液动、电动、气动来操纵动作的一种阀门。驱动阀门包括闸阀、蝶阀、球阀、截止阀、节流阀、旋塞阀等种类。

（1）阀门按公称通径不同，可以分为以下几种类型：

小口径阀门，公称通径小于40mm的阀门。

中口径阀门，公称通径50~300mm的阀门。

大口径阀门，公称通径350~1200mm的阀门。

特大口径阀门，公称通径不小于1400mm的阀门。

（2）阀门根据驱动方式不同，可以分为以下一些类型：

手动阀门，借助手轮、手柄、杠杆、链轮等，有人力驱动的阀门。

电动阀门，借助电动机、其他电气装置来驱动的阀门。

液动阀门，借助水、油来驱动的阀门。

气动阀门，借助压缩空气来驱动的阀门。

2. 家装中的常用阀门

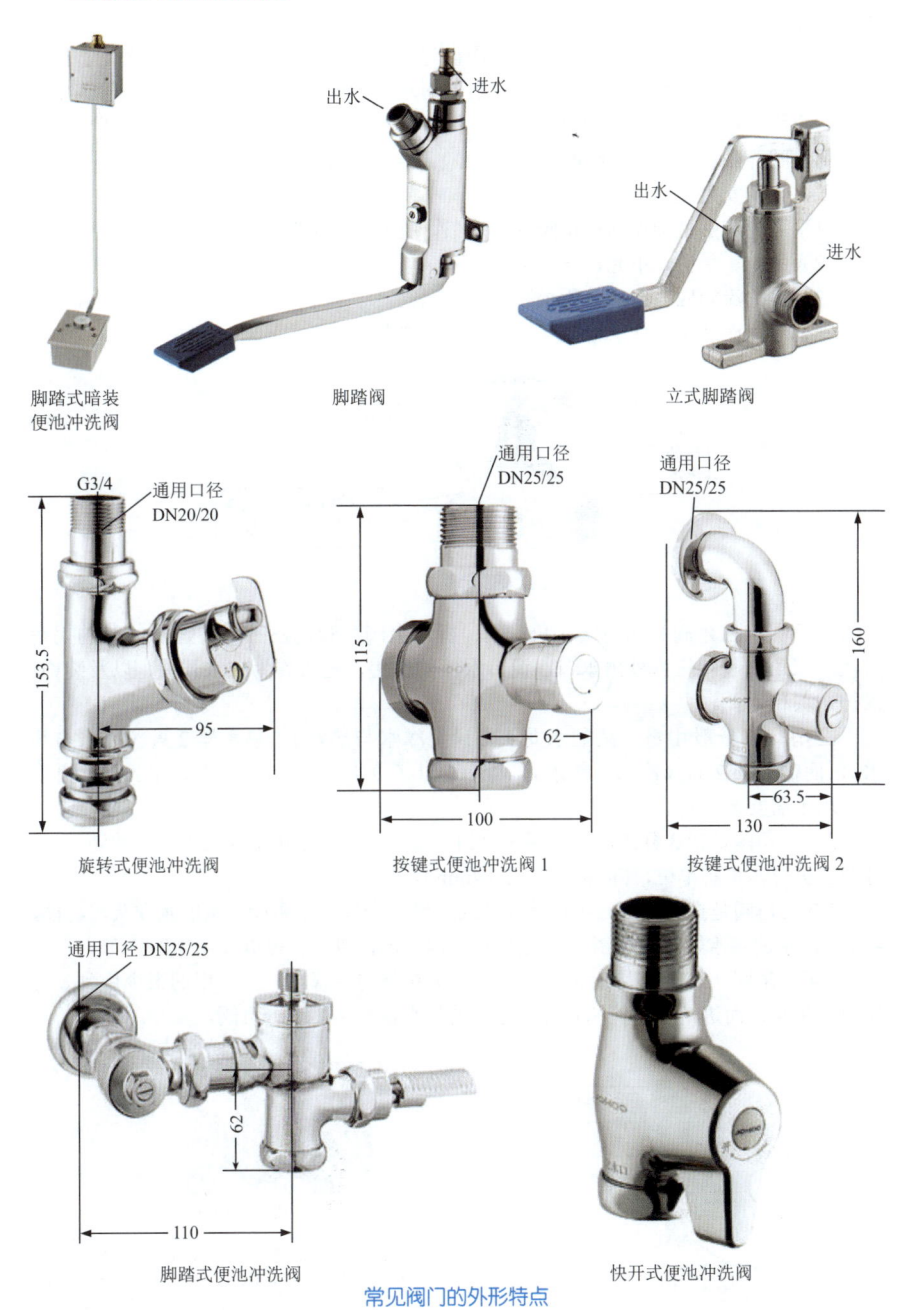

脚踏式暗装便池冲洗阀

脚踏阀（出水、进水）

立式脚踏阀（出水、进水）

旋转式便池冲洗阀（G3/4，通用口径 DN20/20）

按键式便池冲洗阀1（通用口径 DN25/25）

按键式便池冲洗阀2（通用口径 DN25/25）

脚踏式便池冲洗阀（通用口径 DN25/25）

快开式便池冲洗阀

常见阀门的外形特点
注：图中标注尺寸单位为 mm。

便器冲洗阀： 包括脚踏式、旋转式、按键式等，进水公称通径有 DN15mm、DN20mm 和 DN25mm 三种。

截止阀： 一种利用装在阀杆下面的阀盘与阀体突缘部位的配合，达到关闭、开启的一种阀门。截止阀也就是一种关闭件沿着阀座中心移动的阀门。截止阀在管路中主要作切断用。截止阀可以分为直流式截止阀、角式截止阀、标准式截止阀，还可以分为上螺纹阀杆截止阀和下螺纹阀杆截止阀。

截止阀 的安装注意点如下：
（1）手轮、手柄操作的截止阀可安装在管道的任何位置上。
（2）手轮、手柄，不允许作起吊用。
（3）水的流向应与水阀体所示箭头方向一致。
（4）阀门应装设在便于检修与易于操作的位置。

截止阀的安装

三角阀： 三角阀又叫角阀、角形阀、折角水阀。管道在三角阀处成 90°的拐角形状。三角阀起转接内外出水口、调节水压的作用，还可作为控水开关，以及装饰、保护龙头和软管。

三角阀的 一般用量：菜盆水龙头 2 只（冷水与热水）、热水器 2 只（冷水与热水）、面盆龙头 2 只（冷水与热水）、马桶 1 只（冷水）。一般洗衣机、拖布池、淋浴龙头均不需要装三角阀。

3/8 三角阀是指 3 分阀，可以接 3 分的水管，一般用于进水龙头上 3 分的硬管（3 分即 3 英分，英制单位，1in=8 英分 =25.4mm）。

1/2 三角阀是指 4 分阀，可以接 4 分的水管，一般用于台面出水的水龙头、马桶、4 分进出水的热水器、按摩浴缸、整体冲淋房及淋浴屏上，家庭使用 1/2 三角阀。

3/4 三角阀（直阀）是指 6 分阀，可以接 6 分的水管，一般家用的很少用到 6 分直角三角阀，而进户总水管和 6 分进出水的热水器普遍用 6 分直阀。

三角阀的应用（一）

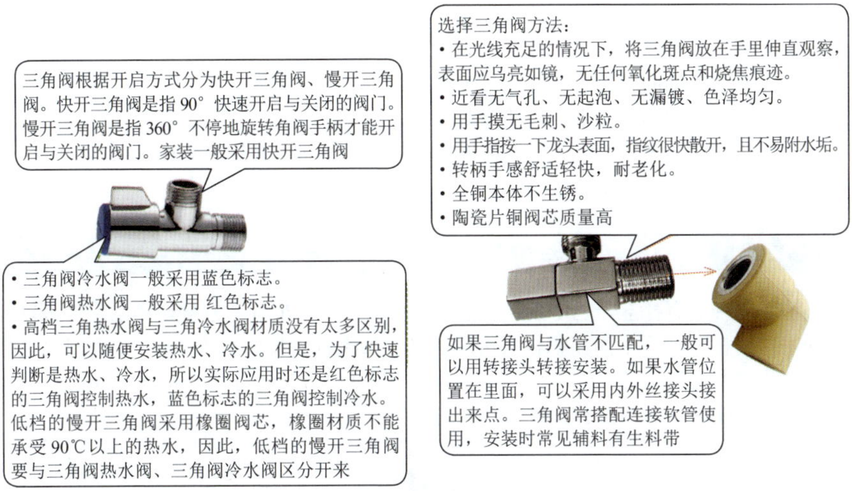

第2章 水电材料面面观

三角阀根据开启方式分为快开三角阀、慢开三角阀。快开三角阀是指90°快速开启与关闭的阀门。慢开三角阀是指360°不停地旋转阀门手柄才能开启与关闭的阀门。家装一般采用快开三角阀

选择三角阀方法：
- 在光线充足的情况下，将三角阀放在手里伸直观察，表面最为乌亮如镜，无任何氧化斑点和烧焦痕迹。
- 近看无气孔、无起泡、无漏镀、色泽均匀。
- 用手摸无毛刺、沙粒。
- 用手指按一下龙头表面，指纹很快散开，且不易附水垢。
- 转柄手感舒适轻快，耐老化。
- 全铜本体不生锈。
- 陶瓷片铜阀芯质量高

- 三角阀冷水阀一般采用蓝色标志。
- 三角阀热水阀一般采用红色标志。
- 高档三角热水阀与三角冷水阀材质没有太多区别，因此，可以随便安装热水、冷水。但是，为了快速判断是热水、冷水，所以实际应用时还是红色标志的三角阀控制热水，蓝色标志的三角阀控制冷水。低档的慢开三角阀采用橡圈阀芯，橡圈材质不能承受90℃以上的热水，因此，低档的慢开三角阀要与三角阀热水阀、三角阀冷水阀区分开来

如果三角阀与水管不匹配，一般可以用转接头转接安装。如果水管位置在里面，可以采用内外丝接头接出来点。三角阀常搭配连接软管使用，安装时常见辅料有生料带

三角阀的应用（二）

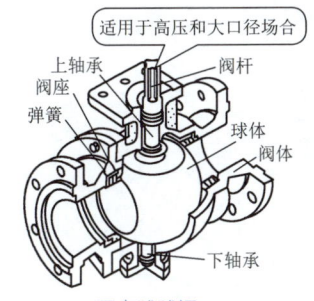

固定球球阀

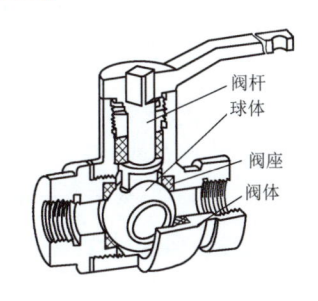

浮动球球阀

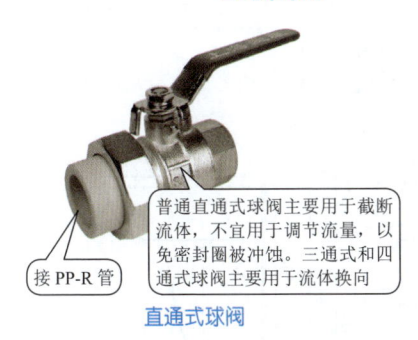

普通直通式球阀主要用于截断流体，不宜用于调节流量，以免密封圈被冲蚀。三通式和四通式球阀主要用于流体换向

直通式球阀

球阀：球体（启闭件）由阀杆带动，并绕阀杆的轴线作旋转运动的阀门。主要用于截断或接通管路中的介质，也可用于流体的调节与控制。

球阀安装前的准备：①球阀前、后管道应同轴，管道应能承受球阀的重量，否则管道上必须配有适当的支撑；②球阀前、后管线吹扫干净，清除杂质；③核对球阀的标志，验证球阀是否完好无损；④检查、清除球阀孔内的异物。

3. 给水管网的阀门设置

在下列管段上的应装设阀门：引入管、水表前、立管处。另外，从立管接有3个及3个以上配水点的支管应设置阀。

4. 怎样选择给水管网的阀门

（1）管径小于或等于50mm时，应选择截止阀。

(2)管径大于 50mm 时，应选择闸阀或蝶阀。
(3)不经常启闭而又需快速启闭的阀门，应选择快开阀门。
(4)双向流动的管段上，应选择闸阀或蝶阀。
(5)经常启闭的管段上，应选择截止阀。
(6)两条或两条以上引入管且在室内连通时，每条引入管应装设止回阀。
注：配水点处不宜采用旋塞。

2-14 洗面器的种类

洗面器种类有柱盆、艺术碗、台盆。卫生间面积小最好选柱盆，排水组件可以隐藏到主盆的柱中。卫生间面积较大可选台盆。如果台面长度小于 70cm 则不建议选台盆而应选择柱盆。台面宽度大于 52cm，长度大于 70cm 可选台盆。柱盆有角式立柱盆、半柱盆、立柱盆和挂式盆。

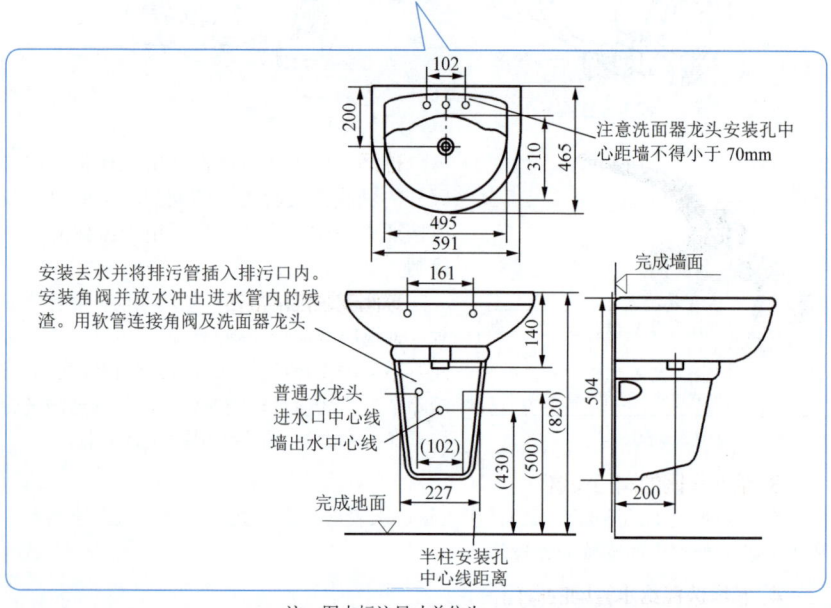

注意洗面器龙头安装孔中心距墙不得小于 70mm

安装去水并将排污管插入排污口内。
安装角阀并放水冲出进水管内的残渣。用软管连接角阀及洗面器龙头

普通水龙头
进水口中心线
墙出水中心线

完成地面

半柱安装孔
中心线距离

注：图中标注尺寸单位为 mm。

第2章 水电材料面面观 | 43

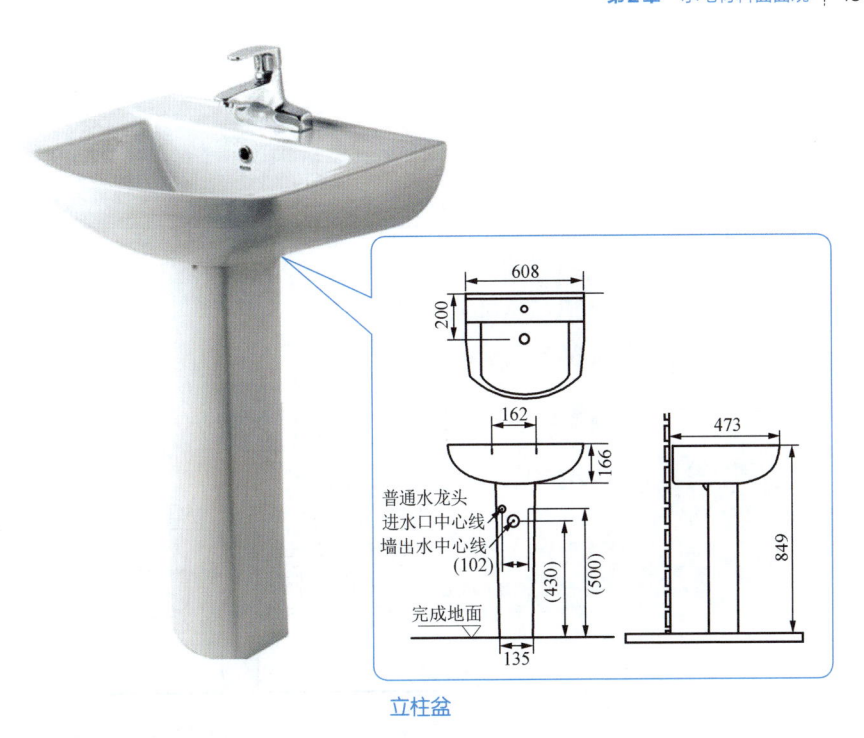

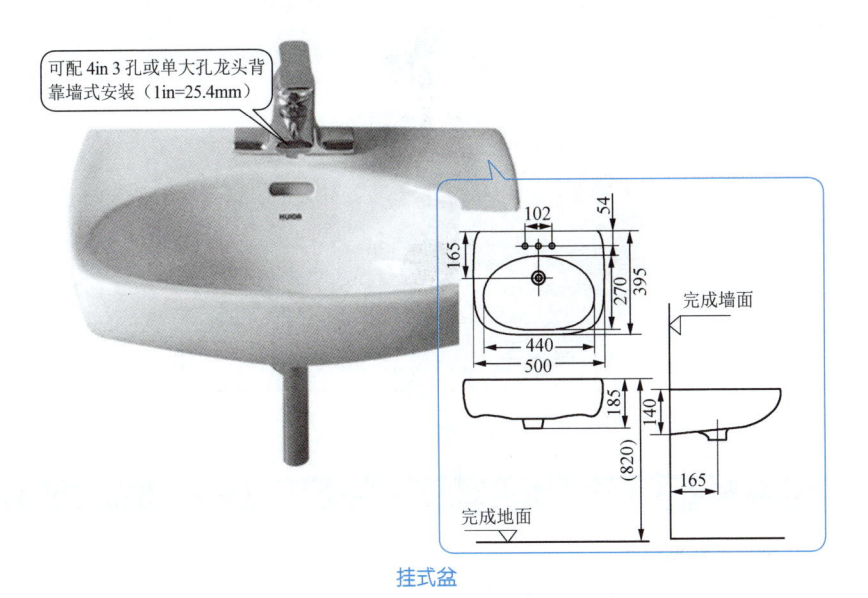

立柱盆

挂式盆

可配4in 3孔或单大孔龙头背靠墙式安装（1in=25.4mm）

洗面器与净身器供水孔表面安装平面直径应大于或等于供水孔直径+9mm。

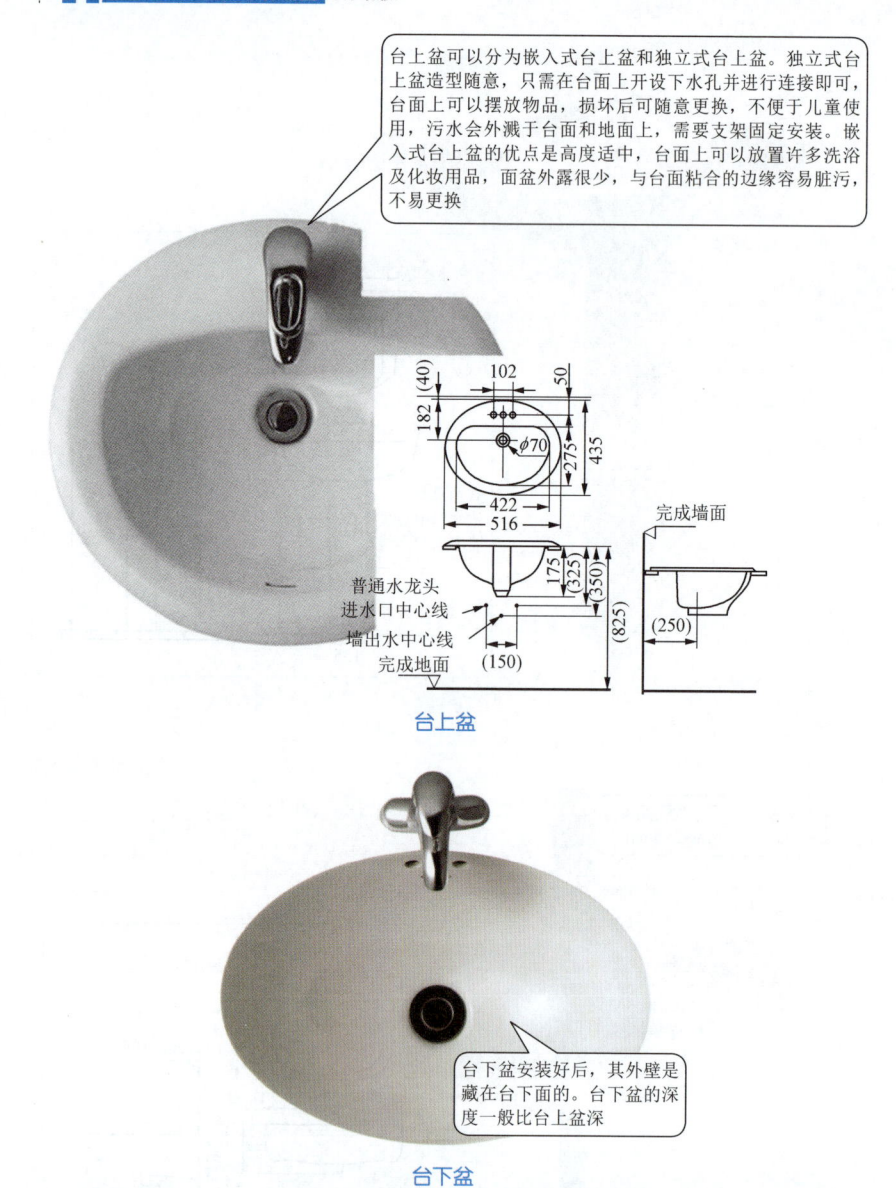

台上盆可以分为嵌入式台上盆和独立式台上盆。独立式台上盆造型随意，只需在台面上开设下水孔并进行连接即可，台面上可以摆放物品，损坏后可随意更换，不便于儿童使用，污水会外溅于台面和地面上，需要支架固定安装。嵌入式台上盆的优点是高度适中，台面上可以放置许多洗浴及化妆用品，面盆外露很少，与台面粘合的边缘容易脏污，不易更换

台上盆

台下盆安装好后，其外壁是藏在台下面的。台下盆的深度一般比台上盆深

台下盆

2-15　全面了解家装用电线与电缆、接口

1. 强电电线与电缆

强电电线与电缆主要包括地暖电缆、照明电线、空调和电器电线等。

（1）地暖电缆。地暖电缆有 2.9、5mm 等，适用不同的功率。

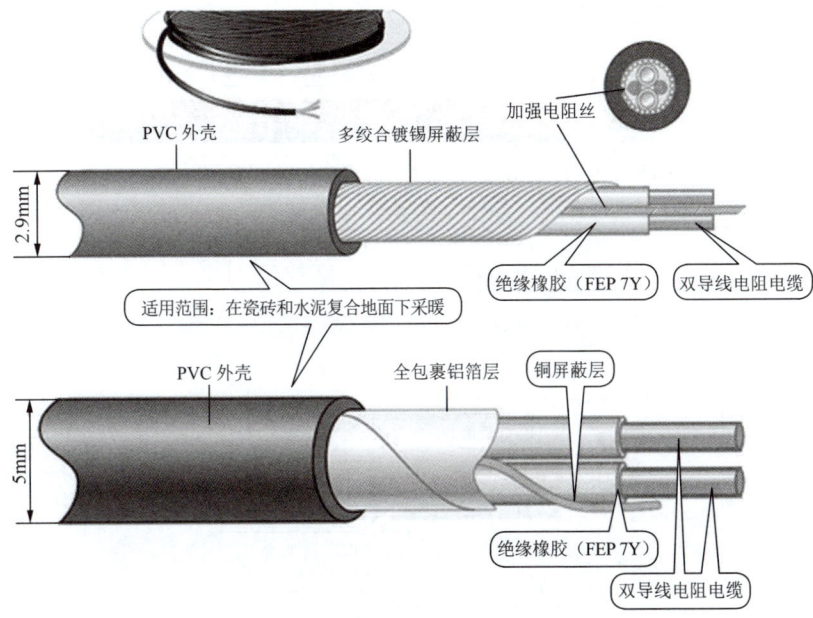

地暖电缆

（2）强电用电线。固定布线常用电缆包括以下几种：
1）BV 型 450/750V 一般用途单芯硬导体无护套电缆。
2）BV 型 300/500V 内部布线用导体温度 70℃的单芯用途单芯实心电缆。
3）BVR 450/750V 铜芯聚氯乙烯绝缘软电缆。
4）BVV 300/0500V 铜芯氯乙烯绝缘氯乙烯护套圆形电缆。
5）RV 型 450/750V 一般用途单芯软导体无护套电缆。
6）RV 型 300/500V 内部部线用导体温度 70℃的单芯软导体无护套电缆。
7）RVB 扁型无护套软线。
8）RVV 轻型 300/300V 聚氯乙烯护套软线。
9）RVV 普通型 300/500V 聚氯乙烯护套软电缆。
10）RVS 型 300/300V 铜芯聚氯乙烯绝缘绞型连接用软电线。

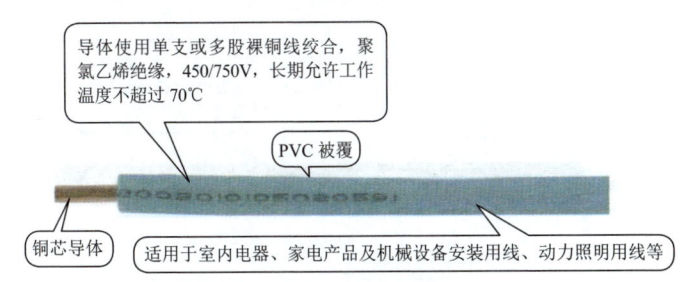

BV 型系列一般用途单芯硬导体无护套电缆

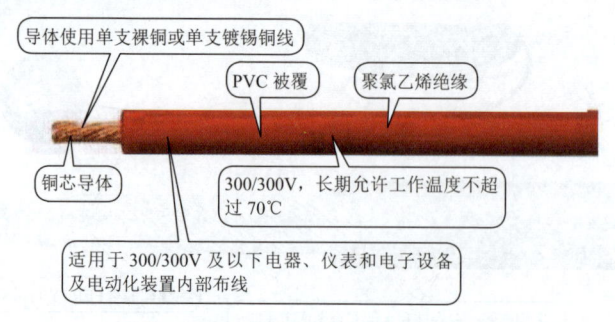

AV 型 300/300V 铜芯聚氯乙烯绝缘安装用电线

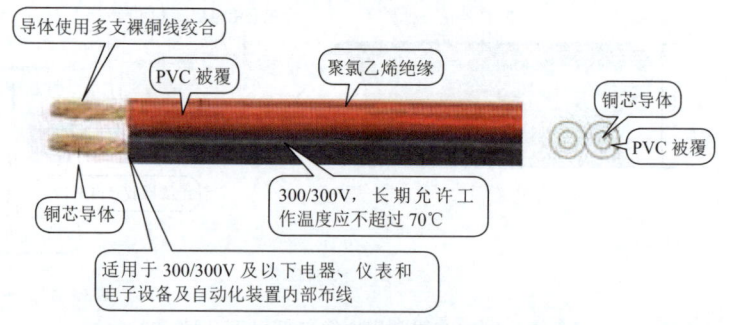

- 导体使用单支裸铜或单支镀锡铜线
- PVC 被覆
- 聚氯乙烯绝缘
- 铜芯导体
- 300/300V，长期允许工作温度不超过 70℃
- 适用于 300/300V 及以下电器、仪表和电子设备及电动化装置内部布线

AVRB 型 300/300V 铜芯聚氯乙烯绝缘扁型安装用软电线

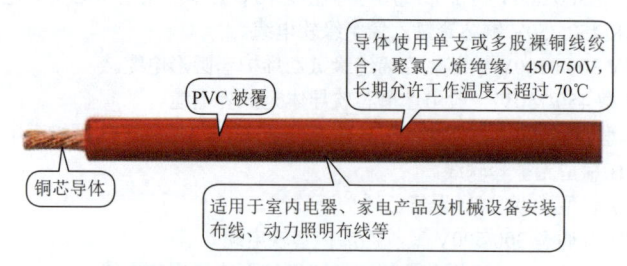

- 导体使用多支裸铜线绞合
- PVC 被覆
- 聚氯乙烯绝缘
- 铜芯导体
- PVC 被覆
- 300/300V，长期允许工作温度应不超过 70℃
- 适用于 300/300V 及以下电器、仪表和电子设备及自动化装置内部布线

RV 型系列一般用途单芯软导体无护套电缆

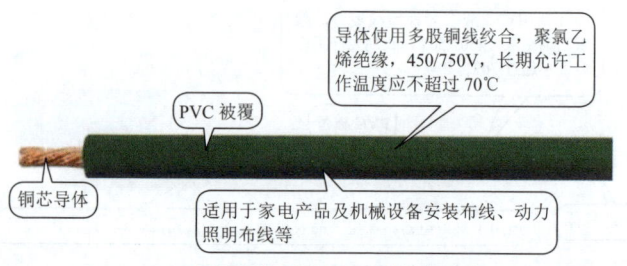

- PVC 被覆
- 铜芯导体
- 导体使用单支或多支裸铜线绞合，聚氯乙烯绝缘，450/750V，长期允许工作温度不超过 70℃
- 适用于室内电器、家电产品及机械设备安装布线、动力照明布线等

BVR 型系列铜芯聚氯乙烯绝缘软电缆

- PVC 被覆
- 铜芯导体
- 导体使用多股铜线绞合，聚氯乙烯绝缘，450/750V，长期允许工作温度应不超过 70℃
- 适用于家电产品及机械设备安装布线、动力照明布线等

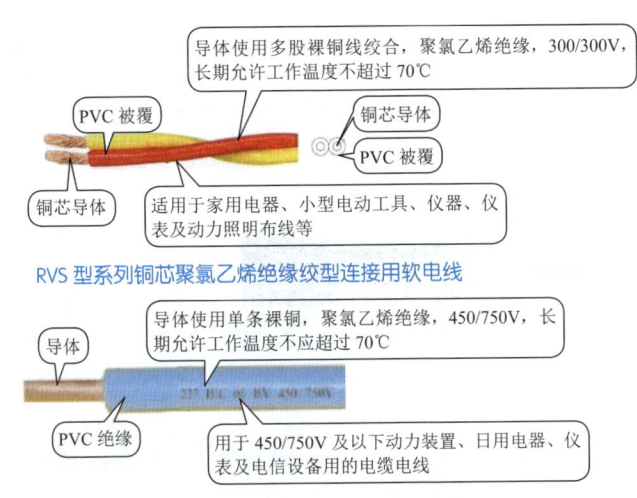

RVS 型系列铜芯聚氯乙烯绝缘绞型连接用软电线

- PVC 被覆
- 铜芯导体
- PVC 被覆
- 铜芯导体
- 导体使用多股裸铜线绞合，聚氯乙烯绝缘，300/300V，长期允许工作温度不超过 70℃
- 适用于家用电器、小型电动工具、仪器、仪表及动力照明布线等

BV 型 450/750V 一般用途单芯硬导体无护套电缆

- 导体
- PVC 绝缘
- 导体使用单条裸铜，聚氯乙烯绝缘，450/750V，长期允许工作温度不应超过 70℃
- 用于 450/750V 及以下动力装置、日用电器、仪表及电信设备用的电缆电线

（3）一般家装强电电线的选择。

2.5mm^2 铜芯线：用于照明线路控制回路、普通插座布线。

4mm^2 铜芯线：用于一般空调回路。

6mm^2 铜芯线：用于大功率的柜机空调回路。

2. 弱电电线、电缆和接口

75ΩSYV 系列实芯聚乙烯绝缘聚氯乙烯护套同轴电缆（SYV）： 主要适用于传输数据、音频、视频等通信设备。例如可以用于电视视频图像传输。

75ΩSYV 系列实芯聚乙烯绝缘聚氯乙烯护套同轴电缆

- 裸铜编织
- PE 绝缘
- PVC 被覆
- 铝箔麦拉
- 铜芯导体
- 导体
- 聚乙烯绝缘
- 屏蔽层
- 聚氯乙烯外护层

50ΩSYV 系列实芯聚乙烯绝缘聚氯乙烯护套同轴电缆： 主要用于电视与广播发射系统、计算机以太网的互连。

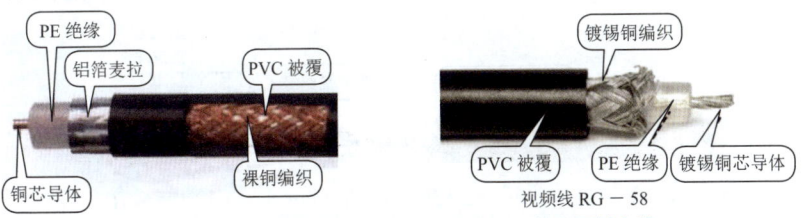

- PE 绝缘
- 铝箔麦拉
- PVC 被覆
- 铜芯导体
- 裸铜编织
- 镀锡铜编织
- PVC 被覆
- PE 绝缘
- 镀锡铜芯导体

视频线 RG-58

50ΩSYV 系列实芯聚乙烯绝缘聚氯乙烯护套同轴电缆

SYWV-75 系列物理发泡聚氯乙烯绝缘聚氯乙烯护套同轴电缆： 适用于闭路电视、公用天线电视系统做天线、分支线、用户线以及其他电子装置用 75Ω 同轴电缆的射频传输。2P 为铝塑复合膜和镀锡圆铜线编织，4P 为以上重复编织，编织角度小于或等于 45°。

发泡聚乙烯绝缘　导体　编织屏蔽　PVC 护套　绝缘　导体　麦拉　护套

SYWV-75 系列物理发泡聚氯乙烯绝缘聚乙烯护套同轴电缆

50Ω 同轴电缆（粗缆 RG-8、细缆 RG-58）： 适用于电视与广播发射系统及微波、卫星通信系统，也可以用于计算机网络（如以太网）的互连。

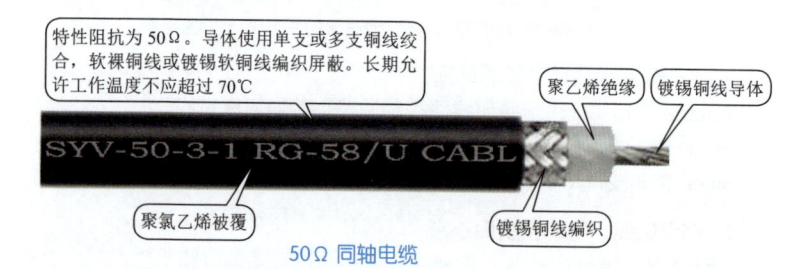

特性阻抗为 50Ω。导体使用单支或多支铜线绞合，软裸铜线或镀锡软铜线编织屏蔽。长期允许工作温度不应超过 70℃

SYV-50-3-1 RG-58/U CABL　聚氯乙烯被覆　聚乙烯绝缘　镀锡铜线导体　镀锡铜线编织

50Ω 同轴电缆

环保网络线缆（HB-SFTP）： 适用于 100Base-T4、100BaseTX 的网络和 1000Base-T 网络（千兆以太网）的传输。

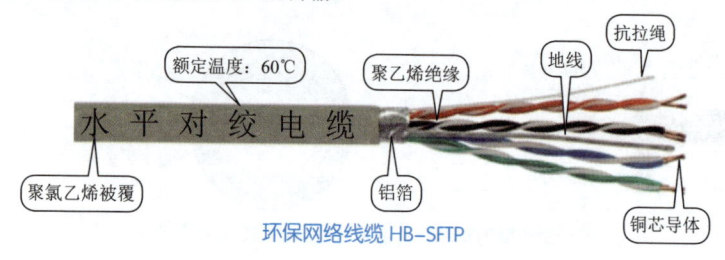

额定温度：60℃　水平对绞电缆　聚氯乙烯被覆　聚乙烯绝缘　铝箔　抗拉绳　地线　铜芯导体

环保网络线缆 HB-SFTP

低烟无卤阻燃网线（WDZC-STP）： 用于 1000Base-T 网络（千兆以太网）和总线制防盗报警信号的传输。

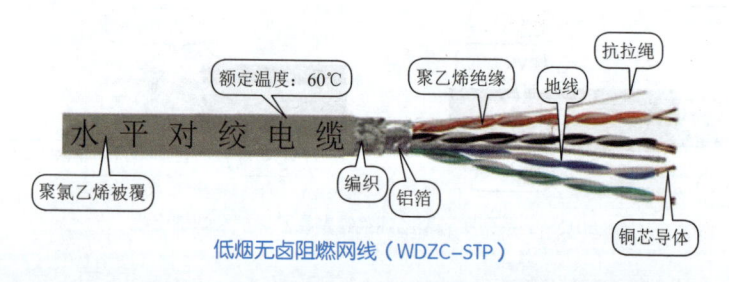

额定温度：60℃　水平对绞电缆　聚氯乙烯被覆　聚乙烯绝缘　编织　铝箔　抗拉绳　地线　铜芯导体

低烟无卤阻燃网线（WDZC-STP）

高性能防水线缆（FS-UTP）： 用于1000Base-T网络数据的传输。

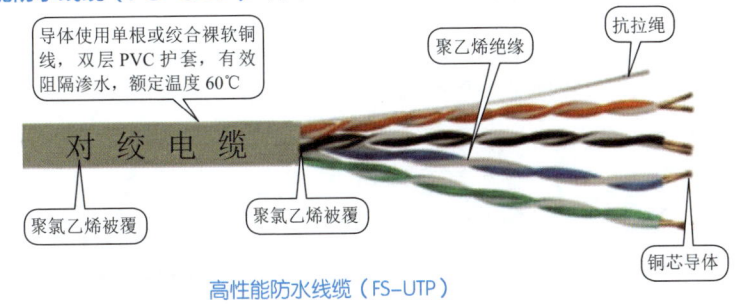

高性能防水线缆（FS-UTP）

RVV(B) 2× 铜芯聚氯乙烯绝缘扁形聚氯乙烯护套软电线： 适用于家用电器、小型电动工具、仪器、仪表及动力照明用线、控制电源线等。该系列有 RVV(B) 2×48/0.2、RVV(B) 2×49/0.25、RVV(B) 2×84/0.3、RVV(B) 2×56/0.3、RVV(B) 2×80/0.4 等。

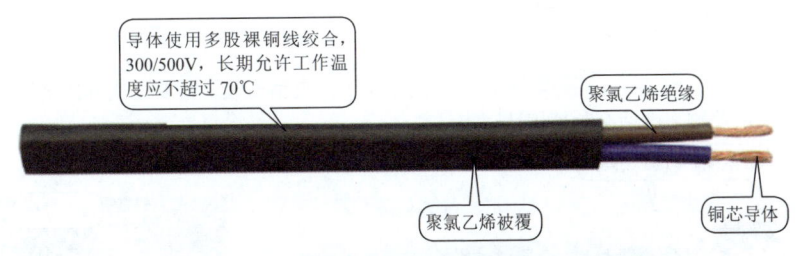

RVV（B）ZX 铜芯聚氯乙烯绝缘扁形聚氯乙烯护套软电线

RVV 3芯（227 IEC 52）系列轻型聚氯乙烯护套软线： 适用于电器、仪器、仪表和电子设备及自动化装置用电源线、控制线及信号传输线，具体可用于防盗报警系统、楼宇对讲系统等用线。

RVV 3×32/0.2 防盗报警系统、楼宇对讲系统用线： AVVR 或 RVV 护套线通常用于弱电电源供电等。AVVR 或 RVV 圆形双绞护套线通常也用于弱电电源供电等用。

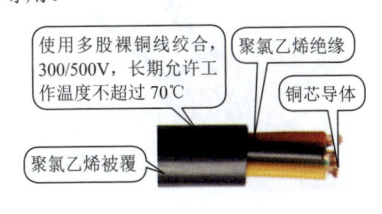

RVV3芯（227IEC52）系列轻型聚氯乙烯护套软线

RVV3×32/0.2 防盗报警系统、楼宇对讲系统用线

计算机局域网、网络电缆： 六类局域网电缆（CAT.6）、超五类局域网络电缆（UTP CAT.5E）、五类局域网络电缆（UTP CAT.5）。

局域网络电缆的结构特点是成对线按一定的绞距绞在一起，故又称双绞线。双绞线是由相互按一定的绞距绞合在一起的类似于电话线的传输媒体。

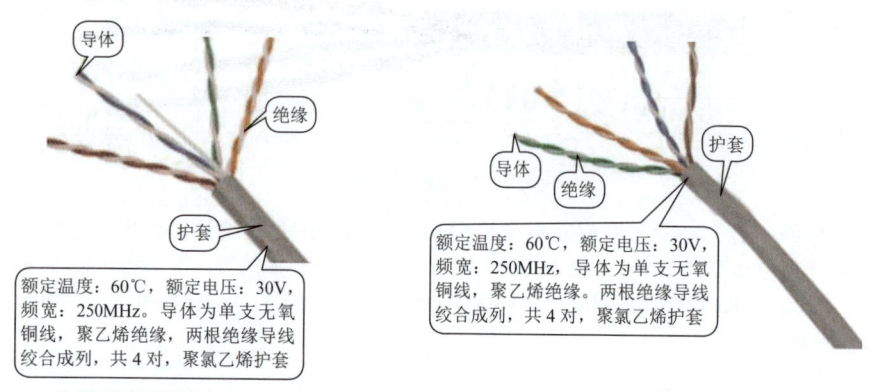

额定温度：60℃，额定电压：30V，频宽：250MHz，导体为单支无氧铜线，聚乙烯绝缘，两根绝缘导线绞合成列，共 4 对，聚氯乙烯护套

六类局域网电缆 (CAT.6)

额定温度：60℃，额定电压：30V，频宽：250MHz，导体为单支无氧铜线，聚乙烯绝缘。两根绝缘导线绞合成列，共 4 对，聚氯乙烯护套

超五类局域网电缆 (UTP CAT.5E)

4X1/0.5 电话线（四芯电话线）： 适用于室内外电话安装。需要连接程控电话交换机的线路及数字电话必须使用四芯电话线。

适用于室内外电话布线用

两芯电话线

两芯电话线： 适用于普通外线和分机的线路。

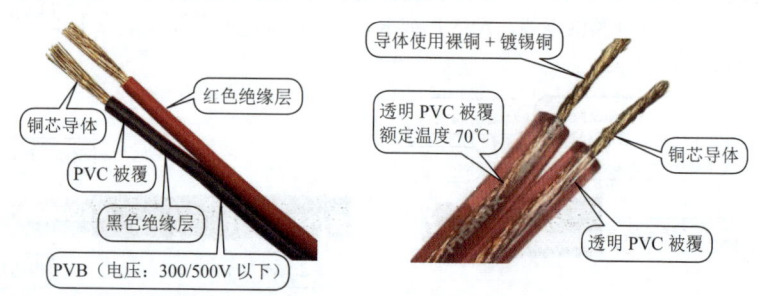

红黑线、扁型无护套电线或电缆 AVRB

金银线（音箱线）

红黑线、扁型无护套软电线或电缆 AVRB： 常用于背景音乐和公共广播，也可做弱电供电电源线。

金银线（音箱线）： 规格有 50、100、150 芯等，用于功放机输出至音箱的接线。

三色差线： 比 S 端子线质量更好的视频线，用于传输模拟信号，是目前用于模拟信号传输最好的视频线，DVD 机、高端电视及家用投影机都会带有使用这种线的接口。

DVI 线： 数字视频线，以无压缩技术传送全数码信号，最高传输速度是 8Gbit/s，其接口有 24+1(DVI-D)、24+5(DVI-I) 型。DVI-I 支持同时传输数字 (DVI-D) 及模拟信号 (VGA 信号)。DVI-I 的接口虽然兼容 DVI-D 的接口，但 DVI-I 的插头却插不了 DVI-D 的接口。

AV 线： 也叫做音视频线，用于音响设备、家用影视设备音频和视频信号的连接，是传输模拟视频信号的视频线，两端是莲花头（RCA 头），目前 DVD 机及电视机都有这种接口，装修时不需要布这种线。音频输入接口又叫 AV 接口或 2RCA 接口，RCA 是莲花接口，也称 AV 接口（复合视频接口）。立体声音频线都有左、右声道，每声道有一根线。

黄白莲花头线： 用于音频和视频的传输。音频接口、视频接口使用时只需将带莲花头的标准 AV 线与其他输出设备（如放像机、影碟机）上的相应的接口连接起来即可。

RCA 是最常见的音频、视频输入、输出接口。RCA 莲花插座通常是成对的，视频和音频信号"分开发送"，避免音频、视频混合干扰而导致图像质量下降。

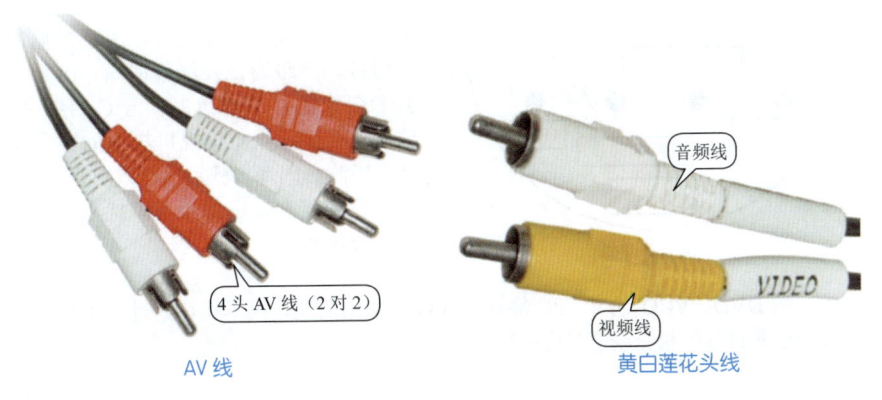

4 头 AV 线（2 对 2）

音频线

视频线

AV 线

黄白莲花头线

VGA 线： 一种模拟信号视频线，最常用于计算机，随着视频数据量的加大，VGA 线的冗余会更大，分辨率超过 1600×1200 后，VGA 线质量稍次，长度稍长会导致雪花。VGA 接口不仅广泛应用在计算机上，在投影机、影碟机、TV 等视频设备上也都标配有此接口。VGA 是 video graphics adapter 的缩写，信号类型为模拟类型，视频输出端的接口为 15 针母插座，视频输入连线端的接口为 15 针公插头。VGA 端子含红（R）、绿（G）、蓝（B）三基色信号和行（HS）、场（VS）扫描信号。VGA 端子也叫 D-Sub 接口。VGA 接口外形像 "D"，上面共有 15 个针孔，分成三排，每排五个。VGA 接口是显卡上输出信号的主流接口，可与 CRT 显示器或具备 VGA 接口的电视机相连，VGA 接口本身可以传输 VGA、SVGA、XGA 等现在所有格式、任何分辨率的模拟 RGB+HV 信号。

咪线： 也叫做话筒线，用于连接话筒与功放机。

S 端子线

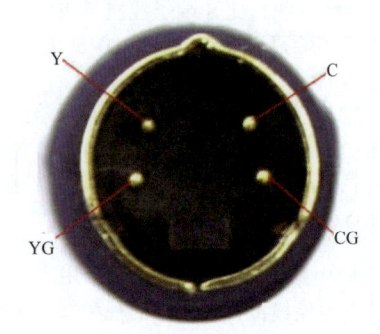

标准 S 端子

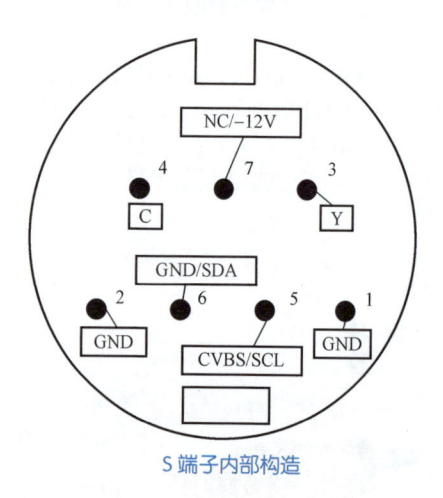

S 端子内部构造

S 端子线： 比 AV 线质量好一点的视频线，接口是圆形的，类似 PS2 鼠标头。7 针 S-Video 接口，向后兼容 4 针接口。

S 端子（S-Video）：一种视频信号专用输出接口，应用最普遍的视频接口之一。常见的 S 端子是一个 5 芯接口，其中两路传输视频亮度信号，两路传输色度信号，一路为公共屏蔽地线。由于省去了图像信号 Y 与色度信号 C 的综合、编码、合成，以及电视机机内的输入切换、矩阵解码等步骤，可有效防止亮度、色度信号复合输出的相互串扰，提高图像的清晰度。

一般 DVD、VCD、TV、PC 都具备 S 端子输出功能，投影机可通过专用的 S 端子线与这些设备的相应端子连接进行视频输入。

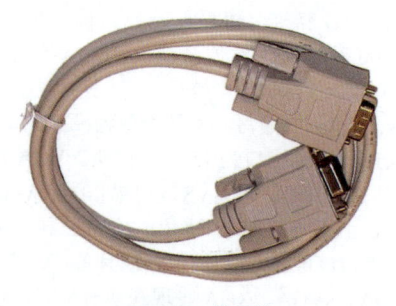

RS-232C 接口线

分量视频接口： 也叫色差输出/输入接口，又叫 3RCA。分量视频接口通常采用 YPbPr、YCbCr 两种标识。分量视频接口/色差端子是在 S 端子的基础上，把色度（C）信号里的蓝色差（b）、红色差（r）分开发送。

BNC 接口： 同轴细缆接口，用于安防监视器和有线电视视频信号传输。

RS-232C 接口： 用于将计算机信号输入控制投影机。

2-16 了解常用弱电插头

常用的弱电插头有音频插头、电源连接器插头、信号插头和麦克风插头。

三芯插头　　三芯插头　　三芯插头

音频插头

电源连接器（直流）插头

麦克风插头　　信号插头

2-17 了解 PVC 电工套管与其附件

1. PVC 电工套管的用途和规格以及在选购时的要求

（1）PVC 电工套管的主要作用是保护电线、电缆。

（2）PVC 电工套管的常见规格：公称外径 16、20、25、32、40、50、63mm 等。PVC 电工套管管材的长度一般为 4m。

（3）所使用的阻燃型 PVC 塑料管，其材质均应具有阻燃、耐冲击性能，其氧指数不应低于 27% 的阻燃指标，并且有合格证。

（4）阻燃型塑料管外壁应有间距不大于 1m 的连续阻燃标记、制造厂厂标、管子内、外壁应光滑、无凸棱、无凹陷、无针孔、无气泡，内、外径的尺寸应符合国家统一标准，管壁厚度应均匀一致。

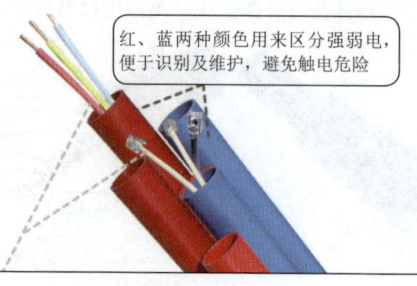

红、蓝两种颜色用来区分强弱电，便于识别及维护，避免触电危险

家装强电主要是指220V以上高电压、高电流的线路部分，包括空调线、照明线、插座线、面板等，推荐使用红色电工套管。
弱电是指传输信号的线路部分，包括网络线、电话线、有线电视线等。弱电直流电压一般在24V以内，属于安全电压，推荐使用蓝色电工套管

彩色线管

2. PVC 电工套管附件种类及特点

（1）阻燃型 PVC 塑料管附件及明配阻燃型 PVC 塑料制品，常见的有各种灯头盒、开关盒、接线盒、插座盒、端接头、管箍等，使用时必须采用配套的阻燃塑料制品。

（2）阻燃型 PVC 塑料灯头盒、开关盒、接线盒外观应整齐，预留孔齐全，无劈裂、损坏等现象。

（3）专用胶粘剂必须适合相应的阻燃 PVC 塑料管，并且必须在使用期限内使用。

接线盒规格有 75mm×75mm 型、86 型接线盒等。安装电器的部位与线路分支或导线规格改变处一般要设置接线盒。另外，线路较长时或有弯时，也需要适当加装接线盒。两接线点间要符合以下要求才能装接线盒：管长每超过 30m，无弯曲；管长度每超过 20m，有一个弯曲；管长度每超过 15m，有两个弯曲；管长度每超过 8m，有三个弯曲

接线盒的个数的估计：
（1）根据施工平面图统计出的开关盒数量=开关数+插座数。
（2）根据施工平面图统计出的灯头（灯具）接线盒数量（荧光灯一套算1个灯具接线盒）。
（3）接（分）线盒的计算：管路有三通分支与四通分支配管的位置，每处计算1个；根据直管无弯超过30m时，一个弯超过20m时，二个弯超过15m时，三个弯超过8m时，都得加接线盒进行计算。
（4）把上述数量加起来的总数就是接线盒个数的估计数

接线盒

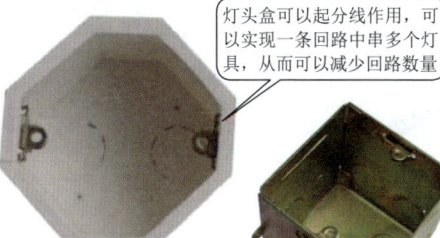

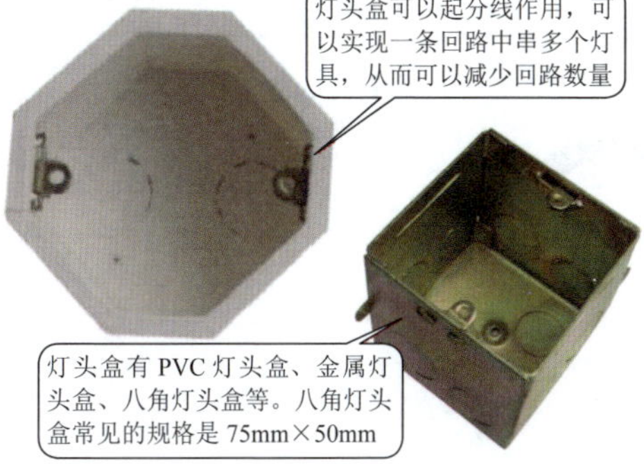

第2章 水电材料面面观

灯头盒可以起分线作用，可以实现一条回路中串多个灯具，从而可以减少回路数量

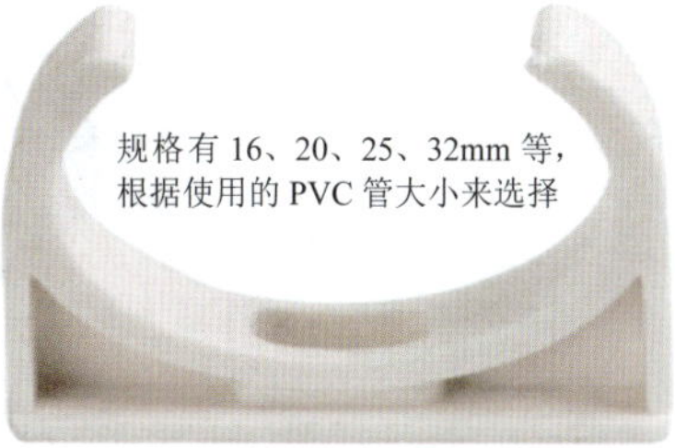

规格有 16、20、25、32mm 等，根据使用的 PVC 管大小来选择

灯头盒有 PVC 灯头盒、金属灯头盒、八角灯头盒等。八角灯头盒常见的规格是 75mm×50mm

灯头盒

管夹

- 安装时，混凝土墙不能走 PVC 管，只能走黄蜡管护套线。其他墙体与地面必须走 PVC 套管。
- PVC 套管管内线的根数不能超过三根，强、弱电必须分开走线

锁扣是线管与底盒连接的接头，主要起固定、保护的作用。锁扣（又叫做入盒接头）的规格有 16、20、25mm 等

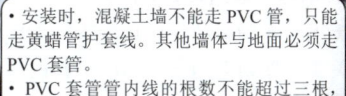

入盒接头（锁扣）

2-18 全面了解开关

常见的开关有翘板开关、旋钮开关等。

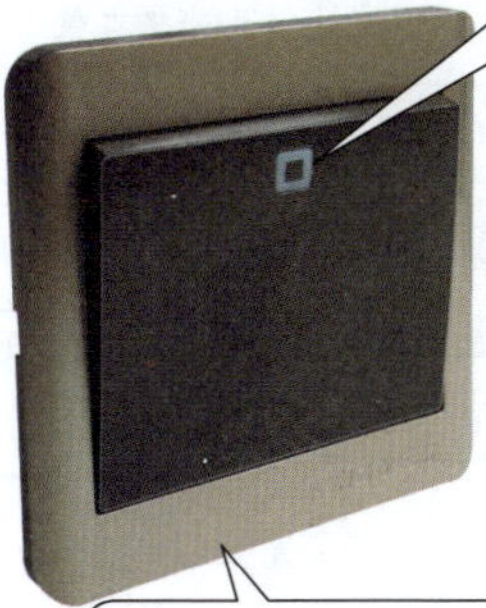

翘板开关，开关操作面大。大翘板开关与小按钮开关相比，大翘板开关拥有更高的安全性，它有夜光灯指示，在黑暗中易辨别。翘板开关应尽量采用大口径接线端

多位开关包括双联、三联、二开等开关

夜光开关上带有荧光或微光指示灯，便于夜间寻找位置

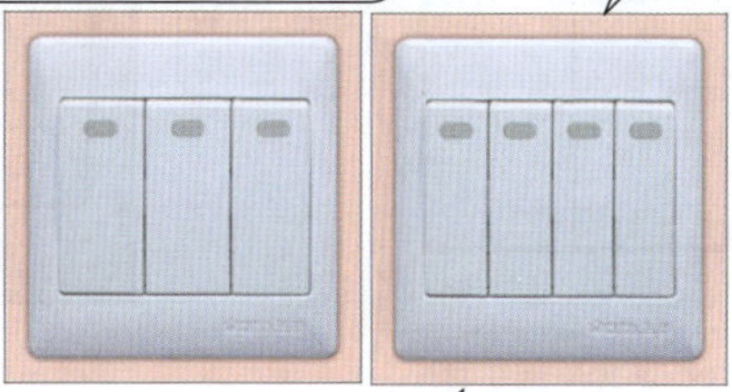

多位开关是几个开关并列而成的，它们又各自控制各自的灯具

翘板开关

- 调光开关除了具有开关的功能以外，还可以通过旋钮调节灯光强弱。
- 调光开关不能与节能灯、日光灯配合使用

一般调光开关相线（火线）接调光开关的输入端，另一端接灯泡，与普通开关的接法基本一样

旋钮式调光开关

1. 大翘板开关与小按钮开关的比较

分断幅度大小： 在同样的按压幅度下，大翘板开关能给活动部件以更大的分断幅度。小按钮开关要实现相近的分断幅度，其内部弹簧的扭度将比大翘板开关更高，也容易出现卡住的问题。

使用时的漏电危险性： 小按钮开关一般只有手指大小，如果用户的手为潮湿状态，手指与按钮充分接触的同时，也接触到了按钮与面板之间的缝隙。如果开关质量差，可能使开关内部导体接触到水而漏电，对使用者造成威胁。大翘板开关的按压空间比较大，可以减少此方面的风险。

接线数量的限制： 小按钮占用开关面板空间较少，因此小按钮开关能够提供四位以上的开关，相应的开关后部的接线过多会塞满暗盒，并且影响散热，还容易出现电线脱扣等问题。大翘板开关一般在四位以下，限制了后部的接线数量，保证了开关暗盒内有充足的空间。

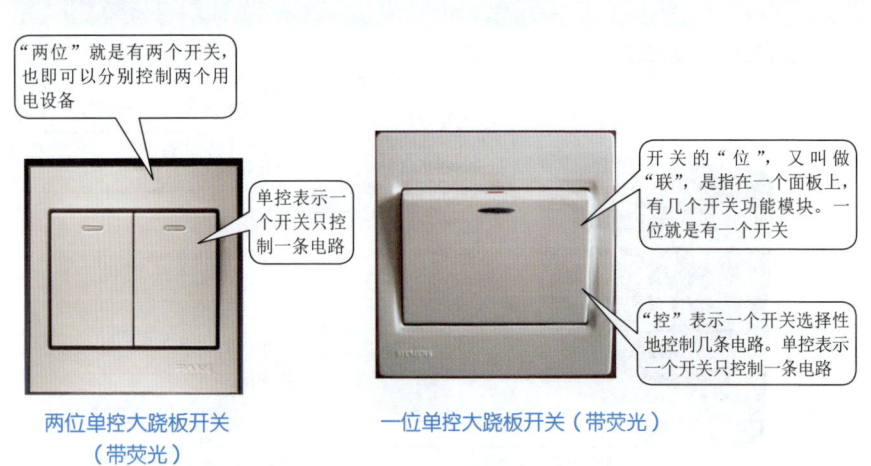

"两位"就是有两个开关，也即可以分别控制两个用电设备

单控表示一个开关只控制一条电路

开关的"位"，又叫做"联"，是指在一个面板上，有几个开关功能模块。一位就是有一个开关

"控"表示一个开关选择性地控制几条电路。单控表示一个开关只控制一条电路

两位单控大跷板开关（带荧光）

一位单控大跷板开关（带荧光）

第2章 水电材料面面观 | 57

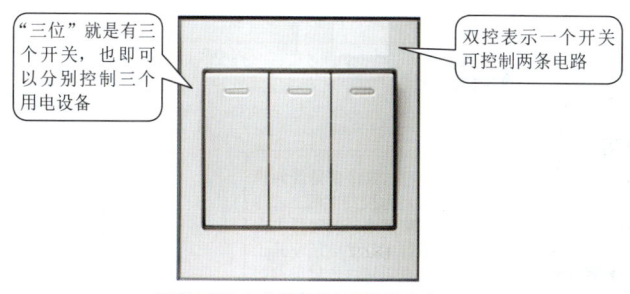

"三位"就是有三个开关，也即可以分别控制三个用电设备

双控表示一个开关可控制两条电路

三位双控大跷板开关（带荧光）

2. 开关的选择方法

（1）看表面，质量差的表面粗糙、有气泡或凹陷。质量好的表面光滑、无气泡或凹陷。

（2）开关的开启和闭合有无明确标示。质量差的没有明确标示，质量好的有明确标示。

（3）开关接线柱的相线（火线）、中性线（零线）、地线有无明确标识。质量差的没有明确标示，质量好的有明确标示。

（4）开关手感情况，质量好的轻巧，声音清脆，反应灵敏，并且插座自带保护门，插拔顺畅，插入时有点紧。

（5）看接线柱，质量差的接线柱有锈痕、不光亮，质量好的接线柱光亮、无锈痕。

（6）接线时拧动螺钉的感觉，质量差的有阻滞感，拧紧后有松动现象。质量好的无阻滞感，拧紧后不松动。

（7）质量好的开关底座都刻印有商标、合格证、3C认证标志。

（8）看开关安装到墙面的效果，质量差的不平整、倾斜，质量好的平整、不倾斜。

3. 开关的接线

（1）双控开关的接线： 双控开关一般有三个接线柱（端），中间一个往往是公共端，公共端接相线(即进线)，另外两个接线柱（端）控制点一根线分别接在另一个开关的接线柱上（不是公共端接相线柱）。另外一只开关的中间接线柱（端）接连到灯头的接线。中性线接在灯头的另一个接线柱（端）上。有的双控开关还用于控制应急照明回路需要强制点燃的灯具，则双控开关中的两端接双电源，一端接灯具，即一个开关控制一个灯具。

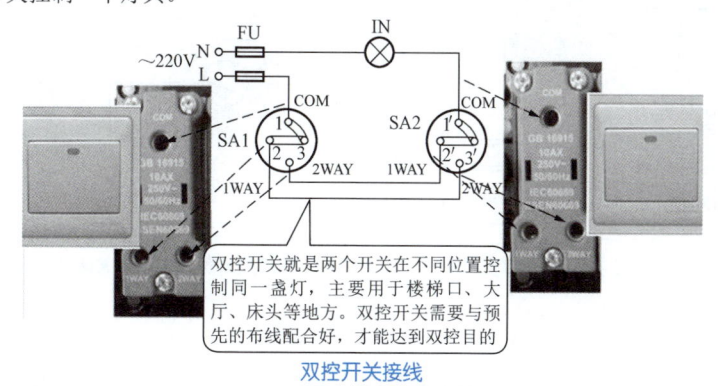

双控开关就是两个开关在不同位置控制同一盏灯，主要用于楼梯口、大厅、床头等地方。双控开关需要与预先的布线配合好，才能达到双控目的

双控开关接线

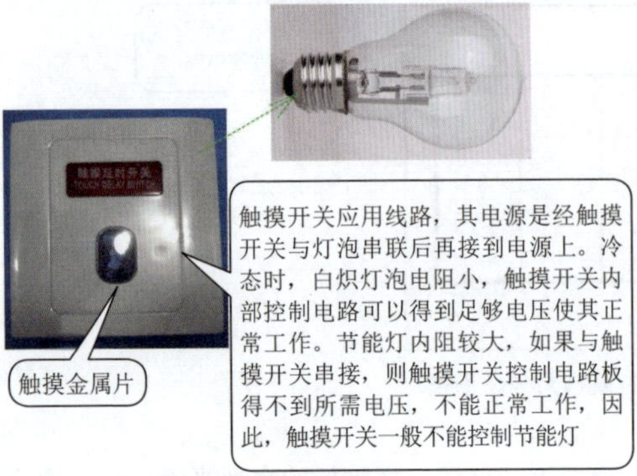

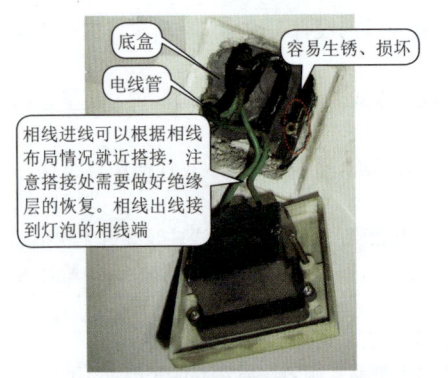

触摸开关应用线路,其电源是经触摸开关与灯泡串联后再接到电源上。冷态时,白炽灯泡电阻小,触摸开关内部控制电路可以得到足够电压使其正常工作。节能灯内阻较大,如果与触摸开关串接,则触摸开关控制电路板得不到所需电压,不能正常工作,因此,触摸开关一般不能控制节能灯。

触摸金属片

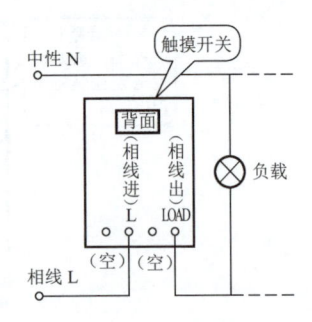

底盒
电线管
容易生锈、损坏

相线进线可以根据相线布局情况就近搭接,注意搭接处需要做好绝缘层的恢复。相线出线接到灯泡的相线端

触摸开关接线

(2)触摸开关、触摸延时开关接线:

一般触摸开关——采用单线制接线,即与普通开关接线方法是一样的,相线进线接一端,另外一端接灯具。

三线触摸开关——两根相线进开关,其中一根为消防火线,一根为电源相线。另外一根控制相线从开关出来到灯头。

(3)普通开关的接线: 一只普通开关一般有两个接线端,其中一端接相线,另外一端接灯具相线端。

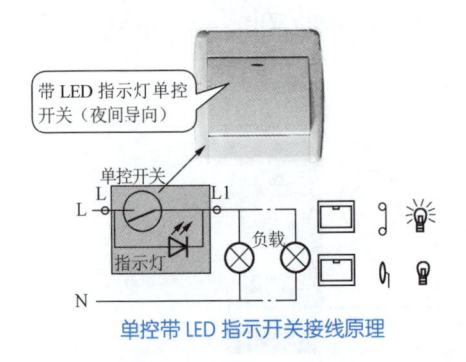

带 LED 指示灯单控开关(夜间导向)

单控带 LED 指示开关接线原理

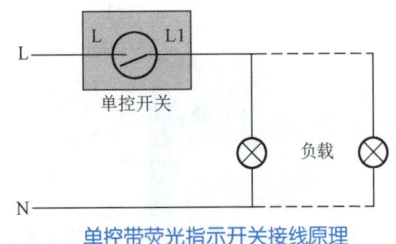

单控带荧光指示开关接线原理

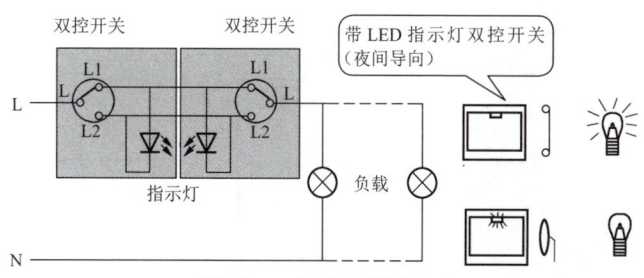

双控带 LED 指示开关接线原理

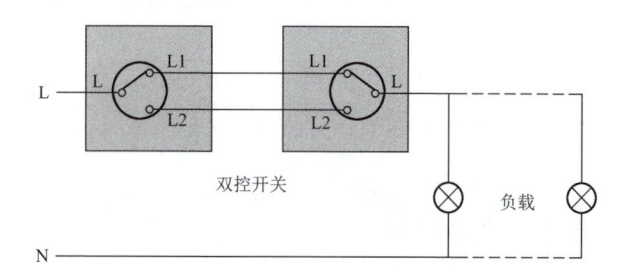

双控荧光指示开关接线原理

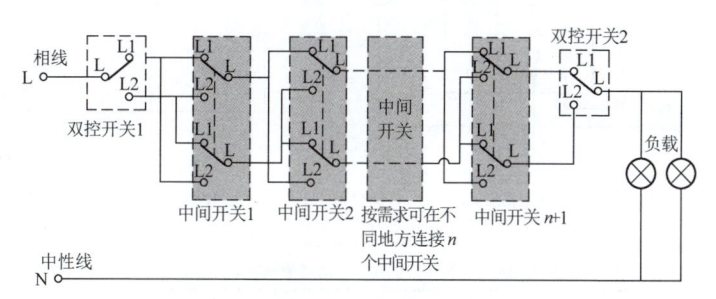

中间开关接线原理

（4）实用案例： 三处位置同时控制一个灯的案例，其中灯具可由床头开关1、床头开关2、进门开关三个开关分别控制。

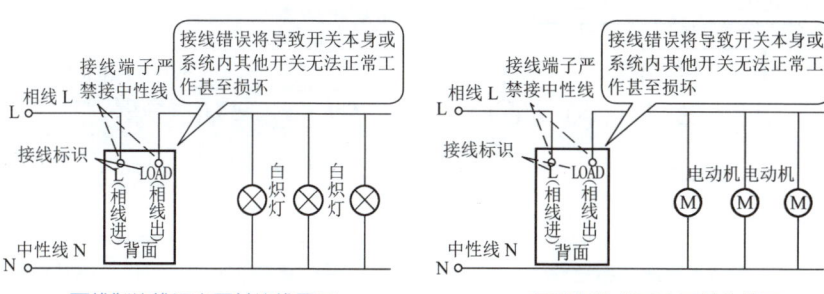

两线制接线调光开关接线原理

两线制接线调速开关接线原理

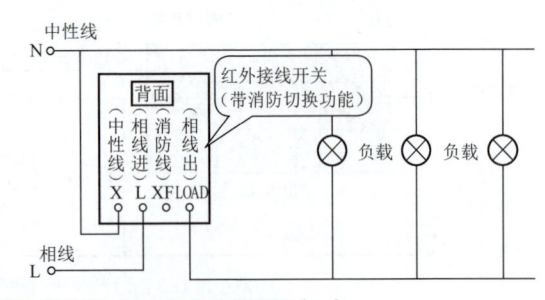

红外接线开关（带消防切换功能）接线原理（一）

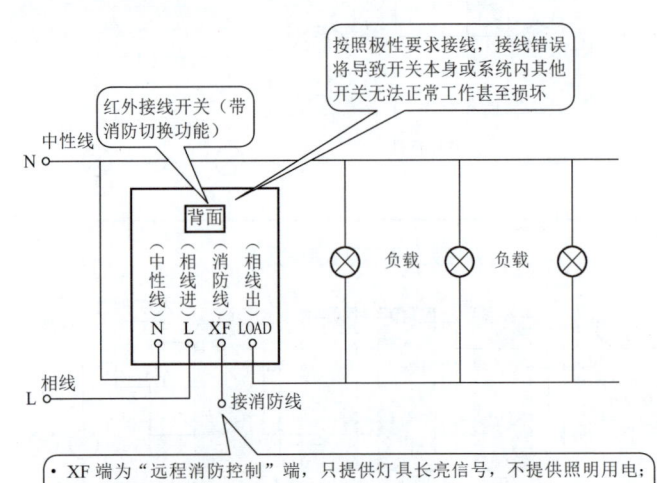

按照极性要求接线，接线错误将导致开关本身或系统内其他开关无法正常工作甚至损坏

- XF 端为"远程消防控制"端，只提供灯具长亮信号，不提供照明用电；不接消防控制线时，开关也可当作通用开关使用。
- 当发生火灾等紧急情况时，利用"远程消防控制"等功能使所有灯强制点亮，保证紧急情况的照明（需专门铺设一条消防控制线）

红外接线开关（带消防切换功能）接线原理（二）

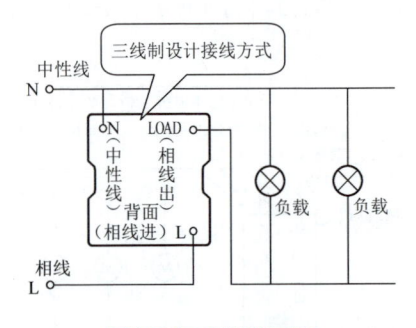

插卡取电开关接线原理

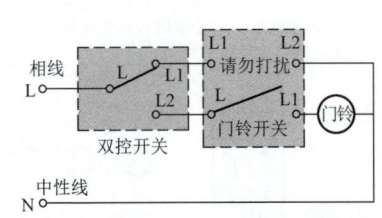

带"请勿打扰"门铃开关的接线原理

第2章 水电材料面面观 | 61

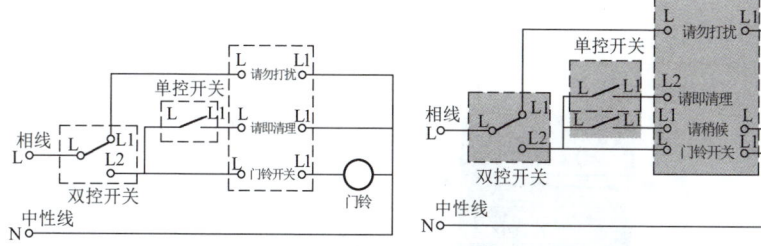

带"请勿打扰""请即清理"门铃开关的接线原理

带"请勿打扰""请即清理""请稍候"门铃开关的接线原理

四开双控开关

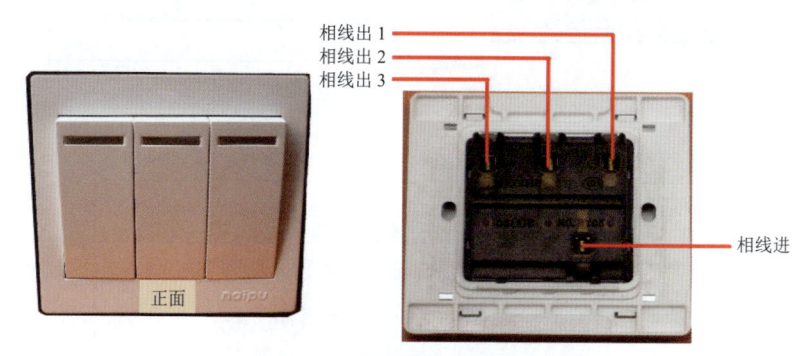

三开单控开关

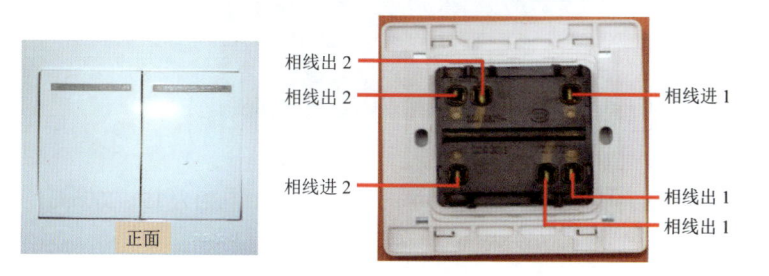

二开双控开关

一根进线、两根出线

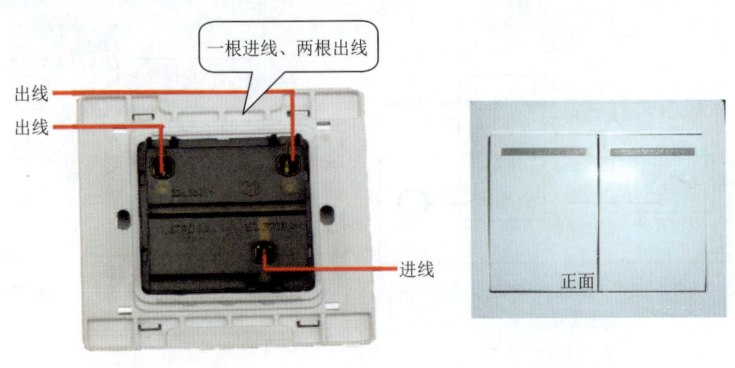

出线

出线

进线

二开单控开关

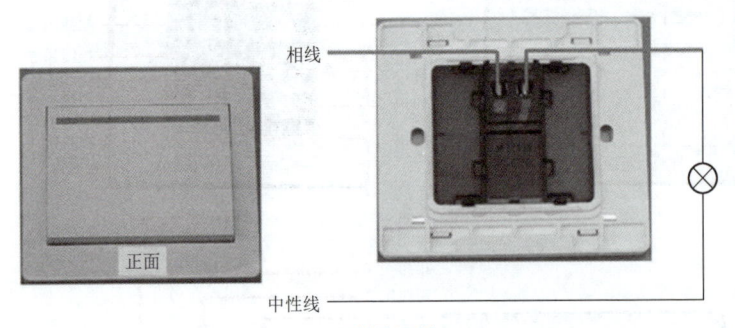

相线

中性线

一开单控开关

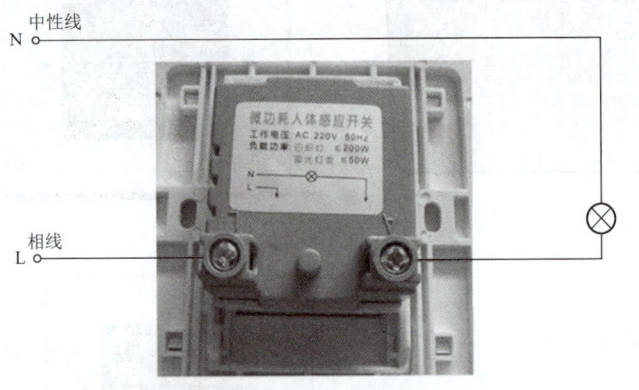

中性线
N

相线
L

人体感应开关接线原理

开关的安装高度一般为1200~1350mm，距离门框、门沿为150~200mm。

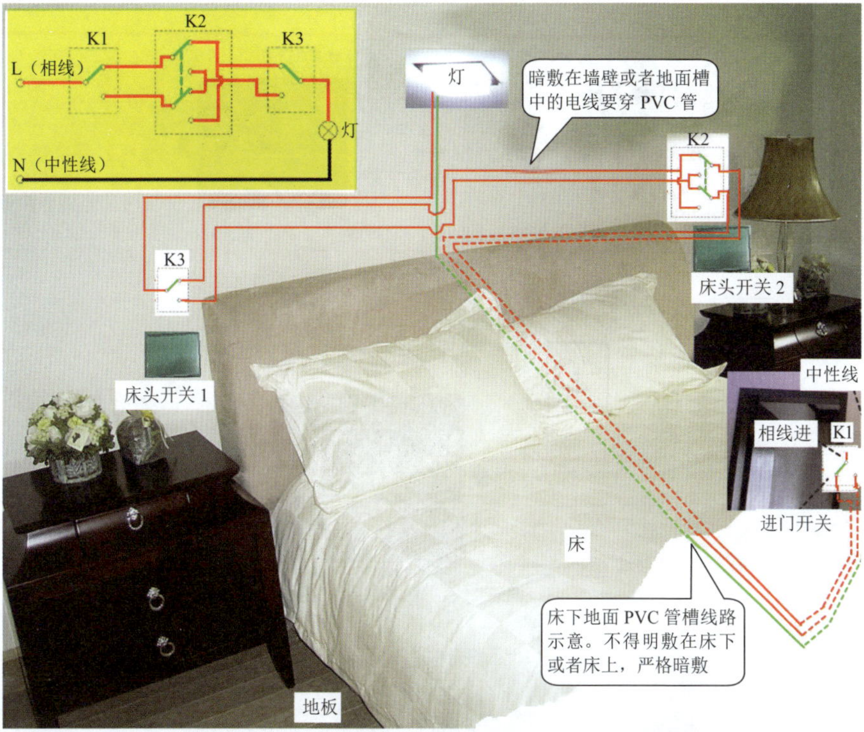
K1
K2
K3
L（相线）
灯
N（中性线）
灯
暗敷在墙壁或者地面槽中的电线要穿 PVC 管
K2
K3
床头开关 2
床头开关 1
中性线
相线进
K1
进门开关
床
床下地面 PVC 管槽线路示意。不得明敷在床下或者床上，严格暗敷
地板

三处位置同时控制一个灯案例

2-19 全面了解插座与其接线

1. 插座的种类和内部接线

常见插座包括五孔插座、七孔插座、五孔多功能插座等。

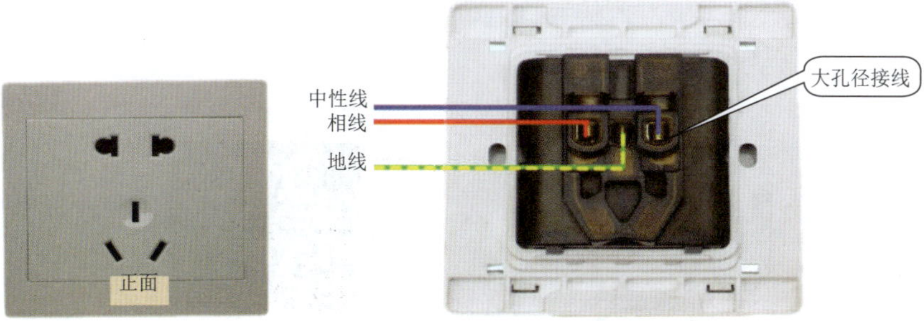
正面
中性线
相线
地线
大孔径接线

五孔插座

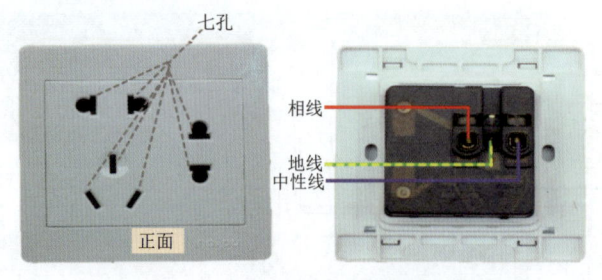

七孔插座

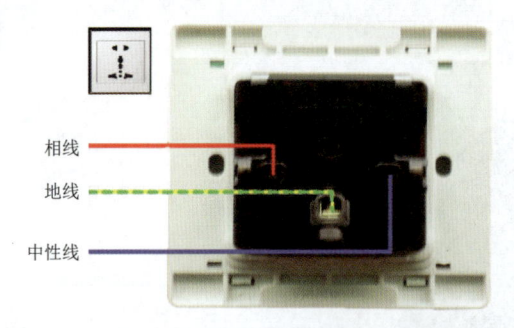

五孔多功能插座

五孔插座带二开双控

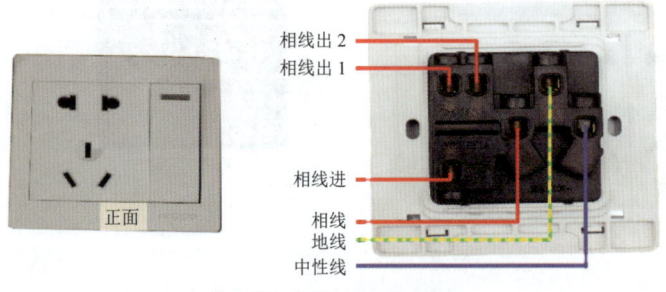

面板上的两个开关分别控制两孔插座、三孔插座是难以实现的

带一开双控开关的五孔插座

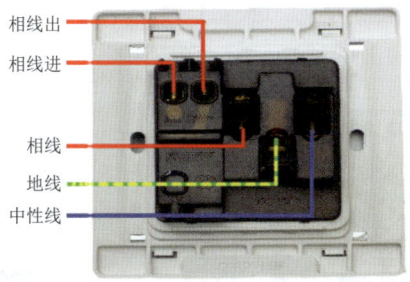

相线出
相线进
相线
地线
中性线

正面

带一开开关的五孔插座

2. 插座的选择及安装接线

大功率家电： 电冰箱或空调等大功率家电使用的插座（一般不设开关），通常选用电流值大于 10A 的单插座。三匹柜式空调一般选择 20A 和 32A 插座。一般的挂机空调选择 16A 插座。

特色装饰： 需要选择不同颜色面板的插座，一般情况下只选择白色的面板插座即可。

插座安装接线： 三孔插座的中性线与保护接地线切不可接错。一般来说，明装插座距地不低于 1.8m，暗插座距地 0.3m 为宜。

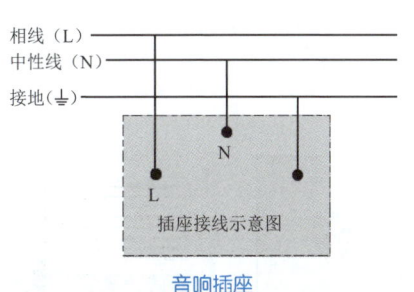

相线（L）
中性线（N）
接地（⏚）

插座接线示意图

音响插座

一般采用一根 PVC 即可，如果有串接情况，则需要采用 2 根 PVC 管

转弯出，不能够采用 90°弯头

电视插座带分支

2-20 全面了解弱电插座与其接线

弱电插座主要包括音响插座、电视插座、电话与电脑插座、电视与电脑插座等。

一根接正极，一根接负极。音响插座有2头音响插座、4头音响插座。左右的环绕音箱装修可以敷设，主音箱与中置音箱可以考虑直接从功放接出来

焊接处

正面

相当于一个分支器，可串接

音响插座

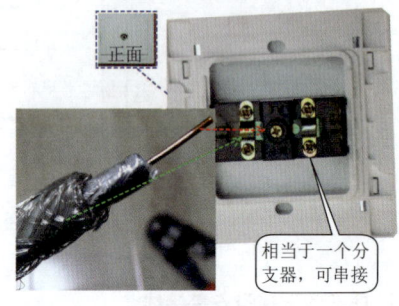

电视插座带分支

正面

电话与计算机插座

正面

电视与计算机插座

放大器控制板

2-21　全面了解底盒与接线盒

1. 底盒的用途和特点

底盒就是插座、开关面板后面用于盛放电线、实现连接与保护作用的盒子。底盒可以分为86型、118型、116型、146型、双86型等。通用86型底盒外形尺寸为86mm×86mm，通用146型底盒外形尺寸为146mm×86mm。底盒还可以分为塑料底盒、金属底盒。底盒根据安装方式可以分为暗装底盒、明装底盒。电线底盒根据材料可以分为防火底盒、阻燃类底盒。家装中一般选择阻燃型底盒。底盒的深度有35、40、50mm等几种规格。

采用ABS工程塑料材料

适合光纤、网络、语音模块的安装

86型底盒

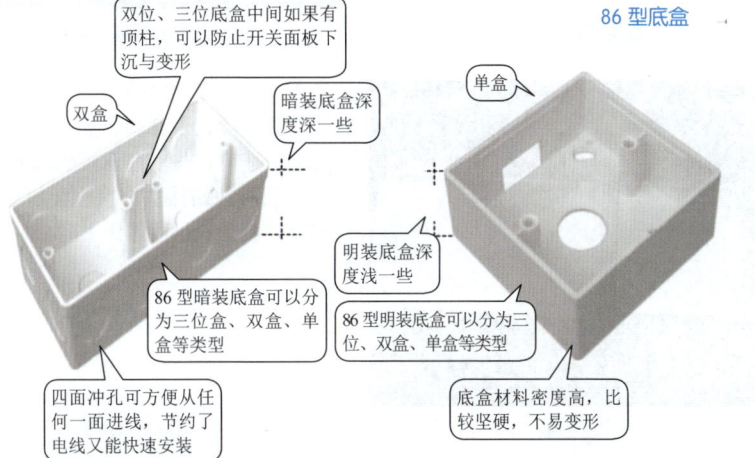

双位、三位底盒中间如果有顶柱，可以防止开关面板下沉与变形

双盒

暗装底盒深度深一些

单盒

明装底盒深度浅一些

86型暗装底盒可以分为三位盒、双盒、单盒等类型

86型明装底盒可以分为三位、双盒、单盒等类型

四面冲孔可方便从任何一面进线，节约了电线又能快速安装

底盒材料密度高，比较坚硬，不易变形

86型暗装底盒

86型明装底盒

底盒安装面板两个螺孔的位置——底上型底盒用铜螺母定位，不生锈，便于维修、拆除

弹起式地板插座专用金属底盒

金属底盒需要选择镀锌、喷塑，以免生锈

底上型底盒定位

金属底盒应用

2. 底盒的选择

底盒安装面板两个螺孔的位置有两侧型和底上型。如果遇到墙里有钢筋，需要把盒子底切掉，则一般选择两侧型底盒。另外，最好选择螺孔可以调节的底盒。质量差的底盒容易软化、老化。如果选择质量差的底盒，则可能影响开关安装的稳定性。

底盒中的电线接头多，安装接线时要注意安全。

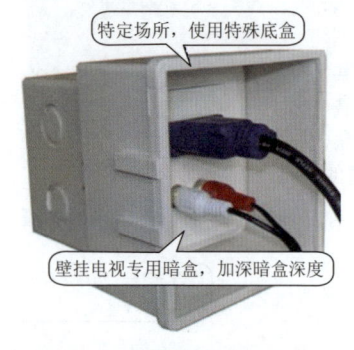

特定场所，使用特殊底盒

壁挂电视专用暗盒，加深暗盒深度

专用暗盒

底盒与空白面板配套使用

3. 与底盒配套使用的空白面板

底盒除常与开关、插座面板配套使用外，还可以与空白面板配套使用。面板下面有线路接头，空白面板起遮盖、安全、美观、预留等作用。

空白面板

4. PVC 八角灯头盒

PVC 八角灯头盒主要用于天花线路分支交叉位置。PVC 八角灯头盒往往包括盒与盖。

PVC 八角灯头盒

5. 圆单通接线盒

圆单通接线盒有 4 分、6 分、两通、四通等规格。圆单通接线盒也可以分为圆曲通、圆二通、圆三通、圆四通等。

开盖可以轻易梳理盒中电线的走向和分布

自扣无需上螺纹

十字四通

直通两通

90°转向

圆单通接线盒的类型与特点

2-22 了解一体化 PVC 86 型电视专用背景盒

采用一体化 PVC86 型电视专用背景盒，具有提高工作效率、准确性高等特点。一体化 PVC86 型电视专用背景盒具有 PVC 专用弯线盒、50/75 弯头、86 线盒、圆的内径 50 PVC 管等组成。

一体化 PVC86 型电视专用背景盒具有红色、白色。有的竖直圆的 PVC50 还可以配管加长。

一体化 PVC86 型电视专用背景盒

2-23　了解杯疏

　　杯疏的颜色有红色、蓝色、黄色、绿色等，规格有 16、20、25mm 等。杯疏处线管槽的深度、宽度均需要比线管管槽的深度、宽度尺寸大一些。

第 2 章 水电材料面面观 | 71

PVC 管插入

卡住底盒边沿

底盒

杯疏

2-24 了解带盖活线 PVC 三通

带盖活线 PVC 三通，实现活线不弯管，规格有 16、20、25mm 等。选择不同颜色的带盖三通，强弱电分离、容易识别，常见颜色有红色、蓝色、黄色、绿色、白色等。

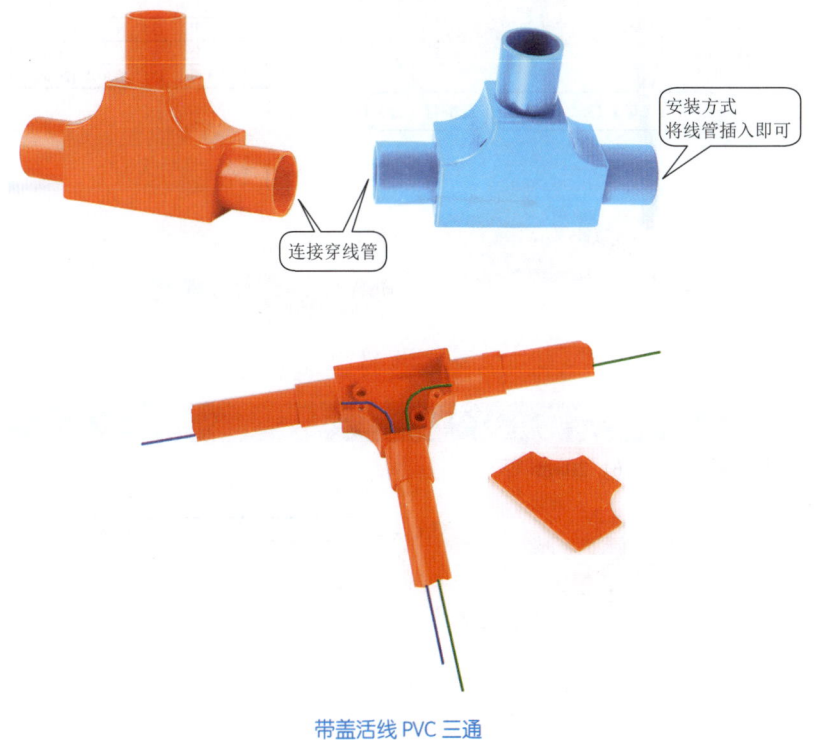

安装方式
将线管插入即可

连接穿线管

带盖活线 PVC 三通

90°的PVC三通，很难实现活线。

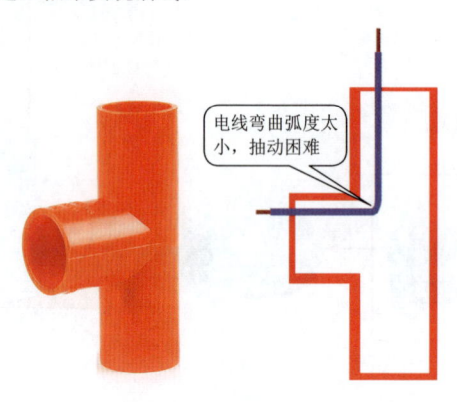

90°的PVC三通

2-25 了解成品活接过桥弯

成品活接过桥弯分为公过桥弯、母过桥弯，规格有16、20mm等。

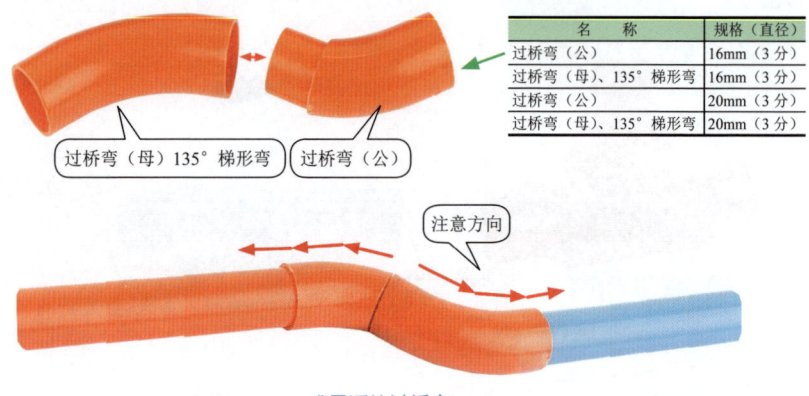

名　　称	规格（直径）
过桥弯（公）	16mm（3分）
过桥弯（母）、135°梯形弯	16mm（3分）
过桥弯（公）	20mm（3分）
过桥弯（母）、135°梯形弯	20mm（3分）

成品活接过桥弯

2-26 了解上墙弯

上墙弯规格有16、20mm等。

名　　称	规格（直径）
90大弯通（上墙弯）	16mm（3分）
90大弯通（上墙弯）	20mm（4分）

上墙弯（一）

第 2 章　水电材料面面观

传统弹簧弯管情况下墙角弯属于有难弯的角度，其尺寸误差必须控制在 0.2cm 以下，往往很难一次性弯到位

上墙弯（二）

2-27 了解波纹管

波纹管的优点无需人工弯管，有 30m 一卷和 50m 一卷的。波纹管可以配合 PVC 管实现方向的改变。波纹管还可以用于吊顶灯盒处灯线的保护，还可以利用波纹管连接器进行有关的连接。

PVC 管

波纹管

PVC 管

波纹管不能够埋墙、埋地暗敷

波纹管

规格不同，外径与内径尺寸不同

外径 20mm

插入波纹管内

插入管件内

套入 PVC 线管外

套入波纹管外

内径 20mm

内径 20mm

波纹管内连　　　　波纹管外连

波纹管连接器（一）

波纹管连接器（二）

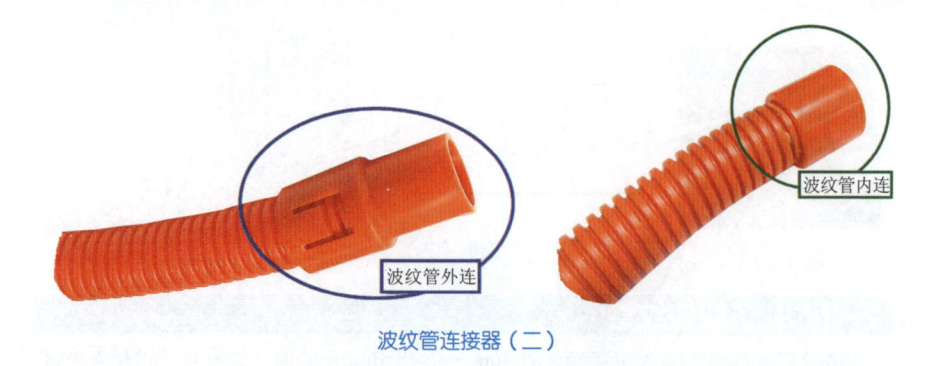

2-28 了解半圆线槽

半圆线槽有铝合金半圆线槽、PVC 半圆线槽等类型。半圆线槽往往可以采用背胶贴安装。具有螺纹卡扣的，有利于安装牢靠。

PVC 明装电工线槽的拼接加工可以借助角磨机来进行。

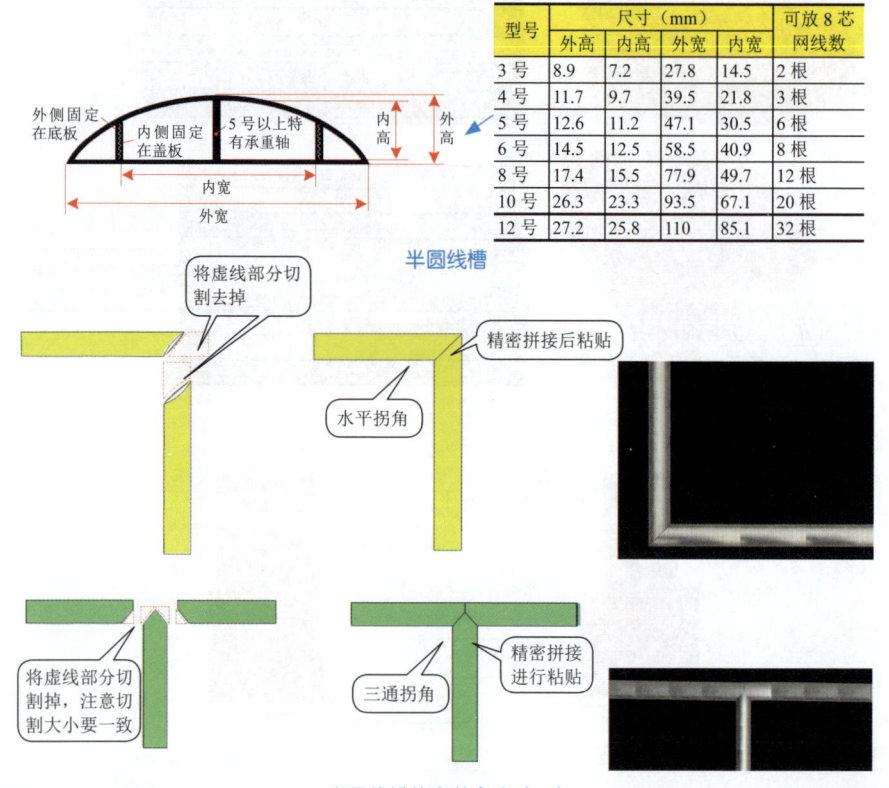

型号	尺寸（mm）				可放8芯网线数
	外高	内高	外宽	内宽	
3号	8.9	7.2	27.8	14.5	2根
4号	11.7	9.7	39.5	21.8	3根
5号	12.6	11.2	47.1	30.5	6根
6号	14.5	12.5	58.5	40.9	8根
8号	17.4	15.5	77.9	49.7	12根
10号	26.3	23.3	93.5	67.1	20根
12号	27.2	25.8	110	85.1	32根

半圆线槽

半圆线槽的安装方法（一）

半圆线槽的安装方法（二）

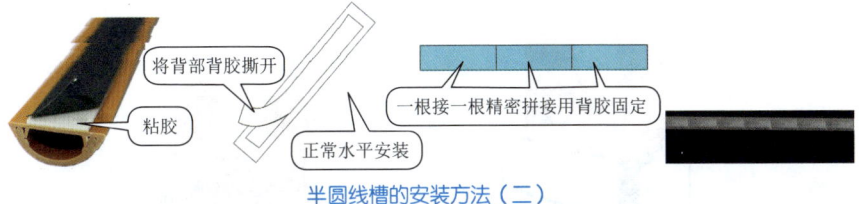

2-29 了解线管固定管夹

PVC 线管固定管夹 20mm、25mm 等规格的。PVC 线管固定管夹颜色有多种，具体可以根据背景色等要求选择管夹颜色。

线管转角两边，一般均需要采用管夹固定。为此，可以首先确定线管两端固定管夹，然后线管中间再均分间距。

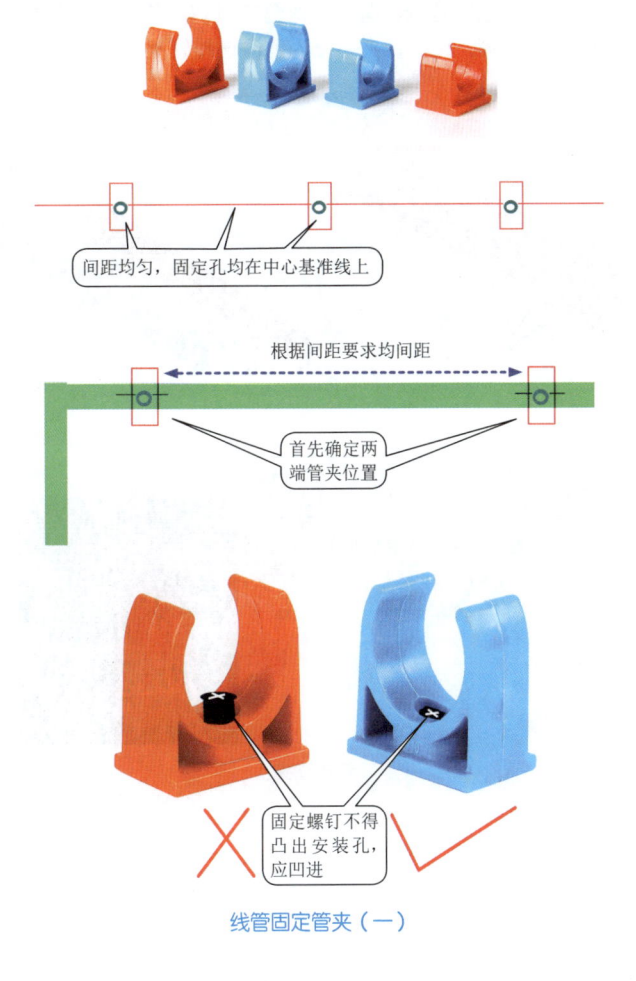

间距均匀，固定孔均在中心基准线上

根据间距要求均间距

首先确定两端管夹位置

固定螺钉不得凸出安装孔，应凹进

线管固定管夹（一）

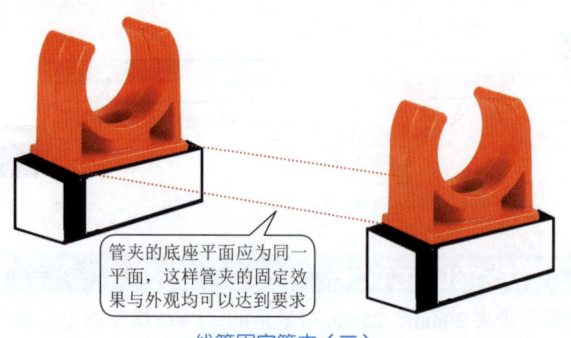

管夹的底座平面应为同一平面，这样管夹的固定效果与外观均可以达到要求

线管固定管夹（二）

2-30 了解连排管夹

连排管夹颜色有红色、蓝色、黄色、绿色等颜色。连排管夹规格有16、20mm等，位数有8位、10位等。连排管夹还分为地面连排管夹、天花排管夹，其中地面连排管夹管间距离大。

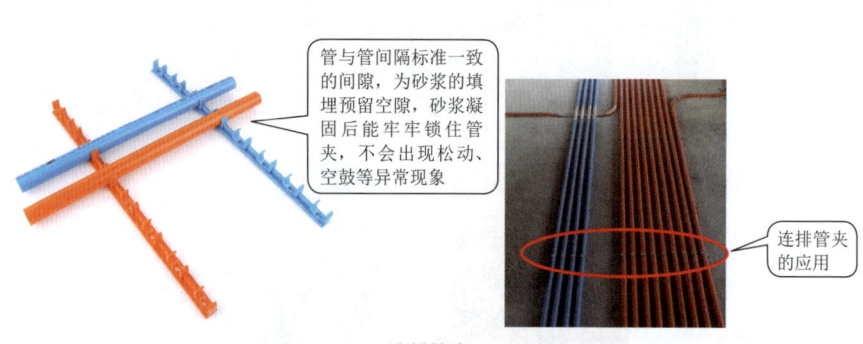

间距大

间距小

管与管间隔标准一致的间隙，为砂浆的填埋预留空隙，砂浆凝固后能牢牢锁住管夹，不会出现松动、空鼓等异常现象

连排管夹的应用

连排管夹

第3章

通用技能全掌握

3-1 导线绝缘层的剥除

可以用美工刀或者电工刀来剥除塑料硬导线(线芯等于或大于 $4mm^2$)的绝缘层。

可以用剥线钳来剥除 $6mm^2$ 以下的电线绝缘层。剥线钳的手柄是绝缘的,可以在工作电压为 500V 以下的带电操作中使用。

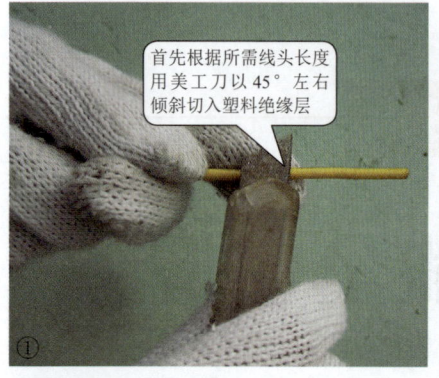

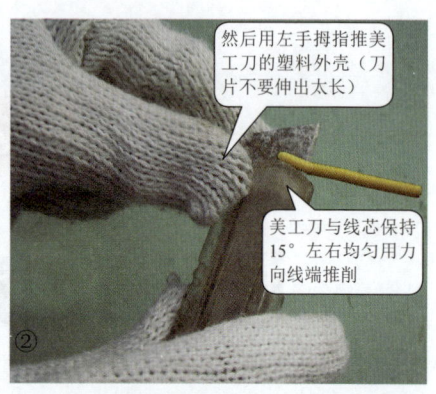

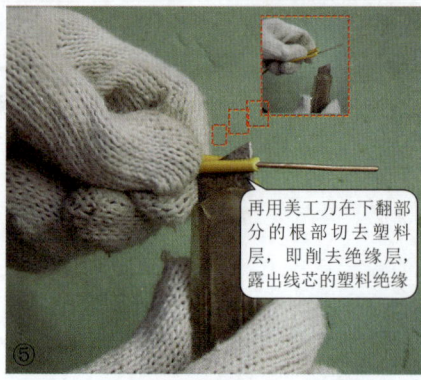

① 首先根据所需线头长度用美工刀以 45°左右倾斜切入塑料绝缘层

② 然后用左手拇指推美工刀的塑料外壳(刀片不要伸出太长)

美工刀与线芯保持 15°左右均匀用力向线端推削

③ 直到推到末端,为防止意外,这时左手大拇指可以按住已经剥得翘起的那部分绝缘层,这样刀片可以顺畅把余下的绝缘剥离

④ 再削去一部分塑料层以及把剩余部分塑料层翻下

⑤ 再用美工刀在下翻部分的根部切去塑料层,即削去绝缘层,露出线芯的塑料绝缘

导线绝缘层的剥除步骤

3-2 单芯铜导线的连接

1. 导线连接简介

导线连接的方法有绞接法、焊接法、压接法、螺栓连接法。导线连接的三个步骤：剥绝缘层→导线线芯连接或接头连接→恢复绝缘层。

单股铜导线的连接有绞接连接法和缠卷连接法两种。

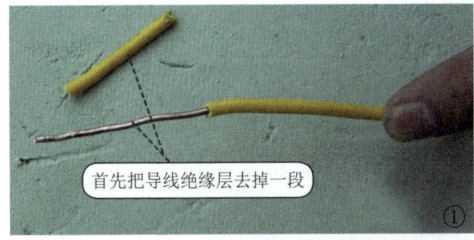

绞接连接法的操作步骤

2. 单股铜导线的绞接连接法有哪些操作要点

绞接连接法操作要点： 绞接时，先将导线互绞 3 圈，再将两线端分别在另一线上紧密缠绕 5 圈，余线剪弃，使线端紧压导线。单股铜导线绞接连接法适用于 4mm^2 及以下的单芯线的连接。

绞接连接法的操作要点

3. 单股铜导线的缠卷连接法有哪些操作要点

缠卷连接法又可以分直接连接法和分支连接法两种。

直接连接法操作要点： 首先将两线端用钳子稍作弯曲，相互并合，然后用直径约 1.6mm^2 的裸铜线作扎线紧密地缠卷在两根导线的并合部分。缠卷长度应为导线直径的 10 倍左右。

分支连接法操作要点： 先将分支线做直角弯曲，并且在其端部稍向外弯曲，再把两线并合，用裸导线紧密缠卷，缠卷长度为导线直径的 10 倍左右。分支连接法有绞接法和缠卷法两种。

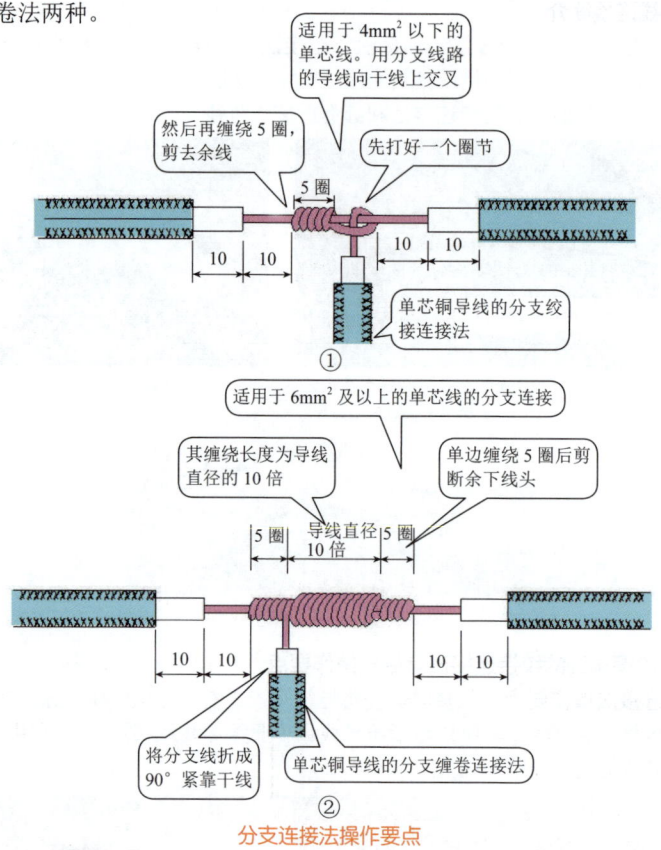

适用于 4mm² 以下的单芯线。用分支线路的导线向干线上交叉

然后再缠绕 5 圈，剪去余线

先打好一个圈节

单芯铜导线的分支绞接连接法

①

适用于 6mm² 及以上的单芯线的分支连接

其缠绕长度为导线直径的 10 倍

单边缠绕 5 圈后剪断余下线头

将分支线折成 90°紧靠干线

单芯铜导线的分支缠卷连接法

②

分支连接法操作要点

注：图中尺寸标注单位为 mm。

3-3 单芯铜导线的接线圈制作

平压式接线桩利用半圆头、圆柱头、六角头螺钉加垫圈将线头压紧，完成电连接。家装使用单股芯线相对而言载流量小，因此有的需要将线头弯成接线圈。

① 离绝缘层根部的 3mm 处向外侧折角

② 外侧折角按略大于螺钉直径弯曲圆弧

③

接线圈的制作步骤（一）

接线圈制作要点： 离绝缘层根部 3mm 处向外侧折角，然后按略大于螺钉直径的长度弯曲圆弧，再剪去芯线余端，最后修正圆圈即可。

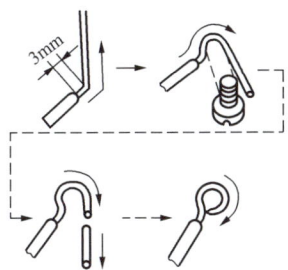

接线圈的制作步骤（二）

3-4 单芯铜导线盒内封端连接操作

单芯铜导线盒内封端连接操作示意如下。

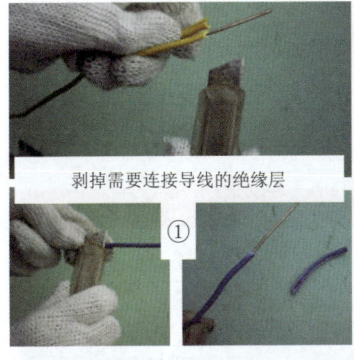

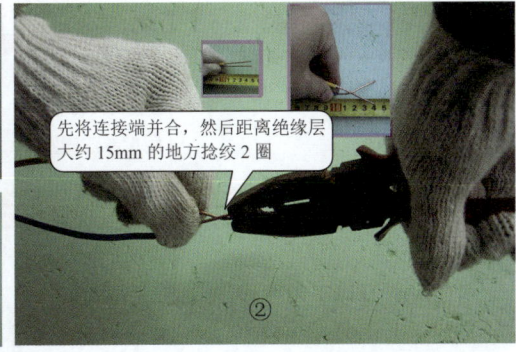

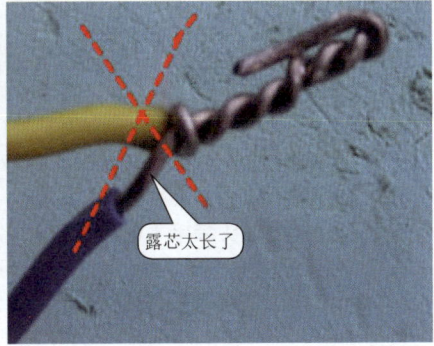

① 剥掉需要连接导线的绝缘层

② 先将连接端并合，然后距离绝缘层大约 15mm 的地方捻绞 2 圈

③ 将其余导线根据实际需要剪短一些，然后把剩下的线折回压紧即可

露芯太长了

3-5 多股铜导线连接

多股铜导线连接有单卷法、复卷法、缠卷法三种。

多股铜导线连接单卷法操作： 首先把多股导线顺次解开成 30° 伞状，并且用钳子逐根拉直，并将导线表面刮净，剪去中心一股，再把张开的各线端相互插到中心完全接触，然后把张开的各线端合拢，取相邻两股同时缠绕 5~6 圈后，另换两股缠绕，把原有两股压在里档或剪弃，再缠绕 5~6 圈后，采用同法调换两股缠绕，依次这样直到缠到导线叉开点为止。最后将压在里档的两股导线与缠线互绞 3~4 圈，剪弃余线，余留部分用钳子敲平贴紧导线，再用同样的方法做另一端即可。

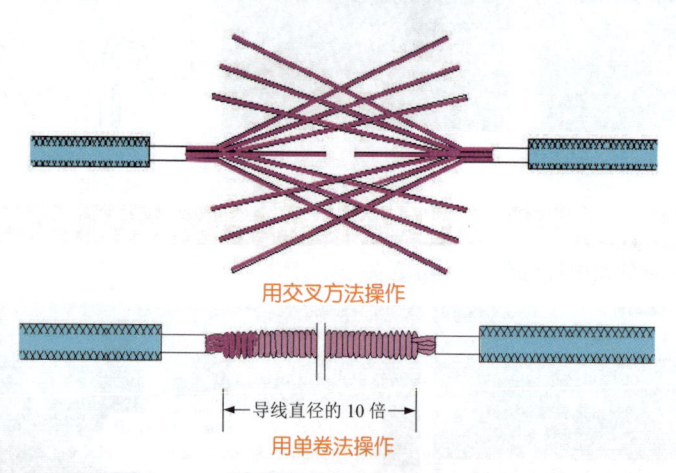

用交叉方法操作

导线直径的 10 倍

用单卷法操作

3-6 导线出线端子装接

配线完成后，导线两端与电气设备的连接叫做导线出线端子装接。

10mm² 及以下单股导线装接： 多采用直接连接，即将导线端部弯成圆圈，其弯曲方向应与螺钉旋紧方向一致，并将弯成圈的线头放在螺钉的垫圈下，旋紧螺钉即可。

线头是软线的装接： 将软线绕螺钉一周后再自绕一圈，再将线头压入螺钉的垫圈下并旋紧螺钉。

针孔式接线桩头装接： 将导线线头插入针孔，旋紧螺钉即可。

针孔式接线桩头装接（导线太细）： 将线头弯曲折成两根，再插入针孔，旋紧螺钉即可。

露芯太长

一般要用叉形接线鼻子进行压接

导线压接

10mm² 以上的多股铜线或铝线的装接： 由于线粗，载流量大，需装接线端子，再与设备相连接。铜接线端子装接，可采用锡焊或压接，铝接线端子装接一般采用冷压接。

导线的压接： 铜导线的压接多采用连接管或接头，套在被连接的线芯上，用压接钳或压接机进行冷态连接。具体操作方法是，压接前先将两根导线端部的绝缘层剥去，剥去长度各为连接管的一半加 5mm，然后散开线芯，将每根导线表面用钢丝刷刷净。根据连接导线截面面积的大小，选好压模装到钳口内即可按顺序进行压接。

3-7 导线绝缘的恢复

导线绝缘的恢复可以采用绝缘带包扎的方法。缠绕注意点如下：

（1）缠绕时应使每圈的重叠部分的宽度为绝缘带宽的一半。

（2）接头两端的宽度为绝缘带宽的两倍。

家装电源有单相220V与三相380V。无论是220V供电电源，还是380V供电电源，电线均可以采用耐压500V的绝缘电线。但需要注意，耐压为250V的聚氯乙烯塑料绝缘软电线，也就是俗称的胶质线或花线只能用作吊灯导线，不能用于布线。由此也可以发现，导线绝缘的恢复所采用的绝缘带耐压不得低于500V。

绝缘带

3-8 开关面板的检测

开关面板可以采用万用表来检测。

检测开关面板操作要点： 开关面板接线端的相线端头、中性线端头通断功能正常，即万用表电阻挡检测时，开关关闭电阻为0，开关断开电阻为∞。如果是恒0或者恒∞状态，说明开关异常。如果是新的开关，可以通过按动开关的感觉、声音和外观来判断。开关手感应轻巧、柔和无紧涩感，声音清脆，开关开闭一次到位，应没有出现中间滞留的现象。另外，开关塑料面板表面应完好，没有气泡、裂纹、缺损，没有明显的变形划伤，没有飞边等缺陷。

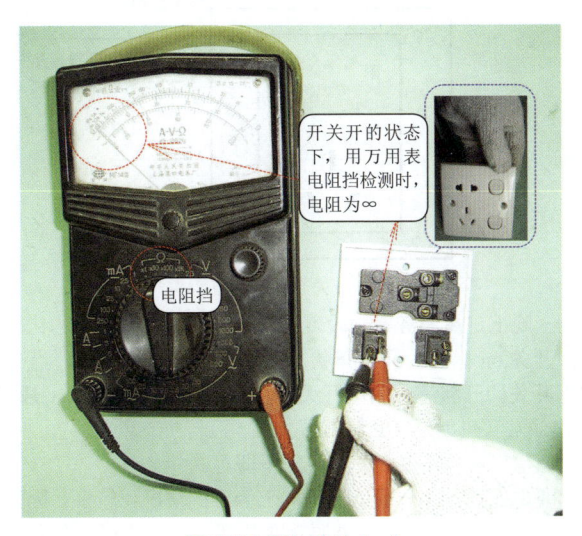

开关开的状态下，用万用表电阻挡检测时，电阻为∞

电阻挡

开关状态下的检测（一）

开关闭合状态下，用万用表电阻挡检测时，电阻为0

开关状态下的检测（二）

开关按下是开还是关的确定（通断状态判断）：开关按下一般是开，也就是单开为上关下开（上按是关，下按是开），除了一些特殊应用环境除外。

开关操作状态要求一套房内要统一一致。

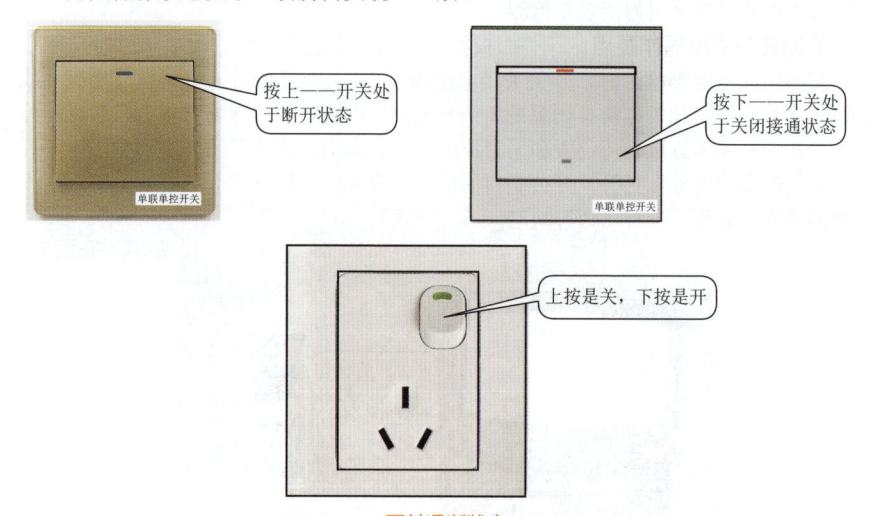

按上——开关处于断开状态

单联单控开关

按下——开关处于关闭接通状态

单联单控开关

上按是关，下按是开

开关通断状态

理解技巧——晚上进屋没灯，一般习惯摸到开关就是往下用力比较容易，符合惯例、操作习惯；开关on标志为开关开状态；一般开关有指示的，当有红色标记等指示弹出的状态为开关的开状态；利用开关标志L、L1来识别，L一般是开关进线端，L1一般是开关出线端（也就是接负载线端）。

如果操作状态错误，只需要改变接线上下即可。

空气开关、漏电保护器，一般情况是向上为开的情况比较多。因为如果漏电，开关会从高处落下（符合重力作用），电源就会断开。如果相反，漏电后开关不能向上而断电，则会出现事故。对于这些电器，向上叫合闸，向下是拉闸。

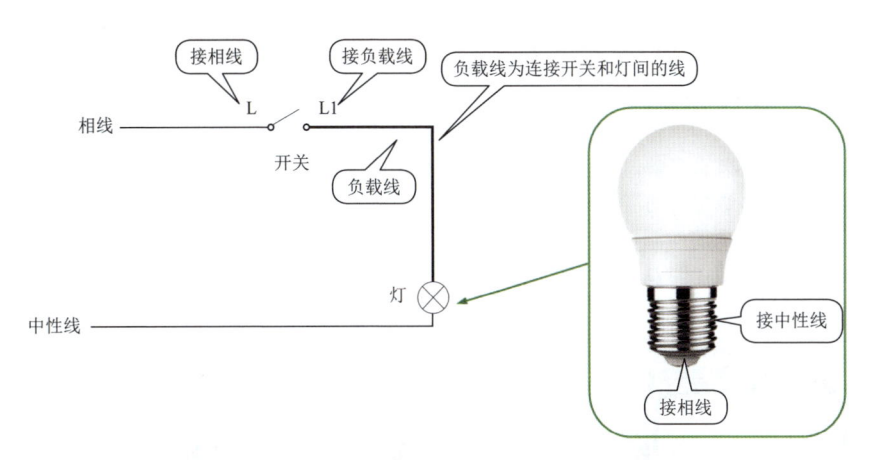

开关标志 L、L1

3-9 特殊开关面板的安装

特殊开关在一些智能家装中有应用，例如两路双联开关、双线制调光开关。不同的开关有不同的安装特点。

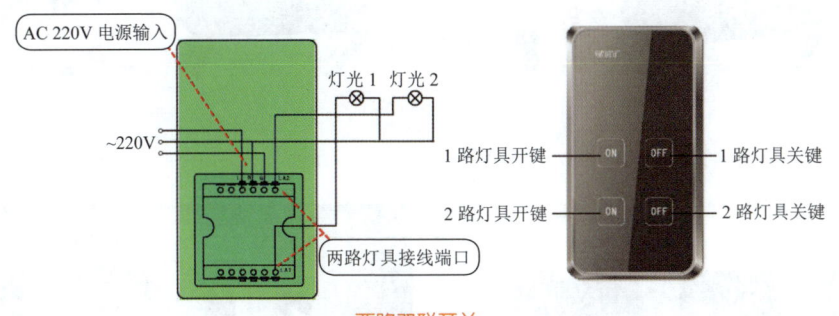

两路双联开关

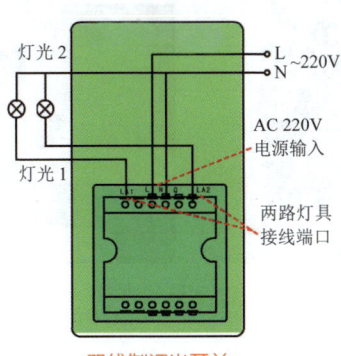

双线制调光开关

3-10 插座的检测与安装

1. 怎样选用与检测插座

家装中常用电器配套插座的选用：一般功率大的为三孔插座，功率小的为二孔插座。如果不怎么了解，则采用5孔插座面板，即三孔插座+二孔插座的面板，这样可以适应大多数电器的需求。

插座面板的检测可以采用万用表电阻挡来检测：插座面板的相线、中性线、地线间正常均不通，即万用表电阻挡检测时，电阻为∞。如果出现短路的现象，则不能安装。

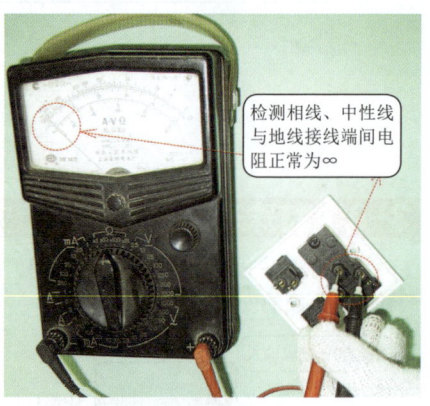

- 检测相线与中性线接线端间电阻正常为∞
- 检测相线、中性线与地线接端间电阻正常为∞

用万用表检测插座

插座面板接线要求是"左零右火"，L接相线（火线），N接中性线（零线）。

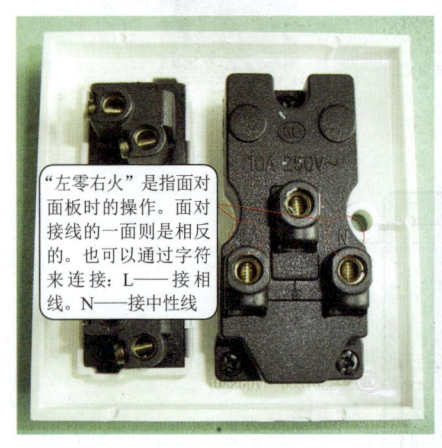

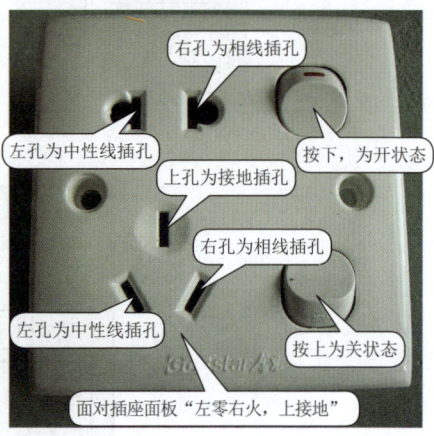

- "左零右火"是指面对面板时的操作。面对接线的一面则是相反的。也可以通过字符来连接：L——接相线。N——接中性线
- 右孔为相线插孔
- 左孔为中性线插孔
- 按下，为开状态
- 上孔为接地插孔
- 右孔为相线插孔
- 左孔为中性线插孔
- 按上为关状态
- 面对插座面板"左零右火，上接地"

插座面板接线要求

第3章 通用技能全掌握

①
首先可以采用比孔径小的物件插入开关接线柱内,可以大概了解开关接线柱的深度,从而作为剥离电线绝缘层的尺寸的依据

开关后部与电线相连,不同产品有不同的连接方式。一般有螺钉压线、双板压线、快连接线三种接线方式

也可以采用剥线钳来进行操作

剥去电线一段绝缘层

②

绝缘层压入接线孔内太多

把剥离绝缘层的那段电线插入接线孔里

露芯太长

③

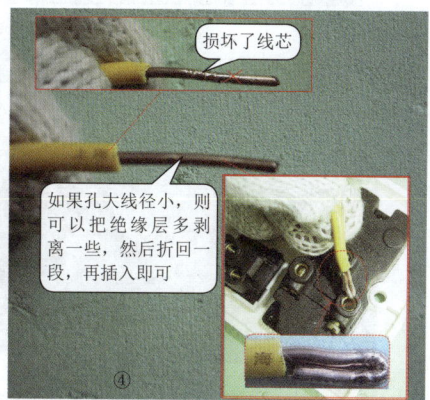

损坏了线芯

如果孔大线径小,则可以把绝缘层多剥离一些,然后折回一段,再插入即可

④

插座接线的操作步骤

2. 插座的接线方式

螺钉压线: 通过螺钉横向旋入接线柱,挤压电线使之和接线柱对接牢固。这种接线方式具有接线牢靠、不容易脱扣、电线金属芯上不会产生划痕等优点。

双板压线: 通过小螺钉收紧两个小金属片,使金属片之间的电线被加紧。如果同时接两根不同线径的电线,细的一根容易松脱。

快速接线: 将剥开的线头直接插入接线孔即能完成接线,不需要使用螺丝刀等工具。其接线孔内部有一个簧片,单向插入比较方便,反向拔出就会被卡住,需要捅接线孔或压动接线板才能把线拔出来。此种接线方式对接的电线有较多限制,偏粗、偏细、偏软的电线均不适合用此法。

（1）插座面板接线连接图示如下。

同一回路一般功能的插座可以就近连接—串接。因此，选择能安装2根线端的大口径插座面板可以省很多事。但此法必须是导线截面面积足够大、插座不会被同时使用的条件下才可采用。一般情况下不允许采用这种连接方式

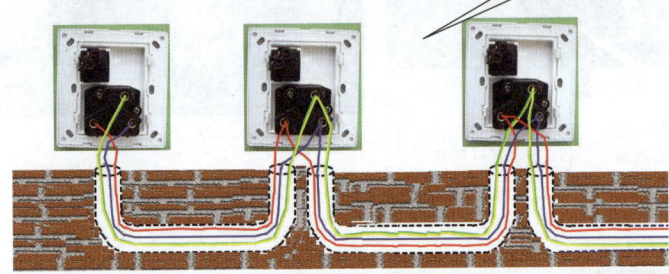

插座面板接线方式（一）

这是分别从接线盒引下来的电线。开关面板的接线孔，只能够插入一根导线。地线是采用串接方式

插座面板接线方式（二）

（2）接线经验、技巧介绍如下。

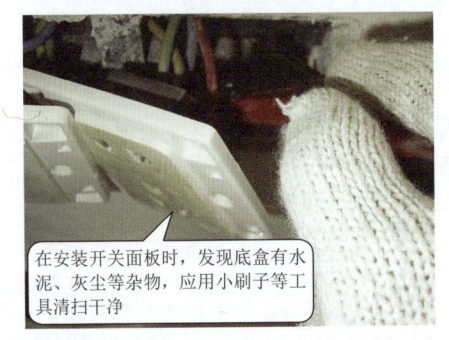

螺钉从接线孔的表面上的螺孔旋入。螺钉位置有顶端式、侧翼式

螺钉

接线孔

顶端式

侧翼式

在安装开关面板时，发现底盒有水泥、灰尘等杂物，应用小刷子等工具清扫干净

插座面板接线技巧（一）

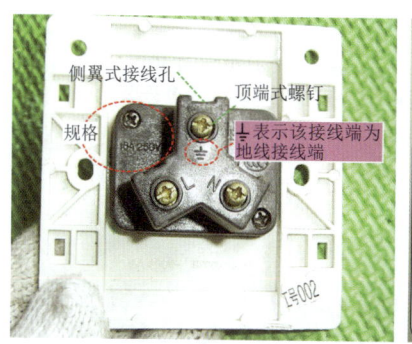

第3章 通用技能全掌握

- 侧翼式接线孔
- 顶端式螺钉
- 规格
- 表示该接线端为地线接线端

安装开关、插座面板时，为顺利操作顶端式螺钉，则往往需要把面板安装螺钉朝上，因此，对于开关插座盒内部的留线长度要求大概是开关插座盒深度＋开关、插座面板宽度

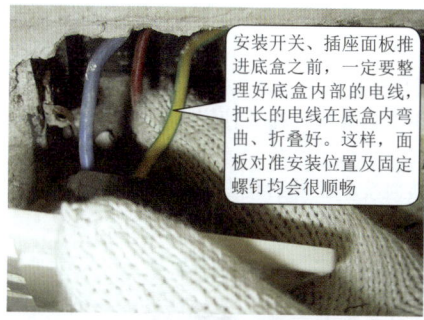

安装开关、插座面板推进底盒之前，一定要整理好底盒内部的电线，把长的电线在底盒内弯曲、折叠好。这样，面板对准安装位置及固定螺钉会很顺畅

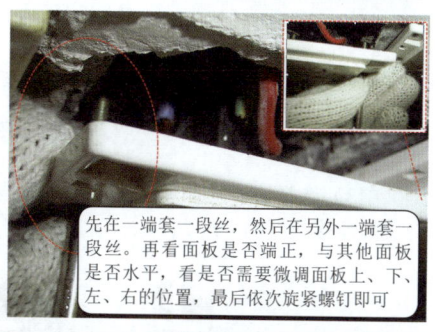

先在一端套一段丝，然后在另外一端套一段丝。再看面板是否端正，与其他面板是否水平，看是否需要微调面板上、下、左、右的位置，最后依次旋紧螺钉即可

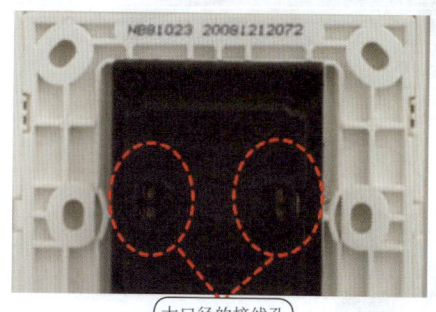

大口径的接线孔

为便于翻转面板，顺利插入电线、旋紧螺钉，对电线的长度有一定要求

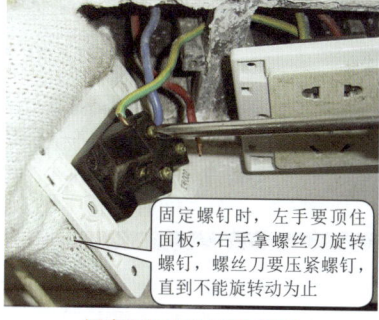

固定螺钉时，左手要顶住面板，右手拿螺丝刀旋转螺钉，螺丝刀要压紧螺钉，直到不能旋转动为止

插座面板接线技巧（二）

3. 插座安装注意事项

（1）开关插座离地面的高度以达到成人的肩部为好，一般距地面 120~135cm。

（2）视听设备、台灯、接线板等的墙上插座一般距地面 30cm。

（3）客厅插座的安装位置根据电视柜、沙发而定。

（4）洗衣机的插座距地面 120~150cm。

（5）电冰箱的插座距地面 150~180cm。

（6）空调、排气扇等的插座距地面 190~200cm。

（7）厨房功能插座离地 110cm 高。

（8）在选择开关插座时也要考虑空气开关和漏电保护。

（9）厨卫的开关插座，在面板上需要安装防溅水盒或塑料挡板。

（10）不要把开关装在太靠近水的地方，如果装在开放式阳台上，则需要用开关插座专用防溅盖。

（11）考虑好书柜内、橱柜内灯光的插座和相应的控制开关。

（12）在不能确定的时候可先预留并使用空白面板，需要使用时再更换成对应的开关插座。

（13）选择恰当的插座开关安装固线与接触类型，然后根据类型进行安装，包括开关插座接线端的处理。

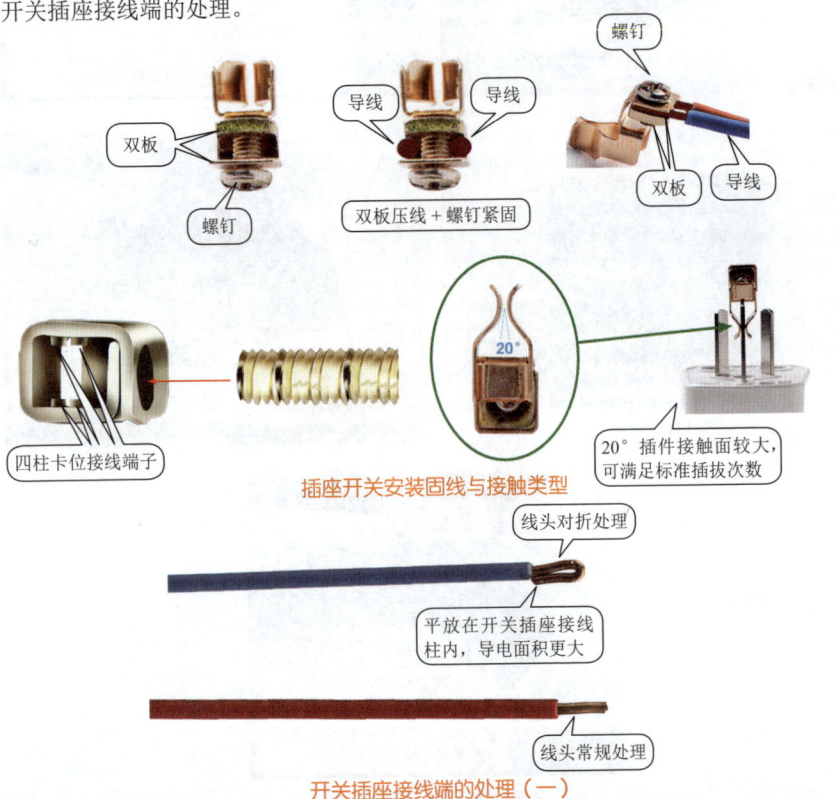

插座开关安装固线与接触类型

开关插座接线端的处理（一）

接线柱

接线柱

导线裸露部分尽量
避免在接线柱外面

接线柱

接线柱

开关插座接线端的处理（二）

3-11 在插座面板上实现开关控制插座

一些开关插座面板上开关与插座是独立的，为了使开关能够控制插座，则需要两者连接，从而避免经常插拔插头。

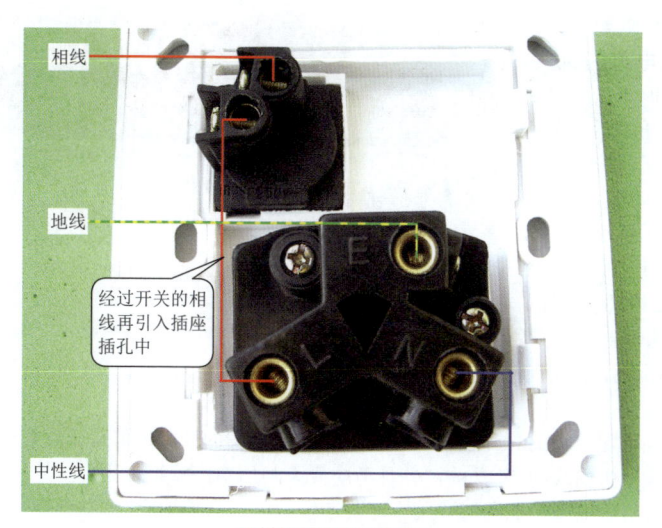

相线

地线

经过开关的相线再引入插座插孔中

中性线

开关控制插座的连接

3-12 强电配电箱的认识与安装

1. 强电配电箱的种类和特点

强电配电箱有明装箱与暗装箱之分。暗装时选择暗装箱即可。

强电配电箱一般是长方形的,并且其有外露部分,因此,注意水平要平、竖要直,这样安装的最终效果就好看一些。

根据强电配电箱的外壳尺寸 +0.5cm 开洞,然后用螺栓安装以及用水泥座紧即可。

2. 强电配电箱的一些设置要求

家装时,每户均应设置强电配电箱。强电配电箱中断路器的一些接线设置和要求如下:

瞬时脱扣器的类型	脱扣电流值 I
B	$(3\sim5)\,I_n$
C	$(5\sim10)\,I_n$
D	$(10\sim50)\,I_n$

1P——相线进断路器,只对相线进行接通和切断,中性线不进入断路器,一直处于接通状态,宽度18mm。
DPN——双进双出断路器,相线和中性线同时接通或切断,对居民用户来说安全性更高。宽度同样为18mm。
2P——2极双进双出断路器,相线和中性线同时接通或切断,但宽度是1P和DPN断路器的2倍,为36mm,通常做总开关用

断路器的接线

(1)强电配电箱内应设动作电流为30mA的漏电保护器,分几路经过控制开关后,分别控制照明回路、空调回路、插座回路。如果是别墅,则往往还要细分2楼照明回路、1楼照明回路、2楼插座回路、1楼插座回路等情况。

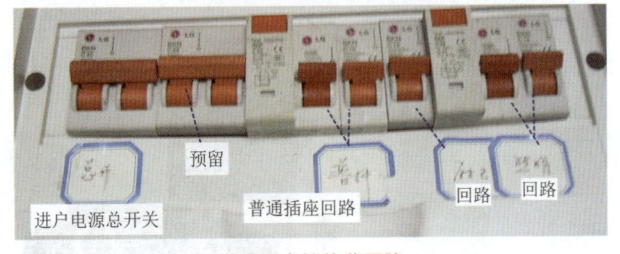

强电配电箱的分回路

(2)有的家装把卫生间、厨房回路分别单独设计。

(3)对于有专用儿童房的可以针对该房插座回路单独设计,平时可以把插座回路关闭。

(4)强电配电箱的总开关可以选择不带漏电保护的开关,但是一般要选择能够同时分断相线、中性线的2P开关,并且考虑夏天是用电高峰期,因此,选择要大一点。卫生间、厨房等潮湿功能间的开关一定要选择带漏电保护功能的。

(5)控制开关的工作电流应与终端电器的最大工作电流相匹配,一般情况下的选择是,照明 10A,插座 16~20A,1.5P 左右挂壁空调 20A,3~5P 柜式空调 25~32A,10P 中央空调独立 2P 的 40A,卫生间、厨房 25A,进户 2P 的 40~63A(带漏电保护或者不带漏电保护)。

3. 强电配电箱的进户线的特点

强电配电箱的进户线是从电力部门设置的电能表箱里引进来的,因此,对于家装

考虑线路是否满足家居用电功率的需求时，必须从电源进户引进线开始考虑。如果电能表及电能表之前线路不够，则需要由物业公司与电力部门来进行改造，用户家装时不得任意改动。

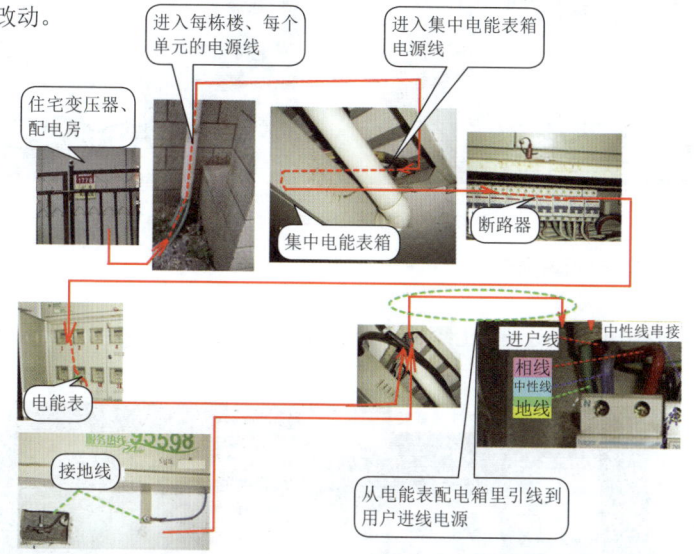

电源进线连接示意

4. 内部连接导线的选择

家用强电配电箱内部连接导线截面面积的选择必须按电器元件的额定电流来选择。如果采用绝缘铜导线，一般采用绝缘多股软铜导线。

有的强电配电箱具有中性线、地线接线排端。

5. 断路器的安装要求

（1）一般断路器均要垂直安装，除另有规定外，垂直面倾斜度一般不超过±5°。

（2）断路器如果横向叠装，则会使断路器温升过高，将影响保护特性及分断能力。

（3）断路器一般不允许倒进线，如果倒进线，将会严重影响断路器的短路分断能力或使得分断能力没有保证。

（4）断路器的接线，应按具体产品的要求进行，如果没有说明的，则应按相应的标准规定。

接地端子排

① 断路器的安装效果（一）

②  ③

断路器的安装效果（二）

6. 强电配电箱箱内连接

连接线路需要注意：

（1）区分电源进线端、出线端接法以及相线、中性线的接法，不能接反。

（2）同相线的颜色尽量一致。

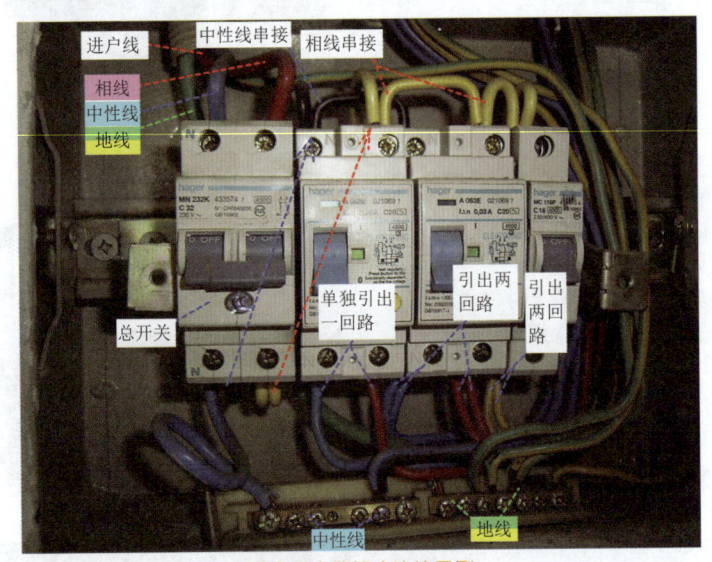

强电配电箱箱内连接示例

盖好面板 　　　　　　　　旋紧固定螺钉

第3章 通用技能全掌握

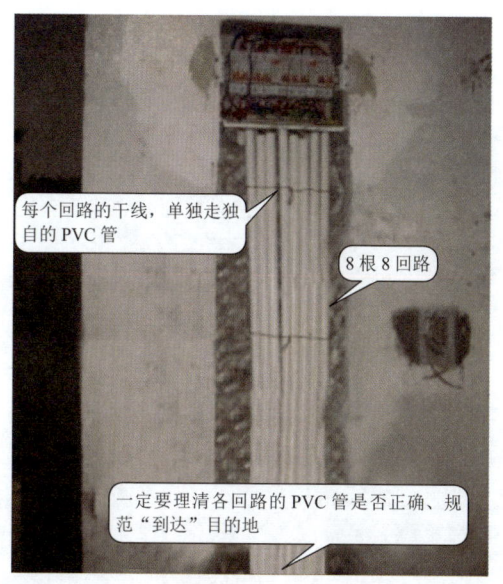

每个回路的干线，单独走独自的PVC管

8根8回路

一定要理清各回路的PVC管是否正确、规范"到达"目的地

强电配电箱安装与布管、连线

3-13 弱电配电箱的认识与安装

1. 弱电配电箱的特点和安装程序

家居弱电配电箱又叫做多媒体信息箱，其主要功能是把住宅进户的电话线、电视线、宽带线集中在一起，然后统一分配，提供高效的信息交换与分配、布局。

弱配电箱安装程序如下：

确定位置 → 预埋箱体（预留一组电线进弱电箱，为有源模块提供电源）→ 敷设PVC管 → 压制RJ45、RJ11、75欧姆同轴插头等 → 理线，测试 → 模块条安装，接线 → 盖上面板 → 完成

2. 弱电配电箱的安装

家装时，每户均应设置弱电配电箱，箱内有电话分支器、计算机路由器、电视分支器、电源插座、安防接线模块等。不过，不同品牌的弱电配电箱具有一定差异。

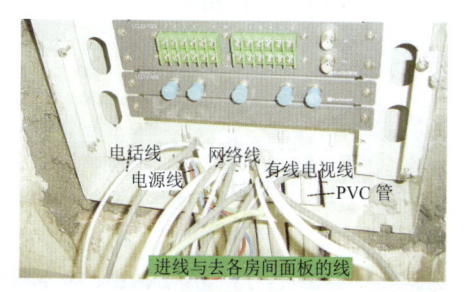

电话线　网络线　有线电视线
电源线　　　　　PVC管

进线与去各房间面板的线

弱电配电箱

各段线缆在住宅建筑内敷设后,为端接预留的长度宜为信息配线箱或信息插座内预留 300mm。
综合信息接入箱宜低位安装。箱体的安装宜采用嵌入式,但箱体底边距地坪不应小于 300mm。
箱体的安装应避开剪力墙,以便于管线的敷设。
综合信息接入箱宜采用金属 或硬质塑料材质做外壳。考虑模块安装的方便性,要求内置衬板和安装支架

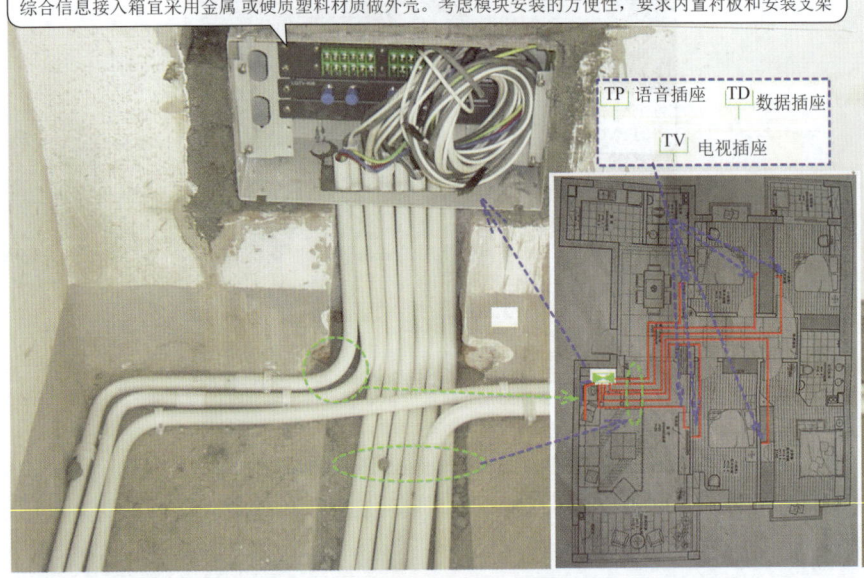

TP 语音插座 TD 数据插座
TV 电视插座

弱电线缆的敷设(一)

网络进户线

电话、电视进户线

- 住户综合信息接入箱的箱体容量应能满足远期需求,一次安装到位。住户综合信息接入箱宜设置在住宅起居室、车库等合适的位置。
- 超大户型,如别墅,住户的综合信息接入箱可采用标准机柜设置在设置间内

弱电线缆的敷设(二)

- RJ45 配线模块由一组 5 类 RJ45 插孔组成，实现对进入箱内的网络线的连接。
- RJ45 插孔通过 RJ45 跳线与小型网络路由交换机跳接，来自房间信息插孔的编号与模块上的编号相一致

RJ45 配线模块

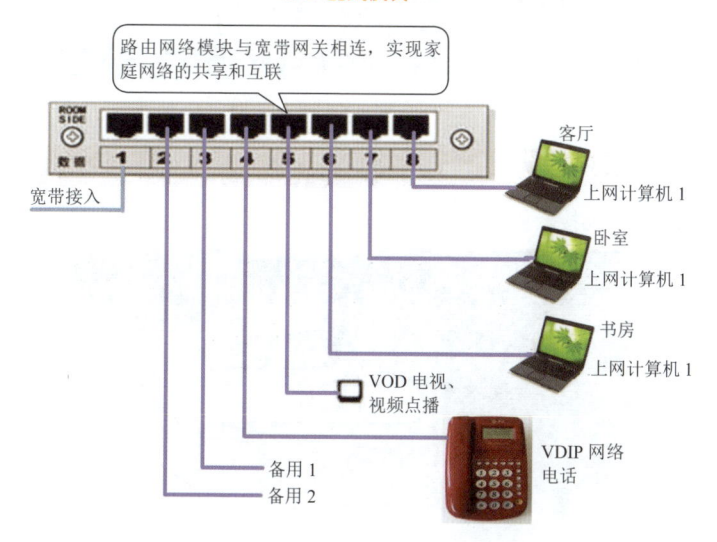

路由网络模块与宽带网关相连，实现家庭网络的共享和互联

宽带接入

客厅
上网计算机 1

卧室
上网计算机 1

书房
上网计算机 1

VOD 电视、视频点播

备用 1
备用 2

VDIP 网络电话

路由网络模块

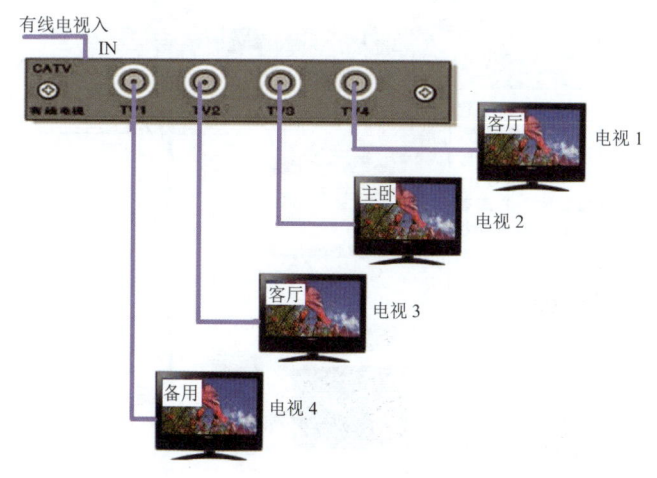

有线电视入
IN

电视 1 客厅
电视 2 主卧
电视 3 客厅
电视 4 备用

有线电视模块

3-14 天然气管道的连接

天然气管道的连接示意如下。

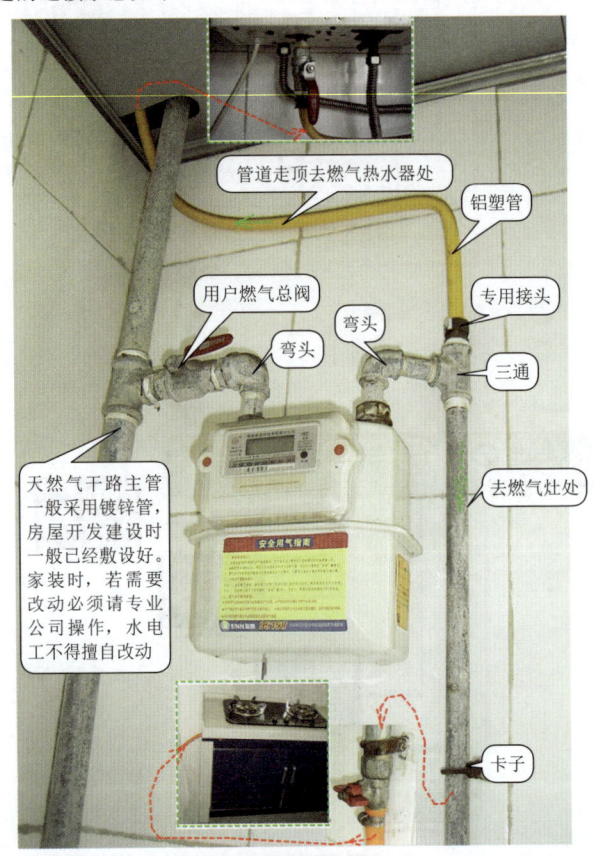

安装弱电配电箱面板和封槽

天然气管道连接示意（一）

第 3 章 通用技能全掌握

- 一般家居需要燃气的地方有 2 处：燃气热水器与燃气灶。
- 长度超过 2m 的管道，必须采用铝塑管。2m 以内明装的，容易更换的地方则可以采用天然气专用橡胶软管

天然气管道连接示意（二）

3-15 家居电器与设备

1. 常用家电

白色家电，是指可以替代人们家务劳动的产品。

黑色家电，是指娱乐的家电，像彩电、音响等。

米色家电，是指计算机信息产品。

绿色家电，是指在质量合格的前提下，高效节能且在使用过程中不对人体和周围环境造成伤害，其报废后还可以回收利用的一种家电产品。

（1）常用家电的功率见表 3-1。

表 3-1　　　　　　　　　　常用家电功率对照表

电器	一般功率/W	电器	一般功率/W	电器	一般功率/W	电器	一般功率/W
抽油烟机	140	电吹风	500	吊扇大型	150	双缸家用洗衣机	380
窗式空调机	800~1300	电饭煲	500	吊扇小型	75	台扇 14 寸	52
单缸家用洗衣机	230	电炉	1000	家用电冰箱	65~130	台扇 16 寸	66
电扇	100	电脑	200	空调	1000	微波炉	1000
电视机	200	电暖气	1600~2000	理发吹风器	450	吸尘器	400~850
电水壶	1200	电热淋浴器	1200	录像机	80	音响器材	100
电熨斗	750	电热水器	1000	手电筒	0.5		

（2）常用家电的安装示意如下。

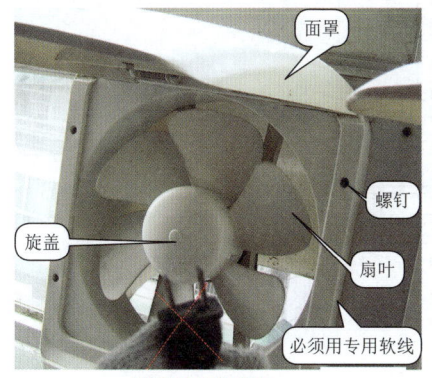

排风扇安装示意

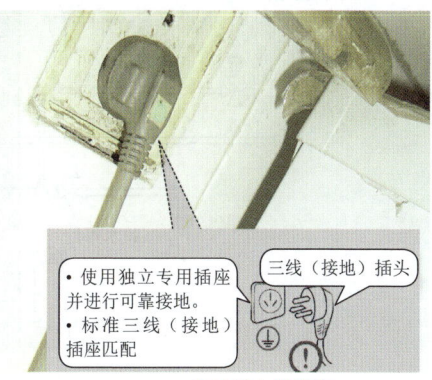

电冰箱安装示意

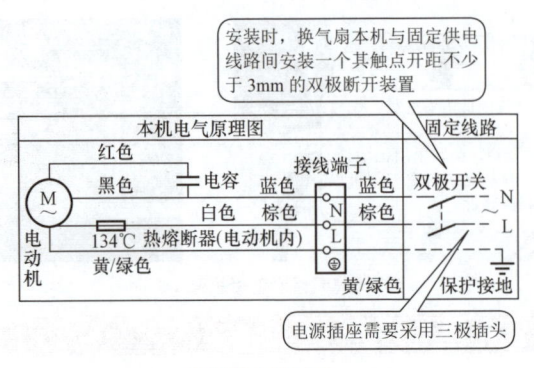

换气扇安装示意

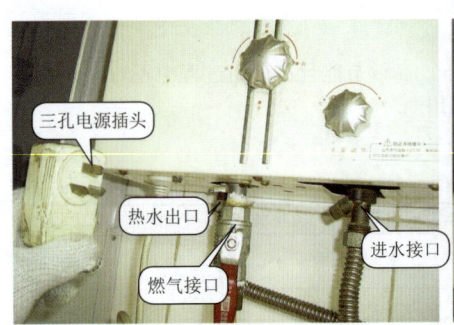

安装时，换气扇本机与固定供电线路间安装一个其触点开距不少于 3mm 的双极断开装置

本机电气原理图　　　　固定线路

红色
黑色　电容
　　　　　接线端子
M　　　　蓝色　　蓝色　　双极开关　N
~　　　　白色　　棕色　　　　　　　L
电动机　　134℃ 热熔断器(电动机内)
　　　　　黄/绿色　　　黄/绿色　　保护接地

电源插座需要采用三极插头

壁挂炉安装示意

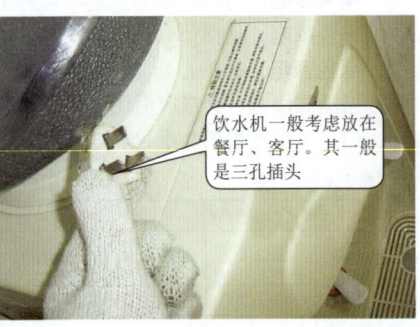

- 三孔电源插头
- 热水出口
- 燃气接口
- 进水接口

饮水机安装示意

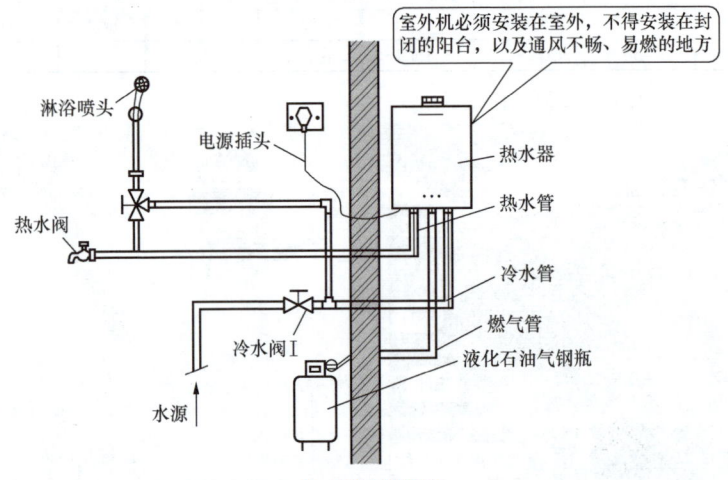

饮水机一般考虑放在餐厅、客厅。其一般是三孔插头

热水器安装示意

室外机必须安装在室外，不得安装在封闭的阳台，以及通风不畅、易燃的地方

- 淋浴喷头
- 电源插头
- 热水阀
- 冷水阀Ⅰ
- 水源
- 热水器
- 热水管
- 冷水管
- 燃气管
- 液化石油气钢瓶

2. 不同的电器对插座、开关有不同的要求

（1）一般而言，超过 1kW 家用电器，在家中就算大耗电器。

（2）超过 2kW 的电器，家装中一般要采用单独的插座和开关，线缆一般是多股缆线，并且安装专用控制开关。

（3）超过 4kW 的电器，一般需要考虑连接到三相动力电线的情况，并且插头是采用四眼大号方形插头。

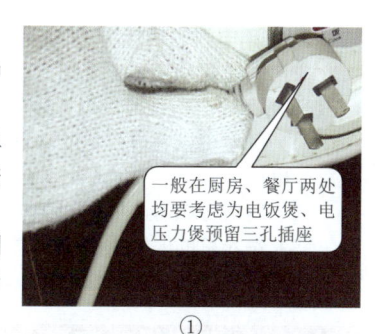

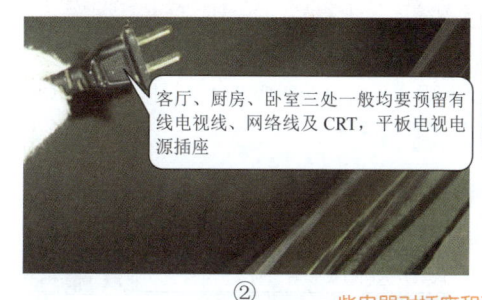

① 一般在厨房、餐厅两处均要考虑为电饭煲、电压力煲预留三孔插座

② 客厅、厨房、卧室三处一般均要预留有线电视线、网络线及 CRT、平板电视电源插座

③ 一般在厨房、餐厅两处均要考虑预留电磁炉的电源插座

一些电器对插座和开关的要求

（4）空调需采用空调专用插座。

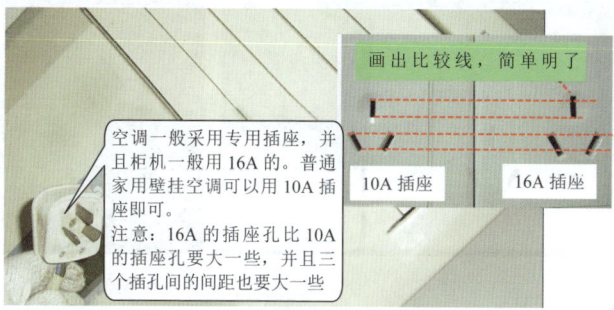

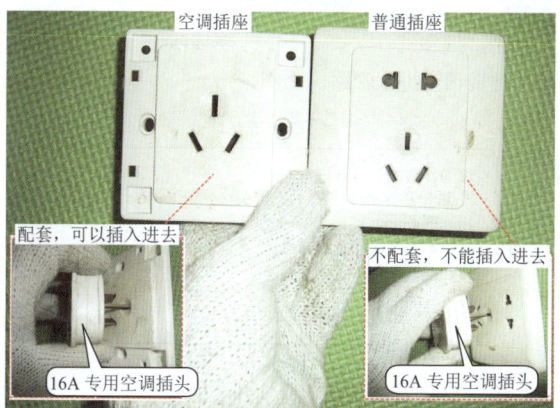

空调一般采用专用插座，并且柜机一般用 16A 的。普通家用壁挂空调可以用 10A 插座即可。

注意：16A 的插座孔比 10A 的插座孔要大一些，并且三个插孔间的间距也要大一些

画出比较线，简单明了

10A 插座　　16A 插座

10A 普通插座与 16A 专用空调插座的差异比较

空调插座　　普通插座

配套，可以插入进去　　不配套，不能插入进去

16A 专用空调插头　　16A 专用空调插头

10A 普通插座与 16A 专用空调插座的差异比较

3. 家用电器的功耗决定了一些电器、电线的选择

家用电器的总功耗 + 未来可能的用电器功耗→漏电保护器的选择→入户线的选择（一般均是 6mm² 电线）→电能表的基本要求（一般家庭用 50A 的电能表即可）。

（1）卧室可以考虑放置的家电产品有熨斗、除湿机、吸尘器、电暖器、空调、吹风机、电视等。

（2）厨房可以考虑放置的家电有消毒柜、烟机、灶具、净水设备等。

（3）洗衣机的安装需要考虑电源插座、进水管、水龙头、排水口。

（4）一般后面还可能添置的电器有大烤箱、电地暖、餐厅火锅等。

3-16 洗碗机的安装

洗碗机应使用专用电源插座，连接到厨房电器专用回路。

洗碗机的安放位置处，家装水电施工时需要预留电源插座及给水、排水位置（不同的洗碗机安装空间有差异）。

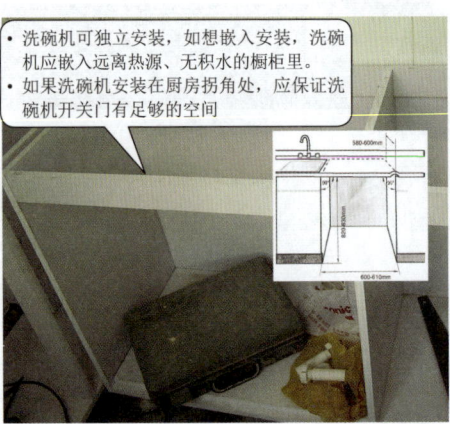

- 洗碗机可独立安装，如想嵌入安装，洗碗机应嵌入远离热源、无积水的橱柜里。
- 如果洗碗机安装在厨房拐角处，应保证洗碗机开关门有足够的空间

洗碗机需要采用专用电源插座，可靠接地

洗碗机的插座与安装位置

进水管——家装中需要单独为洗碗机预留进水管路、水阀。

水阀

进水管接头

- 进水管端部为电磁进水阀。
- 将进水管与相适应的水管接头（1/2in×3/4in 变径接丝，1in=25.4mm）连接，并确认牢靠。
- 拉开水龙头检查是否漏水。
- 打开水龙头让水流一会儿，直至水变清且无杂质后再与洗碗机进水管相连。
- 进水压力为 0.03~0.6MPa

进水管的连接示意

排水管——家装中需要单独为洗碗机预留排水管路。

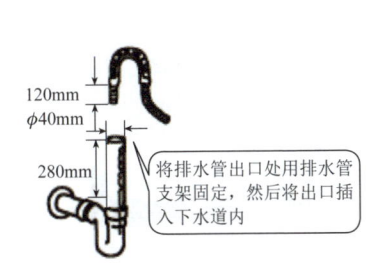

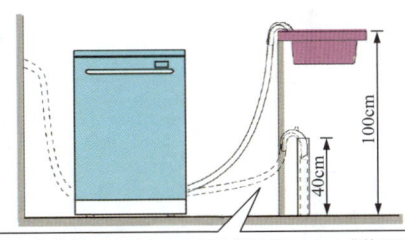

- 排水管末端可以插入直立下水管的端口内，或使用附件中的排水管支架挂在水池边缘。
- 如果下水管末端是水平的，请连接一个向上的 90°弯头，且向上延伸 10~20cm 后，再将排水管末端插入其中。
- 排水管不可浸入下水管内的水面，以防止废水倒流。
- 任何情况下，排水管的最高部分距离地面都在 40~100cm 之间，下水管的端口应高于自本端口起，到本部分下水管汇入主下水管的连接口之间的任何部分

将排水管出口处用排水管支架固定，然后将出口插入下水道内

排水管的连接示意

3-17 浴霸的安装

浴霸安装的程序： 确定浴霸的种类→确定安装位置→开通风孔→安装通风窗→安装浴霸。

浴霸安装的方式： 壁挂式安装与吸顶式安装。

红外线取暖灯泡关键尺寸： 玻壳顶部厚度在 0.6~1.0mm，镀铝层处玻壳厚度不得小于 0.4mm，底部厚度在 0.6~1.0mm，最大直径为（125±0.5）mm，透光面高度为（30±1）mm。总体高度 A 型为（183±2）mm；B 型为（174±2）mm；C 型为（165±2）mm。

取暖灯泡即红外线石英辐射灯

取暖灯在额定电压下点亮 20min 后，玻壳透光表面温度必须在 210~260℃之间，熔铝线以下玻壳表面温度不得高于 115℃

照明灯

石英泡壳

镀铬铜螺口

反射层

划线

开槽

取暖灯泡

可以预放开关盒试试看是否合格

取暖　取暖

照明　换气

浴霸开关要比普通开关多留几厘米的位置，因为这个开关一般比灯的开关大一圈

开槽不规范

墙砖铺垫+砖厚大概共厚3cm，因此浴霸开关的安装不要太深

贴瓷砖时，需要把开关卸下

浴霸开关的预装1　　　　　　　　　　　　　浴霸开关的预装2

安装注意事项：

（1）禁止带电作业，应确保电路断开后方能进行接线操作。开关盒内的电线不宜过长，接线后将电线尽可能往线管里送，禁止将电线硬塞进开关盒内。

（2）电线在吊顶内不能乱拉乱放，配管后其走向宜按明配管一样，做到横平竖直。在配管的接线盒或转弯处都应设置两侧对称的吊支架固定电线管，或将配管使用线卡固定在顶上。分线盒也可打孔下木楔后，用铁钉固定，不得无固定措施放置于龙骨上或固定在吊杆上。

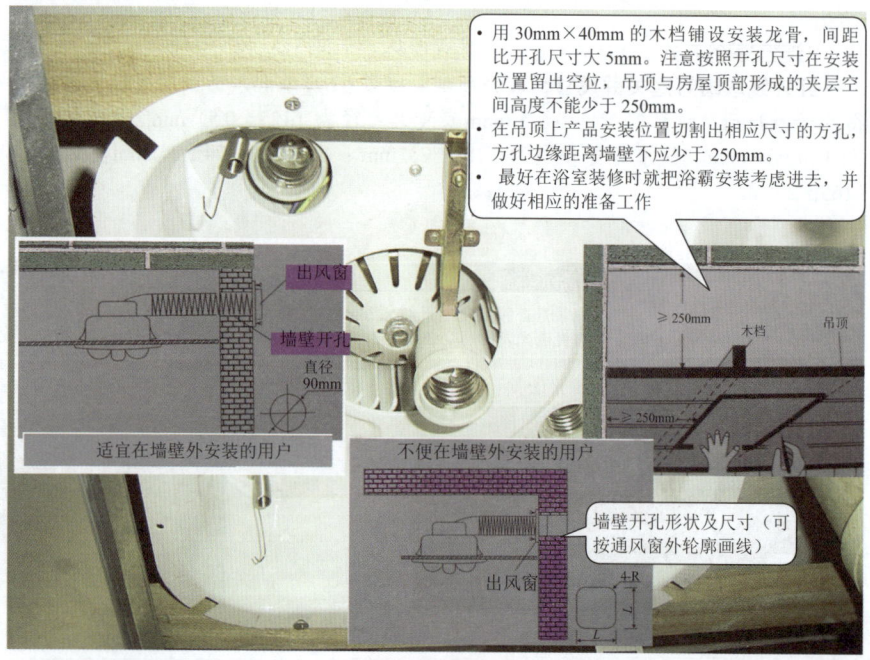

- 用30mm×40mm的木档铺设安装龙骨，间距比开孔尺寸大5mm。注意按照开孔尺寸在安装位置留出空位，吊顶与房屋顶部形成的夹层空间高度不能少于250mm。
- 在吊顶上产品安装位置切割出相应尺寸的方孔，方孔边缘距离墙壁不应少于250mm。
- 最好在浴室装修时就把浴霸安装考虑进去，并做好相应的准备工作

出风窗

墙壁开孔 直径90mm

适宜在墙壁外安装的用户

不便在墙壁外安装的用户

≥250mm　木档　吊顶

≥250mm

墙壁开孔形状及尺寸（可按通风窗外轮廓画线）

出风窗

4-R

浴霸吊顶的制作和安装

（3）通风管长度一般为1.5m，故在安装通风管时需考虑通风扇主机安装位置至通风孔的距离。

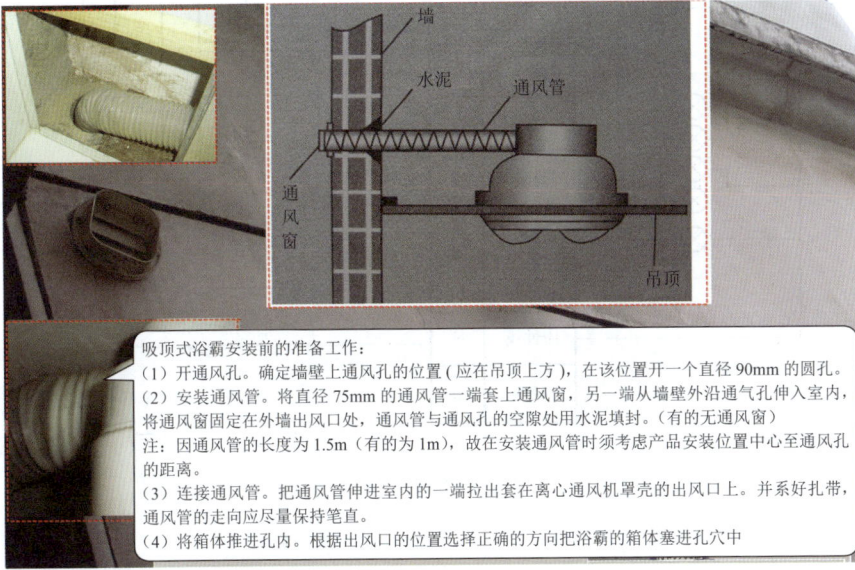

吸顶式浴霸安装前的准备工作：
（1）开通风孔。确定墙壁上通风孔的位置(应在吊顶上方)，在该位置开一个直径90mm的圆孔。
（2）安装通风管。将直径75mm的通风管一端套上通风窗，另一端从墙壁外沿通气孔伸入室内，将通风窗固定在外墙出风口处，通风管与通风孔的空隙处用水泥填封。（有的无通风窗）
注：因通风管的长度为1.5m（有的为1m），故在安装通风管时须考虑产品安装位置中心至通风孔的距离。
（3）连接通风管。把通风管伸进室内的一端拉出套在离心通风机罩壳的出风口上。并系好扎带，通风管的走向应尽量保持笔直。
（4）将箱体推进孔内。根据出风口的位置选择正确的方向把浴霸的箱体塞进孔穴中

通风管的安装

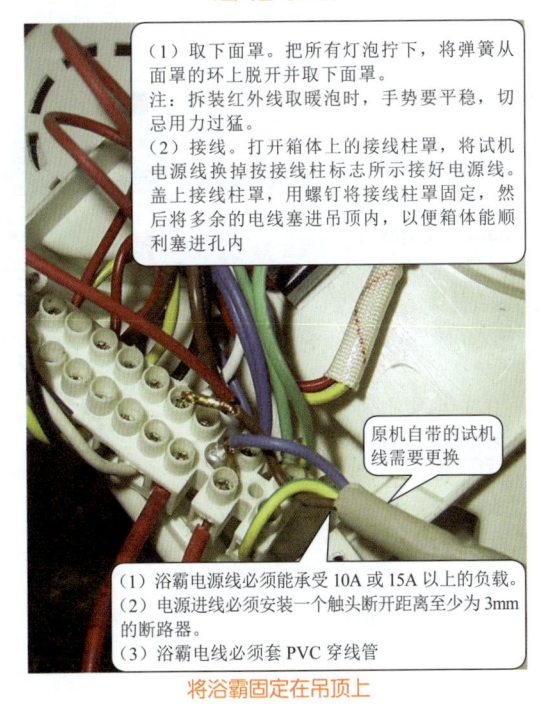

（1）取下面罩。把所有灯泡拧下，将弹簧从面罩上脱开并取下面罩。
注：拆装红外线取暖泡时，手势要平稳，切忌用力过猛。
（2）接线。打开箱体上的接线柱罩，将试机电源线换掉按接线柱标志所示接好电源线。盖上接线柱罩，用螺钉将接线柱罩固定，然后将多余的电线塞进吊顶内，以便箱体能顺利塞进孔内

原机自带的试机线需要更换

（1）浴霸电源线必须能承受10A或15A以上的负载。
（2）电源进线必须安装一个触头断开距离至少为3mm的断路器。
（3）浴霸电线必须套PVC穿线管

将浴霸固定在吊顶上

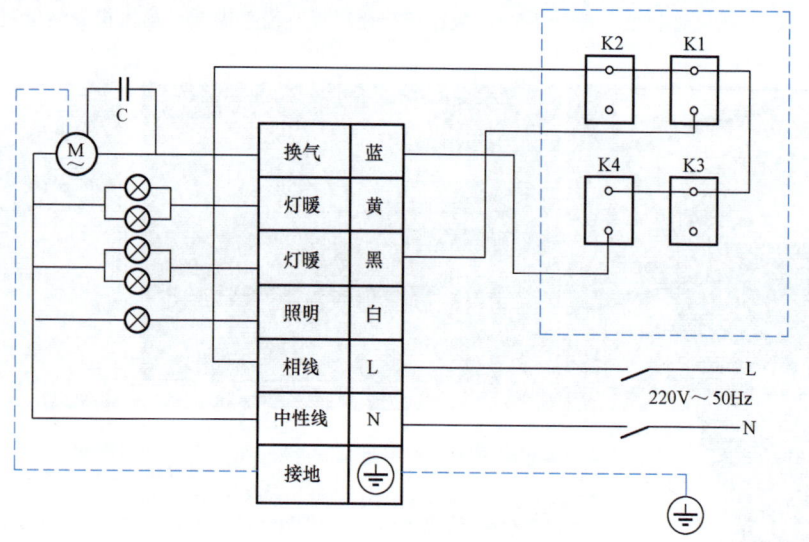

K1—灯暖；K2—灯暖；K3—照明；K4—换气

浴霸安装接线原理

（4）安装时取暖器要远离（>1m）窗帘和其他可燃材料。

（5）取暖器开关安装要使得浴缸内或淋浴区的人触及不到。

用 4 颗直径 4mm、长 20mm 的木螺钉将箱体固定在吊顶木档上。

1）安装面罩。将面罩定位脚与箱体定位槽对准后插入，把弹簧勾在面罩对应的挂环上。

2）安装灯泡。细心地旋上所有灯泡，使之与灯座保持良好电接触，然后将灯泡与面罩擦拭干净。

3）固定开关。将开关固定在墙上，以防止使用时电源线承受拉力，安装位置应能有效防止水溅。为保持浴室美观，互连软线最好在装修前预埋在墙体内。

取暖器的结构

对于壁挂式安装的浴霸，要安装在墙上合适位置（确保浴霸面罩最底面距地面大于 1.8m）。预先将挂钩或螺钉用膨胀螺栓稳妥地固定在墙上，再将浴霸挂上即可使用。

需要壁挂式安装的浴霸

对于吊装的浴霸，安装时应确保灯泡距地面高度在 2.1~2.2m 之间，过高或过低都会影响使用效果。

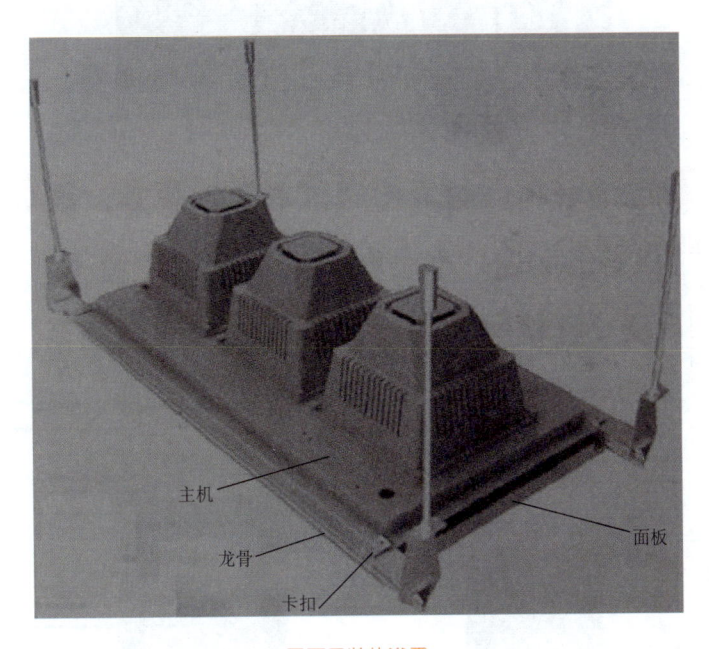

需要吊装的浴霸

（6）打大孔时，需要由专业打孔人员来操作。对于打孔的操作应安排在水电、贴瓷砖之前。浴霸一般需要打大孔，而且是外墙孔。

打孔应安排贴瓷砖、水电前，否则很容易损坏瓷砖、损坏水电线路

3-18 浴霸开关的类型与接线安装

1. 浴霸开关概述

浴霸开关类型多，接线安装有差异。

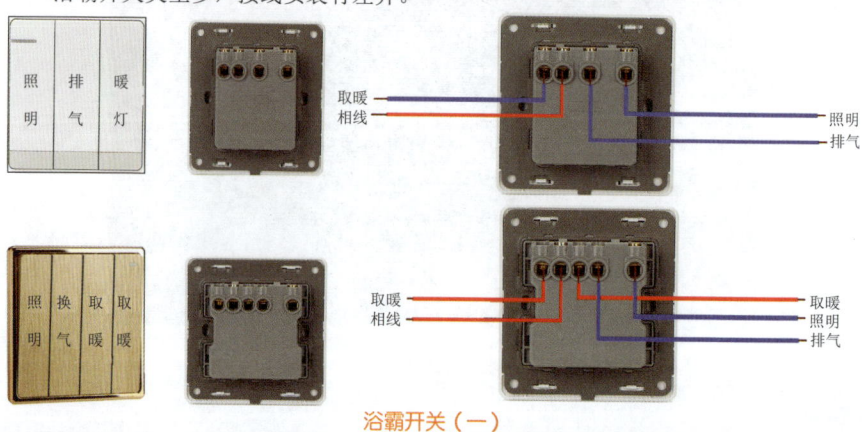

取暖
相线
照明
排气

取暖
相线
取暖
照明
排气

浴霸开关（一）

第 3 章 通用技能全掌握

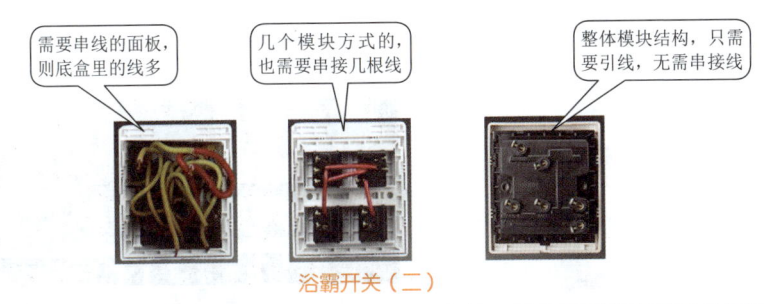

需要串线的面板，则底盒里的线多

几个模块方式的，也需要串接几根线

整体模块结构，只需要引线，无需串接线

浴霸开关（二）

浴霸开关有的可以采用通用 86 底盒，有的不能够，具体需要根据采用的面板尺寸与浴霸特点来确定。

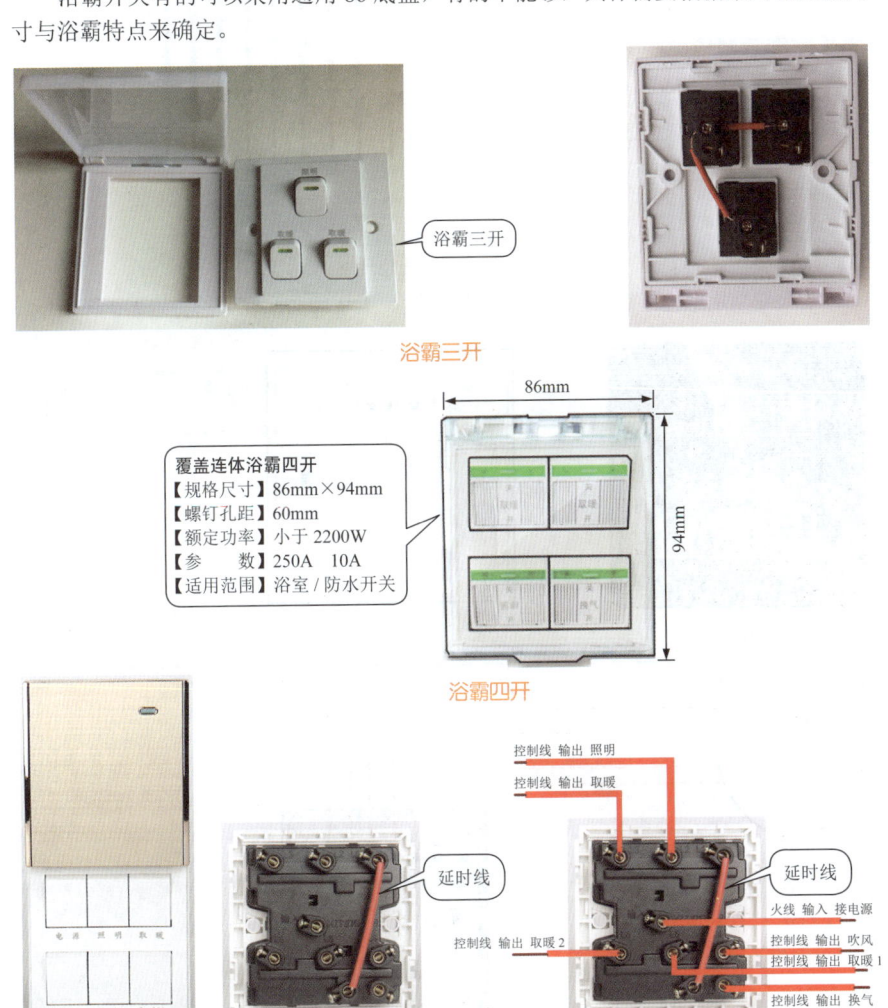

浴霸三开

浴霸三开

覆盖连体浴霸四开
【规格尺寸】86mm×94mm
【螺钉孔距】60mm
【额定功率】小于 2200W
【参　　数】250A　10A
【适用范围】浴室 / 防水开关

86mm
94mm

浴霸四开

控制线 输出 照明
控制线 输出 取暖
延时线
延时线
火线 输入 接电源
控制线 输出 取暖 2
控制线 输出 吹风
控制线 输出 取暖 1
控制线 输出 换气

浴霸六开

浴霸智能无线遥控开关包括信号接收器、无线遥控器。浴霸智能无线遥控开关可以实现免布线布管。

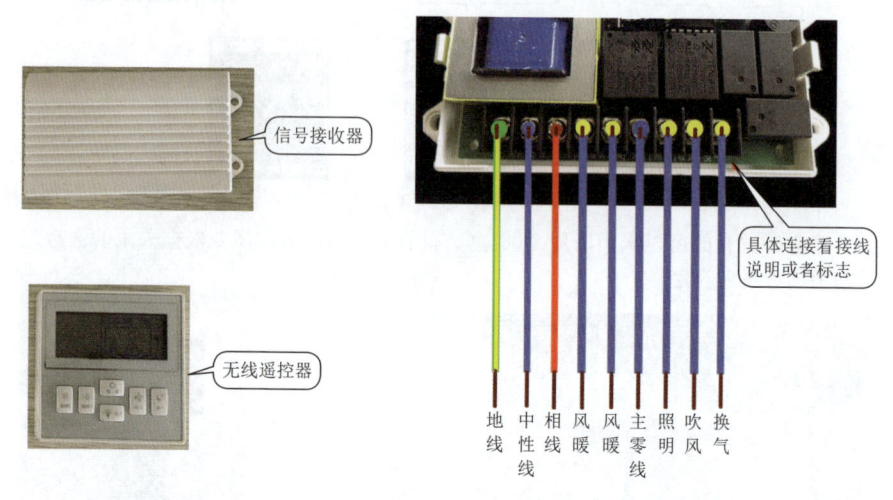

信号接收器

无线遥控器

具体连接看接线说明或者标志

地线　中性线　相线　风暖　风暖　主零线　照明　吹风　换气

浴霸智能无线遥控开关

单火线家用触控浴霸开关、86型风暖灯暖、卫生间防水开关的特点如下图所示。

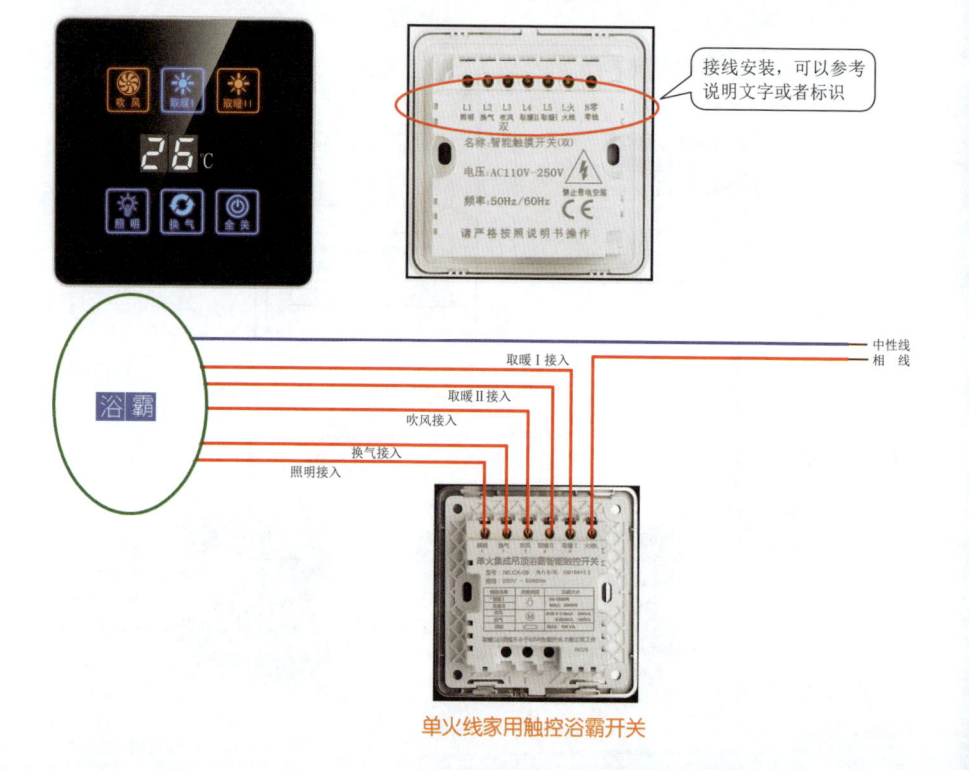

接线安装,可以参考说明文字或者标识

取暖Ⅰ接入　　　　　　　中性线
取暖Ⅱ接入　　　　　　　相　线
吹风接入
换气接入
照明接入

浴霸

单火线家用触控浴霸开关

2. 浴霸无线开关的应用

浴霸无线开关的应用布线接线特点如下。

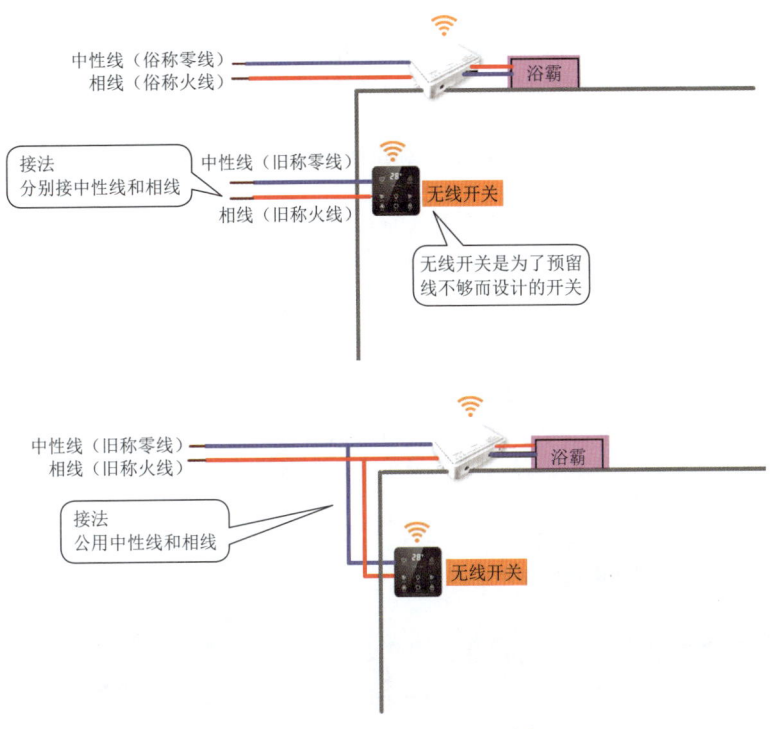

中性线（俗称零线）
相线（俗称火线）
浴霸

接法
分别接中性线和相线
中性线（旧称零线）
相线（旧称火线）
无线开关

无线开关是为了预留线不够而设计的开关

中性线（旧称零线）
相线（旧称火线）
浴霸

接法
公用中性线和相线
无线开关

浴霸无线开关的应用布线接线特点

3-19 燃气热水器的安装

燃气热水器的安装要求：

（1）燃气快速热水器应设置在通风良好的厕房、单独的房间或通风良好的过道里。房间的高度应大于2.5m。

（2）烟道式（强制式）和平衡式热水器可安装在浴室内。安装烟道式热水器的浴室，其容积不应小于热水器小时额定耗气量的 3.5 倍。

（3）直接排气式热水器严禁安装在浴室或卫生间内。

（4）热水器应装设在操作、检修方便又不易被碰撞的部位。

燃气热水器的安装

（5）热水器的供气管道宜采用金属管道（包括金属软管）连接。

（6）电管、水管的敷设位置一定不要位于燃气热水器室外排烟管孔的位置上。

（7）热水器的上部不得有明敷电线、电器设备。

（8）热水器的安装高度，宜满足观火孔离地 1500mm 的要求。

（9）热水器的其他侧边与电器设备的水平净距应大于 300mm。当无法做到时，应采取隔热措施。

（10）热水器与木质门、窗等可燃物的间距应大于 200mm。当无法做到时，应采取隔热阻燃措施。

（11）热水器前的空间宽度宜大于 800mm，侧边离墙的距离应大于 100mm。

（12）热水器应安装在坚固耐火的墙面上，当设置在非耐火墙面时，应在热水器的后背衬垫隔热耐火材料，其厚度不小于 10mm，每边超出热水器的外壳在 100mm 以上。

（13）平衡式热水器的进风口、排风口应完全露出墙外。穿越墙壁时，在进气口、排气口的外壁与墙的间隙用非燃材料填塞。

（14）装设有烟道式热水器的房间，上部及下部进风口的设置要求同直接排气式。

（15）装设有直接排气式热水器的房间，上部的排气窗与门下部的进风口、排风扇排风量均有要求。

2. 储水式热水器的安装

储水式热水器防电墙的作用图解如下。

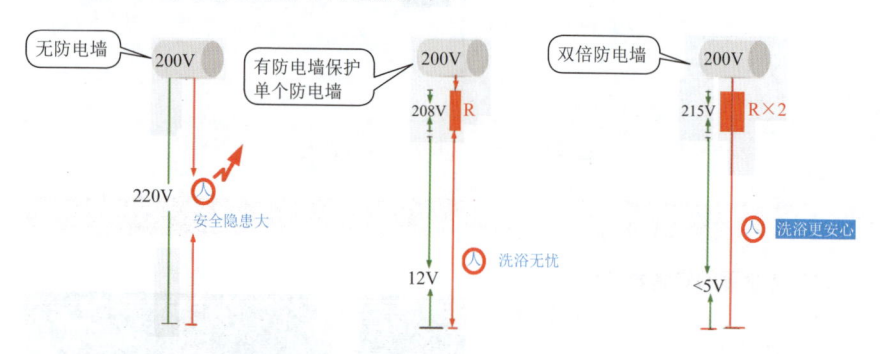

储水式热水器的安装方式如下。

储水式热水器的安装图解如下。

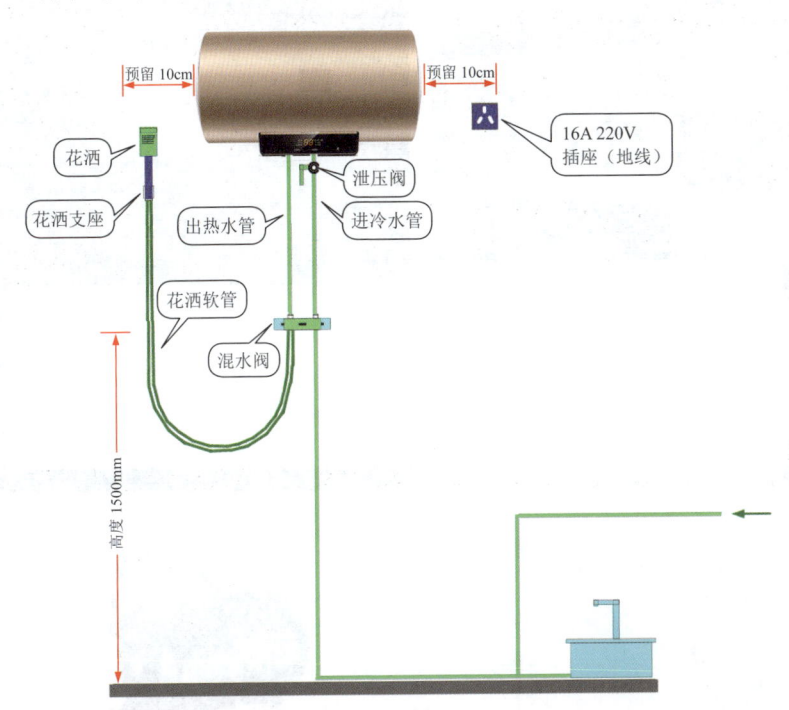

3-20 不同灯具的特点

家装中常用的灯具包括吊灯、投射灯、台灯、壁灯、聚光灯等，它们有各自的特点。

- 吊灯是最普及的室内照明灯具，能够提供全面的背景光线。
- 如果安置了调光器，便能灵活地调节光线的明暗。
- 吊灯安装高度要注意，不得出现撞到头的现象

吊灯

投射灯可以用来强调房间里的特别区域

投射灯

落地台灯、台灯可以将光线投射在不同的水平面上，呈现该区域装饰格局中的色调与特色，是最佳阅读的光源

墙上的壁灯有投射、晕染光线的多种效果，具有牵引视线的效果，往往会让房间看起来较大一些。壁灯的装饰作用远比照明明显，因此，其外形选择也很重要

落地台灯、台灯

壁灯

- 长条状灯管造型不是很看好，其常被隐没在灯罩、遮避物下。
- 长条状灯能够完全提供该区域所需的光线

聚光灯可以嵌入天花板、墙面或地板，以增加光线拖曳的长度，可以形成一个焦点光域。因此，聚光灯是极佳强调作用的一种光源

长条状灯具

聚光灯

3-21 灯具的接线原则

（1）连接灯具的软线应盘扣、搪锡压线，当采用螺口灯头时，相线应接于螺口灯头中间的端子上。

（2）灯头的绝缘外壳不破损和漏电。常有开关的灯头，开关手柄没有裸露的金属部分。

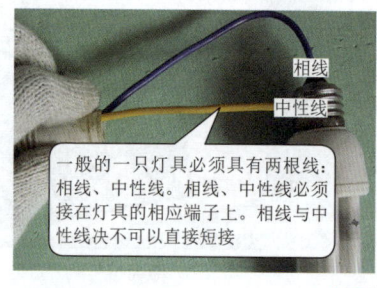

相线
中性线

一般的一只灯具必须具有两根线：相线、中性线。相线、中性线必须接在灯具的相应端子上。相线与中性线决不可以直接短接

没有缝隙

电工安装电线时，预留相线、中性线

中性线
相线

灯具接线原理

第3章 通用技能全掌握 | 115

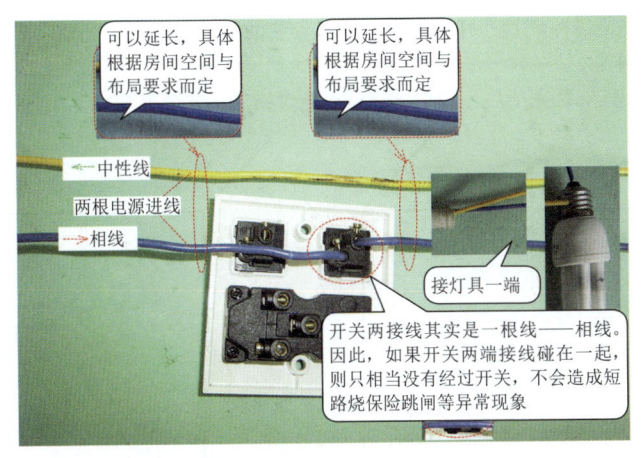

可以延长，具体根据房间空间与布局要求而定

可以延长，具体根据房间空间与布局要求而定

中性线
两根电源进线
相线

接灯具一端

开关两接线其实是一根线——相线。因此，如果开关两端接线碰在一起，则只相当没有经过开关，不会造成短路烧保险跳闸等异常现象

灯具+开关接线原理

3-22 灯具的安装要求

（1）灯具安装最基本的要求是必须牢固。

（2）灯具安装施工时，需弹线定位，保证位置的准确性。

（3）家装灯具不仅是照明，也要考虑装饰作用。

（4）台灯等带开关的灯头，开头手柄不应有裸露的金属部分。

（5）装饰平吊顶安装各类灯具时，灯具重量大于3kg时，应采用预埋吊钩或从屋顶用膨胀螺栓直接固定支吊架安装，并且从灯头箱盒引出的导线应用软管保护到灯位，防止导线裸露在吊顶内。

室内安装壁灯、床头灯、台灯、落地灯、镜前灯等灯具时，高度低于24m及以下，灯具的金属外壳均应接地可靠

灯具的安装要求

（6）吊顶或护墙板内的暗线必须有阻燃套管保护。

（7）大型吊灯顶部必须事先用膨胀螺钉固定 4cm×3cm 木方，然后将吊灯固定螺钉切在木方上。

（8）扣板吸顶灯安装时，必须将固定螺钉切在木楞子上，严禁切在扣板上。

（9）吊顶内嵌入的灯具，应与其他装修工序配合进行。

（10）室内安装壁灯、床头灯、台灯、落地灯、镜前灯等灯具时，高度低于 2.4m 的灯具的金属外壳均应接地可靠，以保证安全。

（11）卫生间、厨房装矮脚灯头时，宜采用瓷螺口矮脚灯头。螺口灯头的接线、相线（开关线）应接在中心触点端子上，零线接在螺纹端子上。

（12）安装各种灯具、开关面板，需在家装油漆工序快要撤场前3天或漆最后一遍油时进场作业。

（13）灯具安装完毕后，经绝缘测试检查合格后，才能够通电试运行。

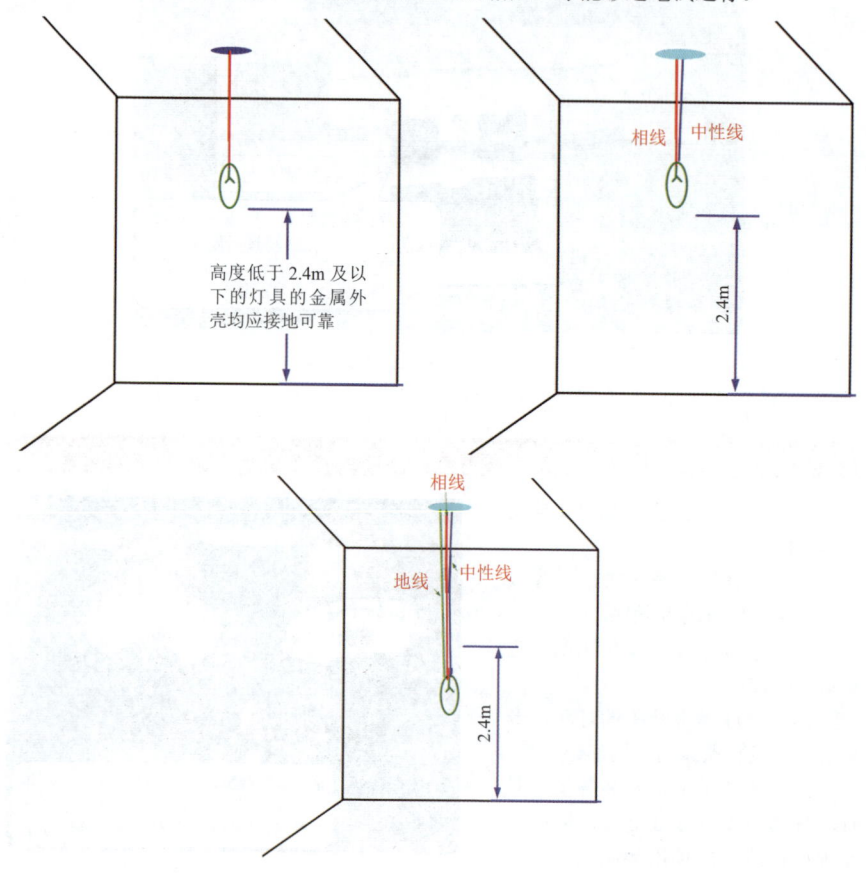

记忆技巧：24，谐音"耳饰"。高度低于24，灯具会变成"耳饰"，危险！

3-23 花灯的组装

（1）首先将各组件连成一体。

（2）灯内穿线的长度要适宜，多股软线线头需要搪锡，并且注意统一的配线颜色。

（3）螺口灯座中心簧片是接相线的。

（4）理顺灯内线路。

（5）用线卡或尼龙扎带固定导线，并且避开灯泡发热区。

花灯的安装效果

（1）将预先组装好的灯具托起，用预埋好的吊钩挂住灯具内的吊钩。
（2）将导线从各个灯座口穿到灯具本身的接线盒内。
（3）导线一端盘圈、搪锡后接好灯头或者采用压接帽可靠连接。
（4）理顺各个灯头的相线与中性线。
（5）另一端区分相线、中性线后分别引出电源接线。
（6）将电源接线从吊杆中穿出。
（7）把灯具上部的装饰扣碗向上推起并紧贴顶棚，拧紧固定螺钉。
（8）各灯泡、灯罩一般在灯具主体上装好后再装上。

3-24 普通座式灯头安装

（1）将电源线留足维修长度后剪除余线并剥出线头。
（2）区分相线、中性线，对于螺口灯座中心簧片应接相线。
（3）用连接螺钉将灯座安装在接线盒上。

灯座

3-25 吊线式灯头的安装

（1）将电源线留足维修长度后剪去余线，并且剥出线头。
（2）将导线穿过灯头底座，用连接螺钉将底座固定在接线盒上。
（3）根据所需长度剪取一段灯线，一端接上灯头，灯头内需要系好保险扣。
（4）接线时需要区分相线、中性线。
（5）螺口灯座中心簧片是接相线的端头。
（6）将灯线另一头穿入底座盖碗，灯线在盖碗内应系好保险扣并与底座上的电源线用压接帽连接。
（7）最后旋上扣碗即可。

吊线式灯头

3-26 吸顶灯、壁灯的安装

（1）根据灯具底座画好安装孔的位置，然后打好孔以及装入栓塞。
（2）如果是吊顶的，则可以在吊顶板上背木龙骨或轻钢龙骨用自攻螺钉固定。
（3）将接线盒内电源线穿出灯具底座，并且用螺钉固定好底座。
（4）将灯内导线与电源线用压接帽可靠连接。
（5）用线卡或尼龙扎带固定导线以避开灯泡发热区。
（6）上好灯泡，装上灯罩，以及紧固好螺钉。

吸顶灯安装效果

3-27 嵌入式灯具（光带）的安装

（1）根据有关位置及尺寸开孔。
（2）将吊顶内引出的电源线与灯具电源的接线端子可靠连接。
（3）将灯具推入安装孔或者安装带固定。
（4）调整灯具边框。
（5）如果灯具是对称安装，其纵向中心轴线应在同一直线上。
（6）光带安装一般需要隐蔽光带。

光带安装效果

3-28 日光灯（荧光灯）的安装

家装日光灯配置：

客厅——一般活动时为 100-150-200lx 三挡装灯，平均照度为 75lx 为宜。
卧室——为 50-100-150lx 三挡，平均照度 75lx 为宜。床头台灯供阅读用 300lx 为宜。
厨房、卫生间——为 75-100-150lx 为宜。
庭院照明——无明确规定，夜晚能辨别出花草色调，建议平均照度 20~50lx 为宜，景点和重点花木另增加效果照明。

吸顶式日光灯的安装：
（1）打开灯具底座盖板，根据要求确定安装位置。
（2）将灯具底座贴紧建筑物表面，灯具底座应完全遮盖住接线盒，对着接线盒的位置开好进线孔。
（3）根据灯具底座安装孔用铅笔画好安装孔的位置。
（4）用电锤打出尼龙栓塞孔，然后装入栓塞。

吸顶式日光灯安装

（5）如果为吊顶，可在吊顶板上背木龙骨或轻钢龙骨用自攻螺钉固定。
（6）将电源线穿出后用螺钉将灯具固定并调整位置以达到满足要求为止。
（7）用压接帽将电源线与灯内导线可靠连接。
（8）装上启辉器等附件。
（9）盖上底座盖板，装上日光灯管。

吊链式日光灯的安装：
（1）根据安装位置，确定吊链吊点。
（2）用电锤打出尼龙栓塞孔，去装入栓塞。
（3）用螺钉将吊链挂钩固定牢靠。
（4）根据灯具的安装高度确定吊链及导线的长度。打开灯具底座盖板，将电源线与灯内导线可靠连接。

（5）装上启辉器等附件。

（6）盖上底座、装上日光灯管。

（7）将日光灯挂好。

（8）把导线与接线盒内电源线连接好。

（9）盖上接线盒盖板。

吊链式日光灯的安装

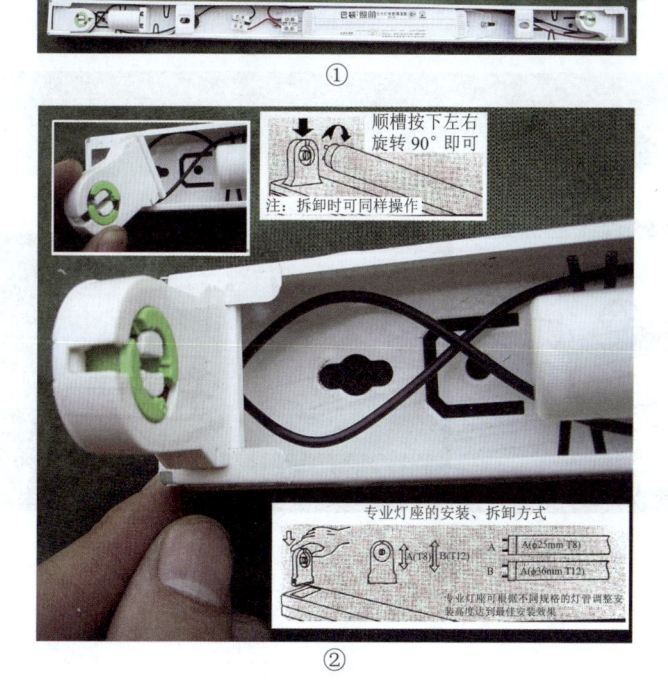

日光灯的组装（一）

③

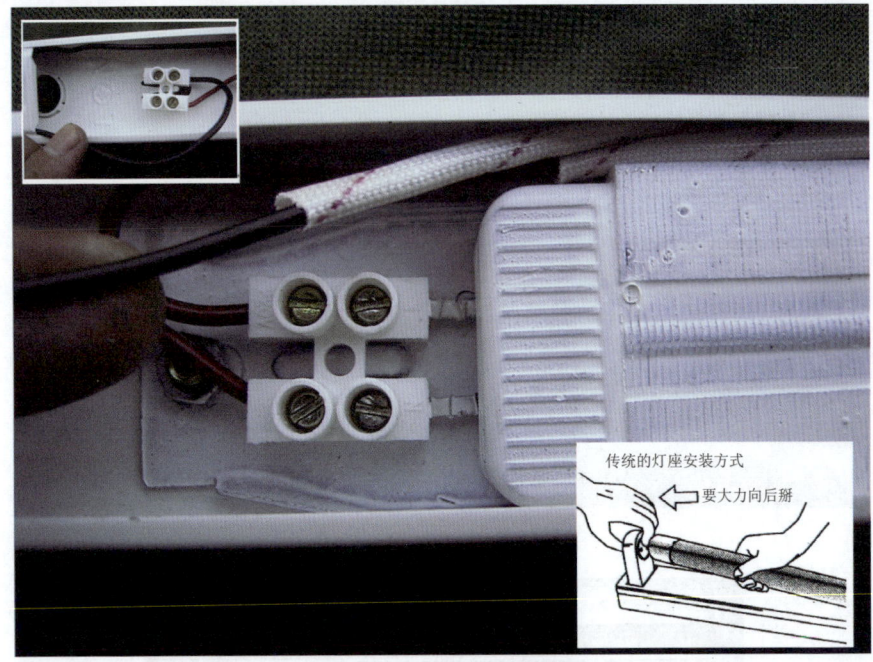

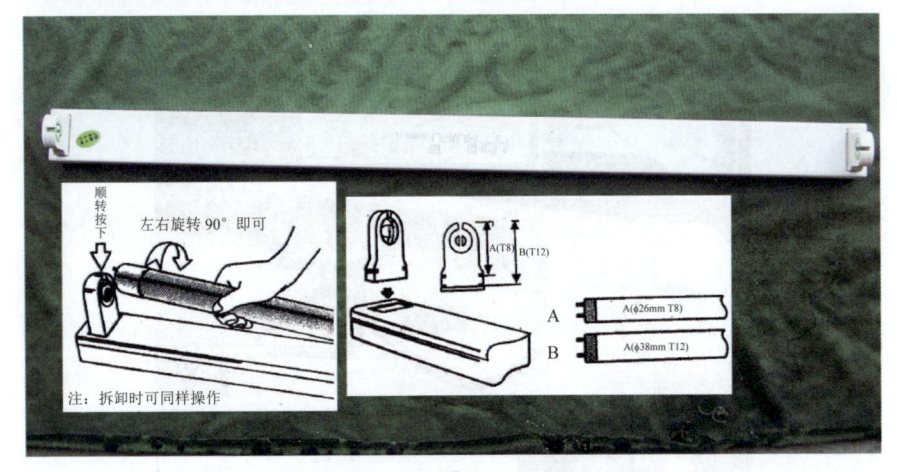

④

日光灯的组装（二）

① ②

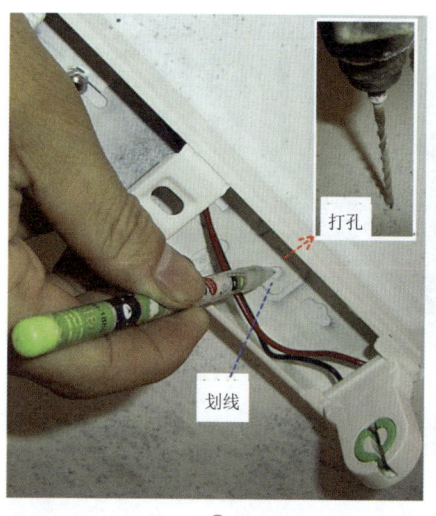

日光灯的固定

3-29 有线电视系统的组成

有线电视系统主要由前端系统、干线传输系统和用户分配网络系统等部分组成。

前端系统将各种天线接收的信号、摄录设备等输出的信号调制为高频电视信号，并通过混合设备同时将多路信号合并为一路电视信号，以便输送到干线传输系统

干线传输系统主要位于前端系统与用户分配网络系统间，将前端系统输入的电视信号传送到各个干线分配点所连接的用户分配网络系统。干线传输系统采用的主要设备是干线放大器。有采用室外同轴电缆、光缆、多路微波 MMDS、同轴电缆+光缆混合的不同方式进行信号的传输

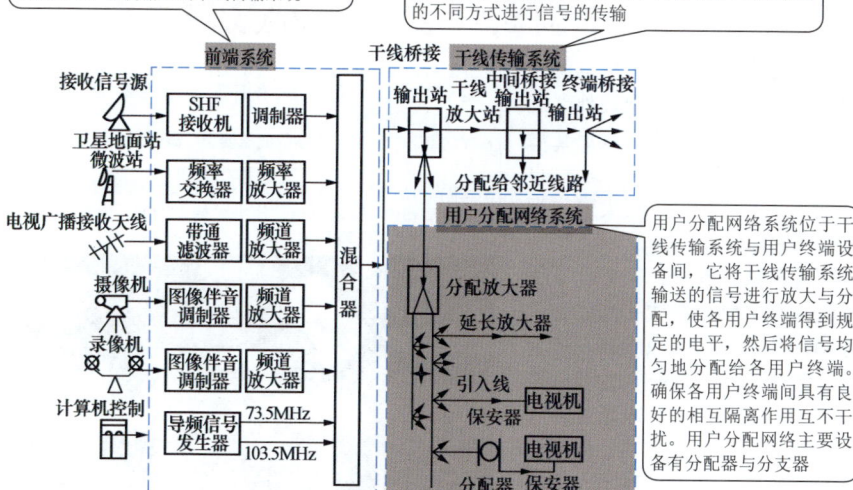

用户分配网络系统位于干线传输系统与用户终端设备间，它将干线传输系统输送的信号进行放大与分配，使各用户终端得到规定的电平，然后将信号均匀地分配给各用户终端。确保各用户终端间具有良好的相互隔离作用互不干扰。用户分配网络主要设备有分配器与分支器

有线电视系统的组成

有线电视系统用户终端设备

用户分配网络常使用的电缆是物理发泡同轴电缆,其阻抗为75Ω。根据物理发泡同轴电缆的内部结构,较适合于室外布线,常用于连接分配器。

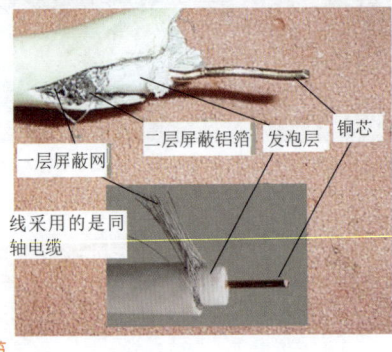

中心导体
中心导体粘合剂
绝缘体泡沫
第一屏蔽层
第二屏蔽层
第三屏蔽层
防潮增补胶
扩套层
支撑钢线

二层屏蔽铝箔　发泡层　铜芯
一层屏蔽网
线采用的是同轴电缆

视频电缆

有线电视室内用户终端设备连接的电缆主要采用75Ω的视频电缆。同轴电缆常用有75-5、75-7、75-9、75-12等几种。

3-30　有线电视分配器的安装

螺旋式F头电视分配器的连接: 用小刀把有线电视线外部绝缘层去掉。把中间的屏蔽层往后折,然后把发泡层去掉一段,再把插入式F头插入,用尖嘴钳把抱箍夹紧即可。

冷压头的连接: 根据冷压线头尺寸把同轴电缆线头的外护套去掉,并把露出编织网翻在护套上。距外护套3~5mm外去掉铝箔和填充绝缘体,再把冷压头内管插于铝箔与编织网间。把外管套于翻在外护套的编织网上,再用力插入同轴电缆内,使装上冷压

- 分配器是将一路输入信号均等或不均等地分配为两路以上信号的部件。常用的有二分配器、三分配器、四分配器、六分配器等类型。
- 分配器有电阻型、传输线变压器型、微带型、室内型、室外型、VHF型、UHF型、全频道型等。
- 分配器的电器特性主要有分配损耗、端口隔离度(通常要大于20dB)、输入阻抗、输出阻抗(75Ω)、电压驻波比(小于2)、工作频率范围等

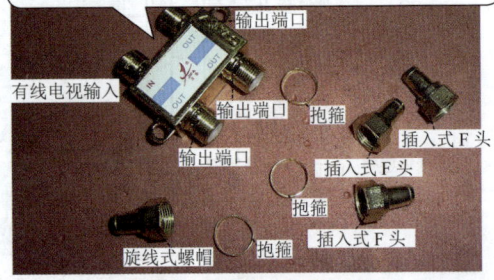

输出端口
有线电视输入
输出端口　抱箍　插入式F头
输出端口　抱箍　插入式F头
抱箍　插入式F头
旋线螺帽　抱箍

螺旋式F头电视分配器的结构

头的内管与填充绝缘体平齐。用冷压工具把线与接头紧固好，使芯线高于冷压 F 头 3~5mm 即可。

应整齐

用小刀把有线电视线外部绝缘层去掉

① ②

把中间的屏蔽层往后折，然后把发泡层去掉一段，再把插入式 F 头插入，用尖嘴钳把抱箍夹紧

电视分配器的安装

① ② 顺时针用力拧 ③ 拧到露出中间的铜芯为止

客厅

入户线

主卧

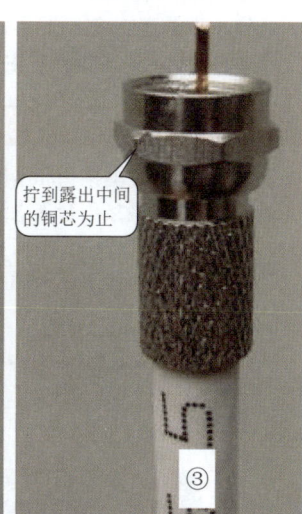

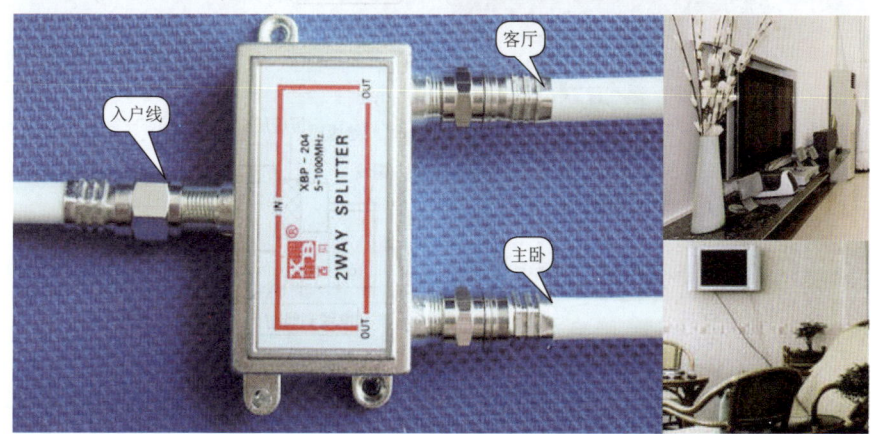

冷压头的连接步骤和效果

有线电视线连接注意事项：有线电视线最中间的铜丝线是传输信号的，其他金属网/丝是起屏蔽作用的，它们不能短路连接，否则，会影响电视接收效果。

另外，外层的铜网与接头的接地端要接触良好，中间铜缆与端子的中间针也要保持良好的接触。

有线电视分支器与分配器的区别：

（1）分支器的作用是从传输线路中取出一部分信号并馈送到用户终端盒。它一般有一个主路输出端与多个分支输出端，其分类方式也是根据分支输出端口的多少来划分。

（2）分配器的输出无主次之分，各路输出均分能量。

（3）分支器的输出有主次之分，主路所分得的能量较分支器输出端来说占绝对主导地位。

这样操作容易造成接触不良

有线电视线连接的错误操作

3-31 电视插座的连接

（1）拆下 FL 型接头和卡圈套入电缆头。
（2）将 FL 型接头套入电缆屏蔽层和外保护套之间，并顶到头。
（3）将卡圈套入 FL 型接头与电缆结合处，并用钳子扎紧。
（4）将 FL 型接头旋入插座外螺纹并拧紧。

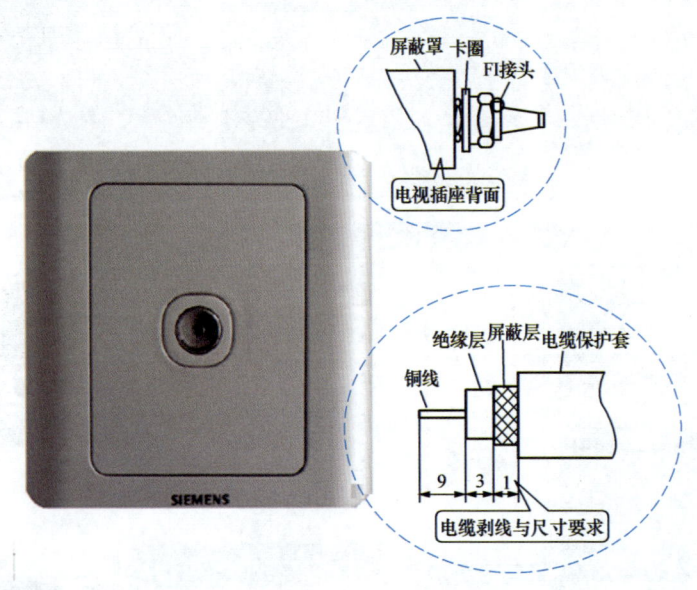

屏蔽罩 卡圈
Fl接头
电视插座背面

绝缘层 屏蔽层 电缆保护套
铜线
9 3 1
电缆剥线与尺寸要求

电视插座连接示意

3-32 四芯线电话插座的连接

四芯线电话插座的连接如下。

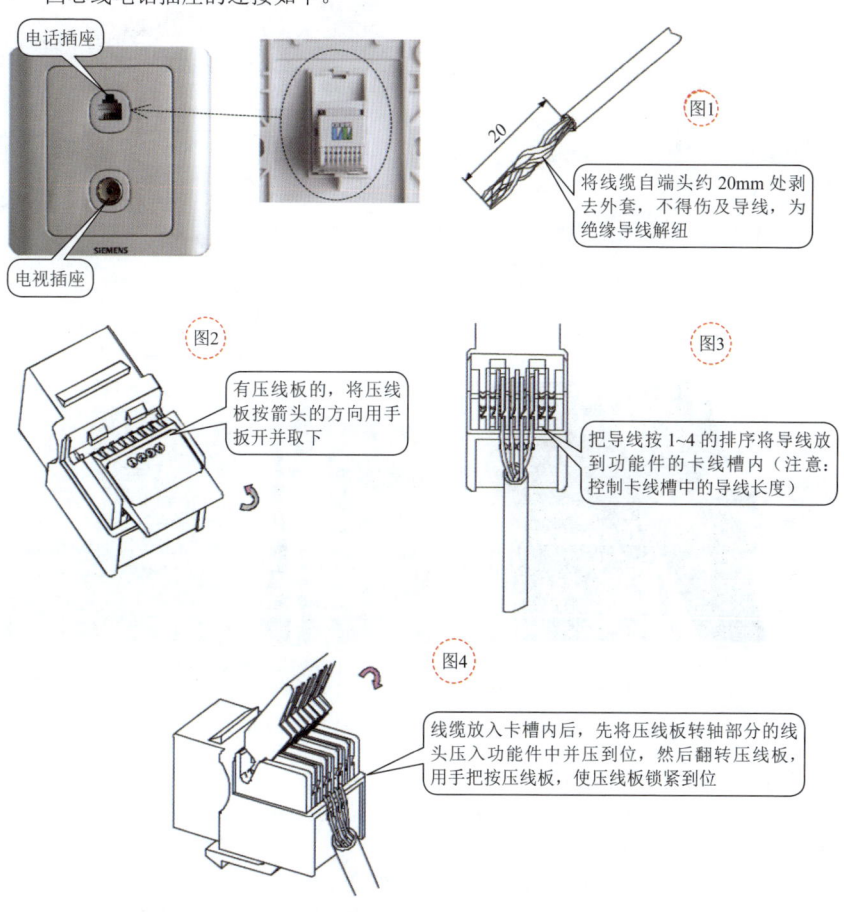

图1：将线缆自端头约20mm处剥去外套，不得伤及导线，为绝缘导线解纽

图2：有压线板的，将压线板按箭头的方向用手扳开并取下

图3：把导线按1~4的排序将导线放到功能件的卡线槽内（注意：控制卡线槽中的导线长度）

图4：线缆放入卡槽内后，先将压线板转轴部分的线头压入功能件中并压到位，然后翻转压线板，用手把按压线板，使压线板锁紧到位

四芯电话插座连接示意

3-33 电话水晶头的制作

电话水晶头的种类与区别： 电话的水晶头有两种，一种是输入线，另一种是听筒线。这两种线的水晶头都有四个接线槽，区分它们的方法如下：

（1）输入线水晶头比听筒线水晶头大。
（2）输入线是直的，而听筒线是作成弹簧状的。但是，要注意输入线也有弹簧状的。
（3）输入线的接法可不分正负，将线插入中间两个槽，再用压片压紧、压实即可。
（4）听筒线中间两个槽是麦克连接端，两边的槽是受话器连接端。

剥开最外层绝缘层约 0.5cm，露出电话线内芯（注意：不要去除内芯上的绝缘层）

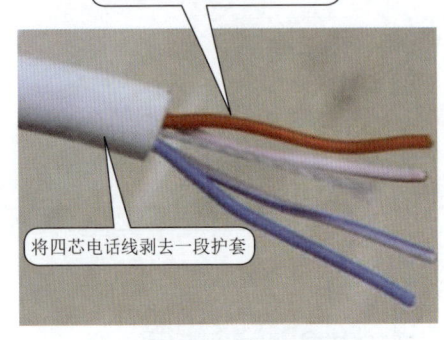

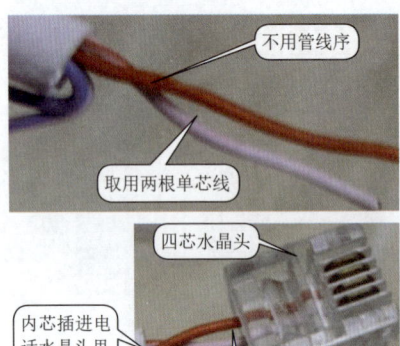

不用管线序

取用两根单芯线

将四芯电话线剥去一段护套

四芯水晶头

内芯插进电话水晶头里

插入中间两个槽位

然后将卡线钳套入，并上下夹紧

用测线仪测试，只要两对灯亮就行

电话线水晶头的制作

电话线水晶头的制作步骤：

（1）剥开两芯电话线的一端口最外层绝缘层约 0.5cm，露出两根细的电话线内芯（注：不要去除内芯上的绝缘层）。

（2）将内芯插入到两芯水晶头中间的两个槽位。

（3）将卡线钳套入，并上下夹紧，这时两根内芯线已经与水晶头内部的两根金属片子完全连接在一起。

（4）检测。有信号的一对两芯电话线直流电压大概 50~60V。

说明： 制作家装四芯电话线水晶头一般只取其中 2 根即可，具体操作方法与两芯电话线水晶头连接方法一样。

四条内芯在水晶头内的排列顺序可通过色彩来分辨，其在两端的接法刚好相反：例如两水晶头背对着自己，在第一个水晶头上的内芯排列顺序是从上到

电话线端头的连接

下为黄/绿/红/黑，则在第二个水晶头上从下到上为黄/绿/红/黑。

四芯数字线的顺序一般为黑、红、绿、黄，两端是直线连接方式，其中中间两根线为信号线，两边两根线为数据线。

IP 电话水晶头的制作需要做跳线，一端接中间，另一端接两边两个槽道即可。

3-34 电话线基本连接

电话线基本连接方法：
（1）电话线有二芯线与四芯线之分。
（2）二芯电话线没有顺序、没有极性之分。
（3）普通话机一般采用二芯线连接即可。
（4）四芯专用话机的电话线必须按顺序来连接。
（5）数字电话需要 4 条线都接。
（6）对于一般家居装饰 4 根线可以同时接 2 部电话。如果接一部电话，则往往用红线、蓝线来接电话，其他 2 根备用。
（7）四芯电话线安装两部电话的一般接法是双绞的二芯成一对，即红－蓝，绿－黄（白）。
（8）电话线最好与电源线或是其他高频线路保持 1m 以上距离。
（9）如果要两个电话不串线，需要用一个分线盒，中间的 2 根接一部，两边的接一部。
（10）如果一个只是分机器，则用两对线芯，每一对线芯一根线接红线，一根接蓝线。
（11）没有专用的电话线可以用网线的橙、白橙来代替电话线的接入。
（12）电话线、有线电视线不得和电线穿在一根 PVC 管内。

基本操作就是把户外引入的两根（若是 4 根线，则另外 2 根不用）线采用专用线加长，然后接上专用接口即可

户内电话线连接要点

3-35 超五类线网络插座的连接

超五类线网络插座的连接如下。

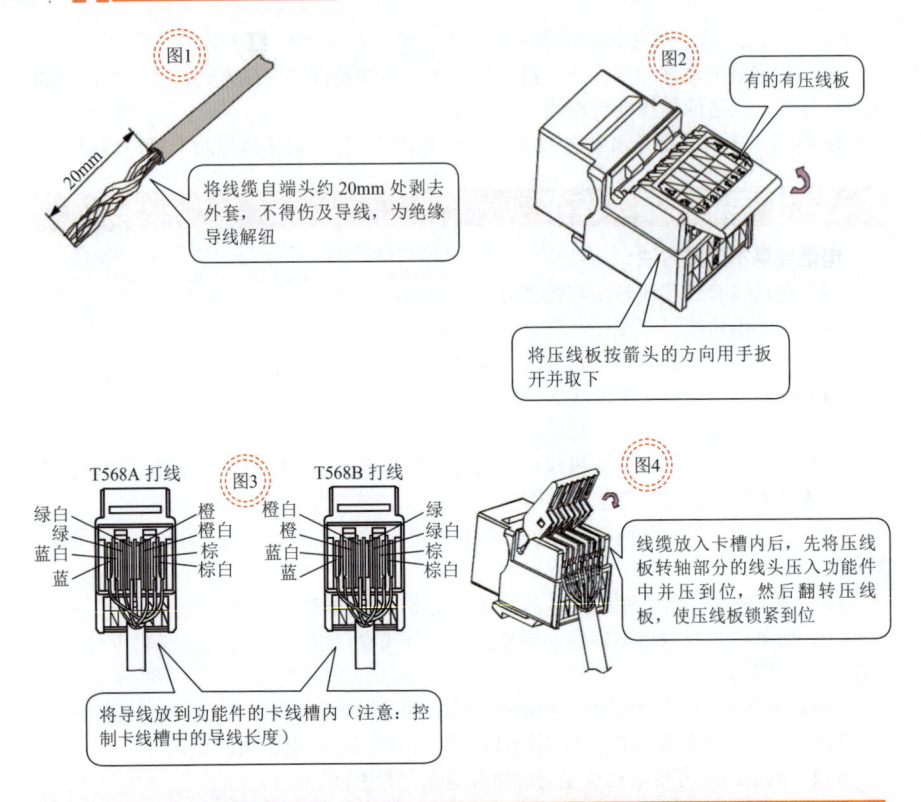

图1: 将线缆自端头约20mm处剥去外套,不得伤及导线,为绝缘导线解纽

图2: 有的有压线板 / 将压线板按箭头的方向用手扳开并取下

图3:
T568A 打线:绿白、绿、蓝白、蓝、橙白、橙、棕白、棕
T568B 打线:橙白、橙、蓝白、蓝、绿白、绿、棕白、棕
将导线放到功能件的卡线槽内(注意:控制卡线槽中的导线长度)

图4: 线缆放入卡槽内后,先将压线板转轴部分的线头压入功能件中并压到位,然后翻转压线板,使压线板锁紧到位

3-36 RJ45 接头的排线与连接

双绞线两头通过安装 RJ45 接头(俗称水晶头)与网卡和集线器(或交换机)相连的排线与连接。

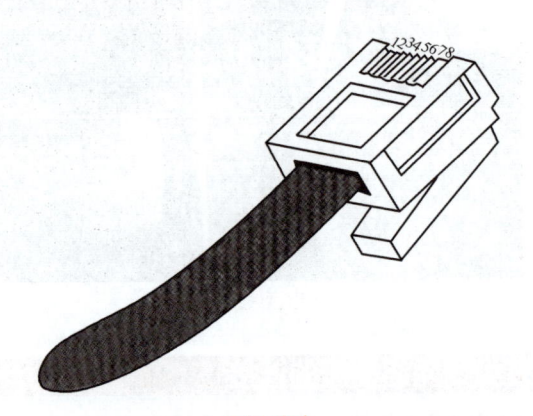

RJ45 接头

第3章 通用技能全掌握 | 129

T568A

1	2	3	4	5	6	7	8
白绿	绿	白橙	蓝	白蓝	橙	白棕	棕

T568B

1	2	3	4	5	6	7	8
白橙	橙	白绿	蓝	白蓝	绿	白棕	棕

RJ45 接头的排线

网线的两端均按T568B接

计算机	↔	ADSL调制解调器（MODEM，俗称猫）
ADSL猫	↔	ADSL路由器的WAN口
计算机	↔	ADSL路由器的lAN口
计算机	↔	集线器或交换机

直连互联法

RJ45 接头的连线示意（一）

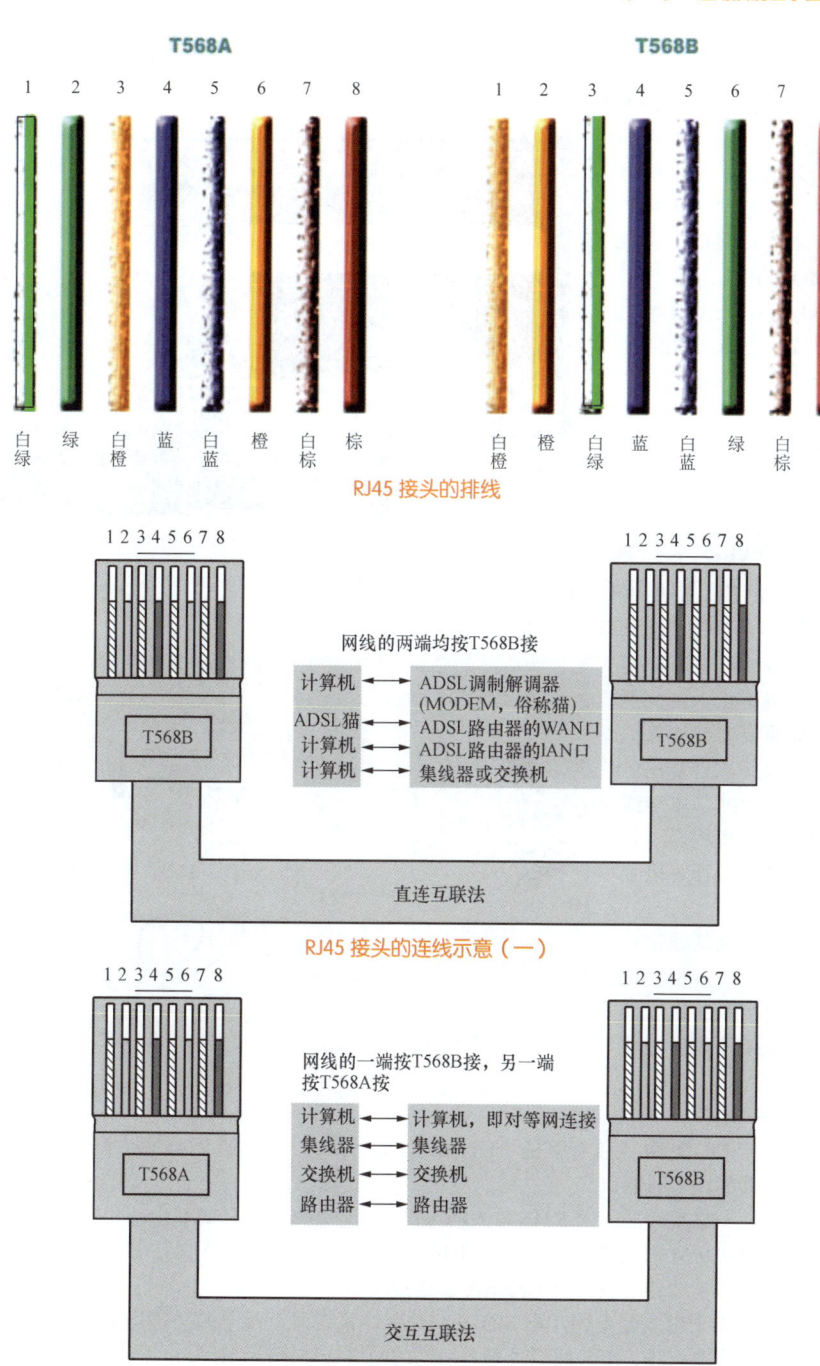

网线的一端按T568B接，另一端按T568A按

计算机	↔	计算机，即对等网连接
集线器	↔	集线器
交换机	↔	交换机
路由器	↔	路由器

交互互联法

RJ45 接头的连线示意（二）

3-37 网络基本连线

1. 单台计算机上网基本连线

（1）从电话线接口接一分离器，一根接电话，一根接MODEM的RJ11 ADSL端口，也就是MODEM上常标注的"LINE"端口。

（2）把MODEM上常标注的"ETHER-NET"端口，也就是RJ45以太网端口接到计算机上。

（3）MODEM需要电源，因此，MODEM有个"POWER"端口是电源输入插孔，MODEM一般具有电源适配器连接端口。

连到计算机中的RJ45接口与连接线

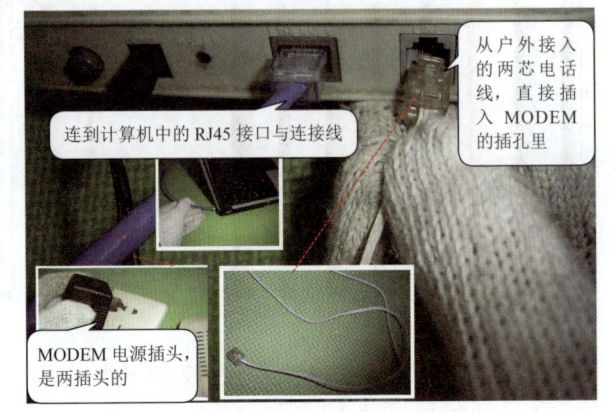

从户外接入的两芯电话线，直接插入MODEM的插孔里

MODEM电源插头，是两插头的

单台计算机上网基本连线

2. 多台计算机上网基本连线

一般情况下，家装中计算机不止一台，不同房间需要安装计算机插座。因此，只要在单台计算机上网基本连线中增加网络集线器，就可以实现多台计算机上网基本连线。

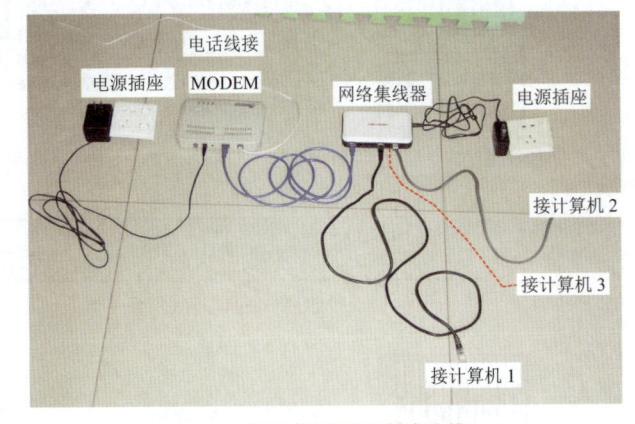

（1）从电话线接口接一分离器，一根接电话，一根接MODEM的RJ11 ADSL端口，也就是MODEM上常标注的"LINE"端口。

电源插座　电话线接MODEM　网络集线器　电源插座
接计算机2
接计算机3
接计算机1

多台计算机上网基本连线

（2）把MODEM上常标注的"ETHERNET"端口，也就是RJ45以太网端口接到网络集线器的以太网端口。

（3）由网络集线器上的RJ45以太网端口分别连接到不同计算机上。

（4）MODEM需要电源，因此，MODEM有个"POWER"端口是电源输入插孔。

（5）网络集线器一般具有电源适配器连接端口。

（6）如果采用弱配电箱，则MODEM、网络集线器以及电源插座均集中在箱内，一般只接网络输入线、电源线以及到各房间的网络线（连接到计算机上的线）。

（7）如果是无线上网，则不需要连接到各房间的网络线（连接到计算机上的线）。

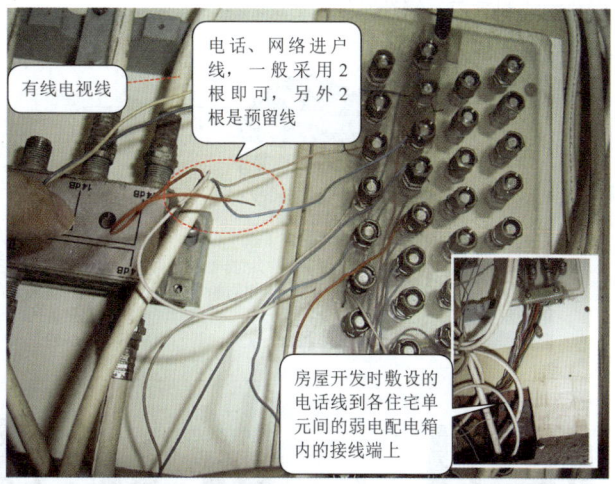

有线电视线

电话、网络进户线，一般采用2根即可，另外2根是预留线

房屋开发时敷设的电话线到各住宅单元间的弱电配电箱内的接线端上

如果房屋开发时，没有敷设相应网络服务商的线路，则有的网络服务商后期安装了网络配电箱，则可以从该处引入网络线到户内

户外线的引进

3. 户外线的引进
户外线的引进一般从不同网络服务商在楼房安装的网络箱上连接过来。

4. WiFi 路由器与其连接
WiFi 路由器有六天线 WiFi 路由器、二天线 WiFi 路由器、五天线 WiFi 路由器、多频合一的 WiFi 路由器等类型。

无线路由器天线并不是越多越好，还需要看无线路由器用了哪个 MIMO 模式，以及天线的种类、硬件支持等情况。

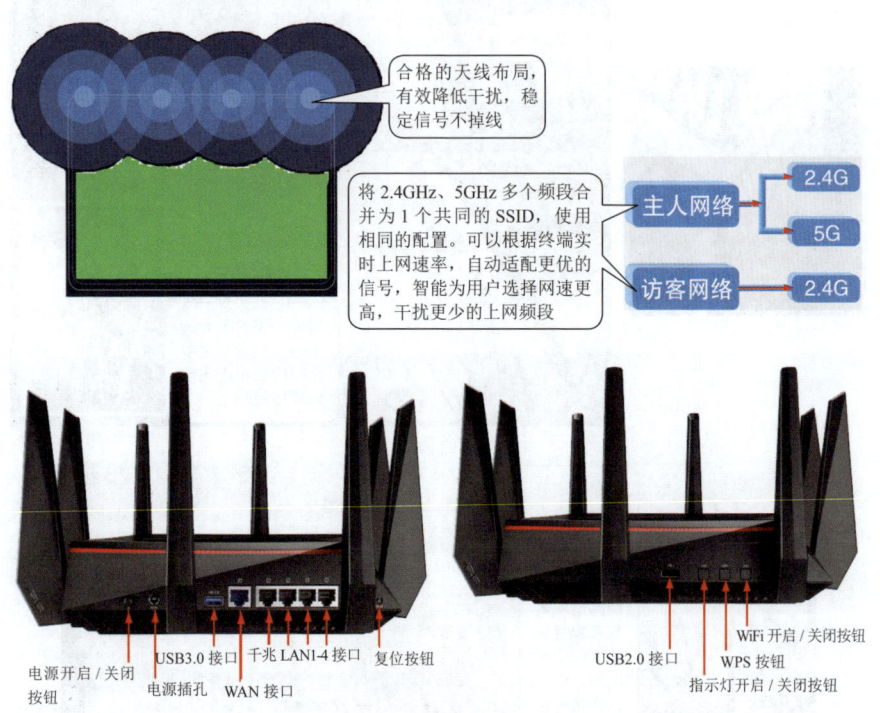

合格的天线布局，有效降低干扰，稳定信号不掉线

将 2.4GHz、5GHz 多个频段合并为 1 个共同的 SSID，使用相同的配置。可以根据终端实时上网速率，自动适配更优的信号，智能为用户选择网速更高，干扰更少的上网频段

主人网络 — 2.4G / 5G

访客网络 — 2.4G

电源开启/关闭按钮　电源插孔　USB3.0 接口　WAN 接口　千兆 LAN1-4 接口　复位按钮

USB2.0 接口　指示灯开启/关闭按钮　WPS 按钮　WiFi 开启/关闭按钮

WiFi 路由器接口

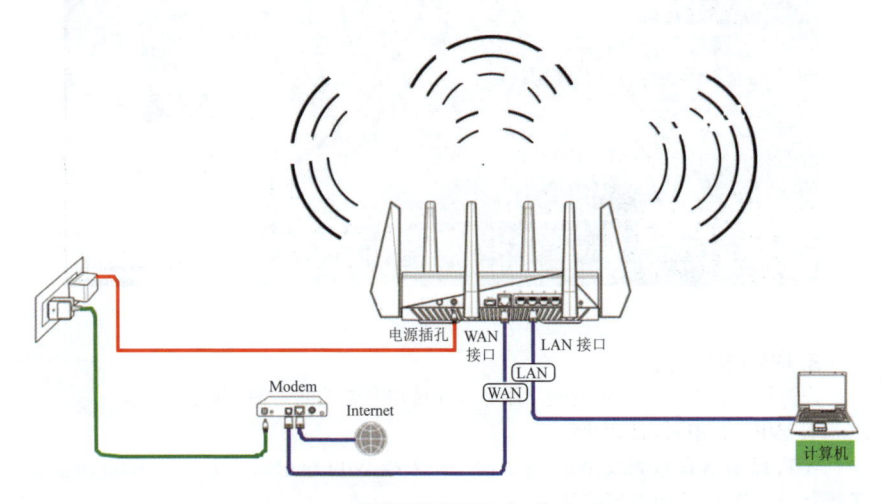

电源插孔　WAN 接口　LAN 接口

Modem　Internet　计算机

WiFi 路由器的连接（一）

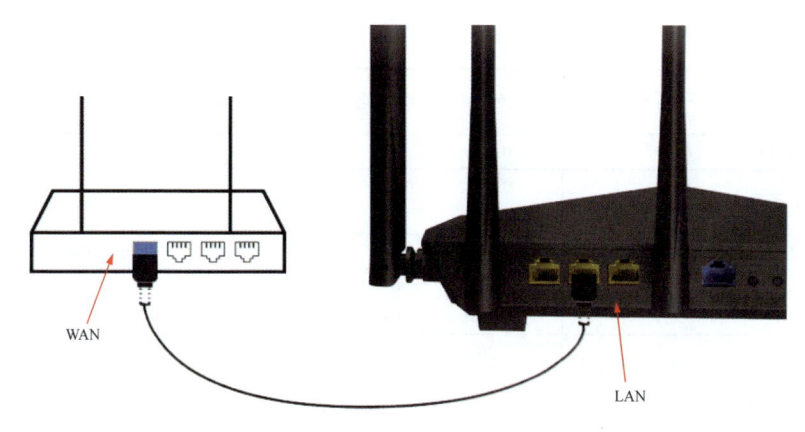

WAN

LAN

WiFi 路由器的连接（二）

  选购无线路由器时，需要根据具体需求来确定：家居光纤宽带是否为 300M、无线设备连接是否多、家居是否需要千兆有线传输、家居是否对有线传输要求比较高、家居是否需要移动硬盘共享资料、家居是否需要智能管理等。如果超过以上需求 2 条，则一般应选择中端与高端无线路由器。

  无线路由器的功率越大，信号越强，其覆盖范围也越大，但是同时对人体伤害也会加大。我国无线电管理委员会规定：无线局域网产品的发射功率不能大于 10mW。日本的无线局域网产品的发射功率的上限是 100mW。欧美一些国家无线局域网产品的发射功率的上限大约是 50mW。因此，选择合格无线路由器下的"大功率"无线路由器。

  为达到无线路由器更大的覆盖范围、传输更远的距离，可以选择定向天线、高增益全向天线等"特殊"天线的无线路由器。另外，无线路由器摆放位置也很重要。一般路由器的摆放位置都是在几个房间的中央，这样便于信号全面覆盖房间空间。无线路由器穿过墙壁较多，其信号衰减会比较严重。一般穿过承重墙后信号会降低 2 格。

  选择无线路由器，除了看其无线速率外，还需要看有线速率，也就是网口的速率。

  300M 是指路由器的传输速率为 300M，而不是传输距离为 300m。如果台式计算机、笔记本网卡为 300M，则其传输速率无法超越 300M。因此，选择路由器的传输速率需要看台式计算机、笔记本网卡的传输速率。无线路由器传输速率数值越大，则代表其传输速度越快，数据越流畅。

  【举例】路由器标注 300M，表示该路由器最多只能够支持到 300M 的带宽。如果网速为 400M，则经过路由器出来也只有 300M。

3-38 卫生器具给水额定流量、当量、支管管径与流出水头

  卫生器具给水额定流量、当量、支管管径与流出水头见表 3-2。

表 3-2　　　卫生器具给水额定流量、当量、支管管径与流出水头

名　称	额定流量 /（L/s）	当量	支管管径 /mm	配水点前所需流出水头 /MPa
污水盆（池）水龙头	0.20	1.0	15	0.020
住宅厨房洗涤盆（池）水龙头	0.20 (0.14)	1.0 (0.7)	15	0.015
住宅集中给水龙头	0.30	1.5	20	0.020
洗水盆水龙头	0.15 (0.10)	0.75 (0.5)	15	0.020
洗脸盆水龙头、盥洗槽水龙头	0.20 (0.16)	1.0 (0.8)	15	0.015
浴盆水龙头	0.30 (0.20) 0.30 (0.20)	1.5 (1.0) 1.5 (1.0)	15 30	0.020 0.015
淋浴器	0.15 (0.10)	0.75 (0.5)	15	0.025~0.040
大便器 冲洗水箱浮球阀 自闭式冲洗阀	0.10 1.20	0.5 6.0	15 25	0.020 按产品要求
大便槽冲洗水箱进水阀	0.10	0.5	15	0.020
小便器 手动冲洗阀 自闭式冲洗阀 自动冲洗水箱进水阀	0.05 0.10 0.10	0.25 0.5 0.5	15 15 15	0.015 按产品要求 0.020
小便槽多孔冲洗管（每米长）	0.05	0.25	15~20	0.015
饮水器喷嘴	0.05	0.25	15	0.020
室内洒水龙头	0.20	1.0	15	按使用要求
家用洗衣机给水龙头	0.24	1.2	15	0.020

注　1. 表中括弧内的数值系在有热水供应时单独计算冷水或热水管道管径时采用。
　　2. 卫生器具给水配件所需流出水头有特殊要求时，其数值应按产品要求确定。
　　3. 浴盆上附设淋浴器时，额定流量与当量应按浴盆水龙头计算，不必重复计算浴盆上附设淋浴器的额定流量与当量。
　　4. 淋浴器所需流出水头按控制出流的启闭阀件前计算。
　　5. 充气水龙头和充气淋浴器的给水额定流量应按本表同类型给水配件的额定流量乘以0.7采用。

3-39　生活饮用水管道安装的要求与规范

安装要求与规范如下：

（1）生活饮用水管道不得与非饮用水管道连接。

（2）室内埋地生活饮用水贮水池与化粪池的净距，不应小于10m。当净距不能保证时，应采取生活饮用水贮水池不被污染的措施。

（3）生活饮用水水箱溢流管的排水不得排入生活饮用水贮水池。
（4）严禁生活饮用水管道与大便器（槽）直接连接。

3-40 卫生器具名称排水流量与卫生器具排水管最小坡度

（1）卫生器具名称排水流量(L/s)图解如下。

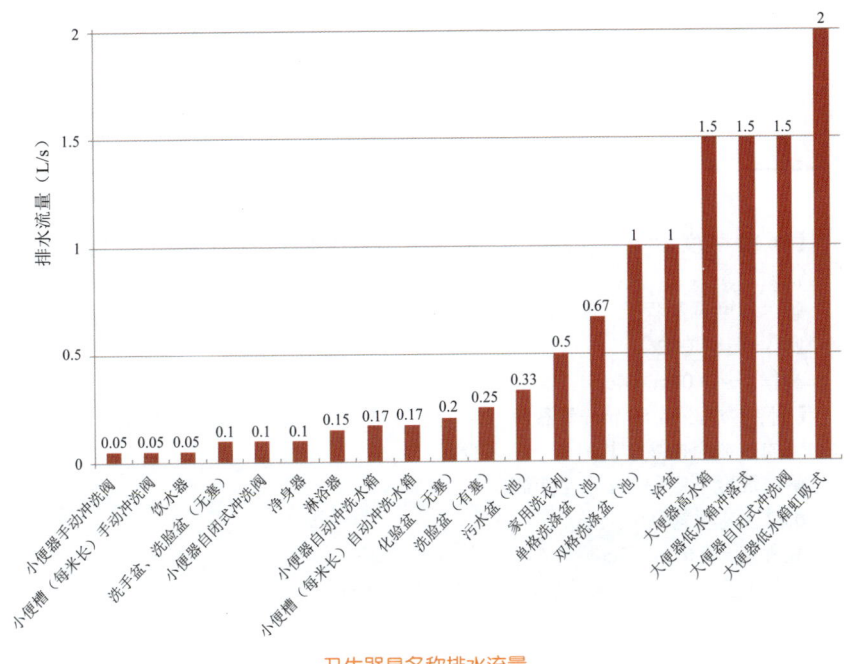

卫生器具名称	排水流量(L/s)
小便器手动冲洗阀	0.05
小便槽（每米长）手动冲洗阀	0.05
饮水器	0.05
洗手盆、洗脸盆（无塞）	0.1
小便器自闭式冲洗阀	0.1
净身器	0.1
淋浴器	0.15
小便槽（每米长）自动冲洗水箱	0.17
化验盆（无塞）	0.17
洗脸盆（有塞）	0.2
污水盆	0.25
家用洗衣机	0.33
单格洗涤盆（池）	0.5
双格洗涤盆（池）	0.67
浴盆	1
大便器高水箱	1
大便器低水箱冲落式	1.5
大便器自闭式冲洗阀	1.5
大便器低水箱虹吸式	1.5
大便器自闭式水箱吸式	2

卫生器具名称排水流量

（2）卫生器具排水管最小坡度图解如下。

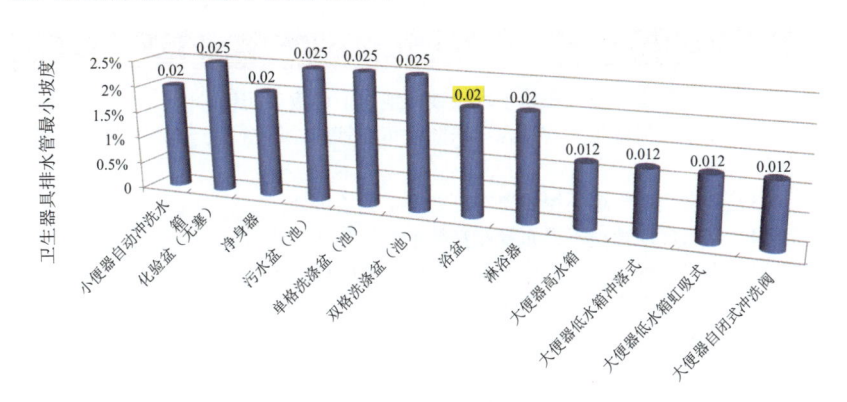

卫生器具	排水管最小坡度
小便器自动冲洗水	0.02
化验盆（无塞）	0.025
净身器	0.02
污水盆	0.025
单格洗涤盆（池）	0.025
双格洗涤盆（池）	0.025
浴盆	0.02
淋浴器	0.02
大便器高水箱	0.012
大便器低水箱冲落式	0.012
大便器低水箱虹吸式	0.012
大便器自闭式冲洗阀	0.012

卫生器具排水管最小坡度图解

(3)坡度的理解与计算。
坡度 = 高程差 / 水平距离。

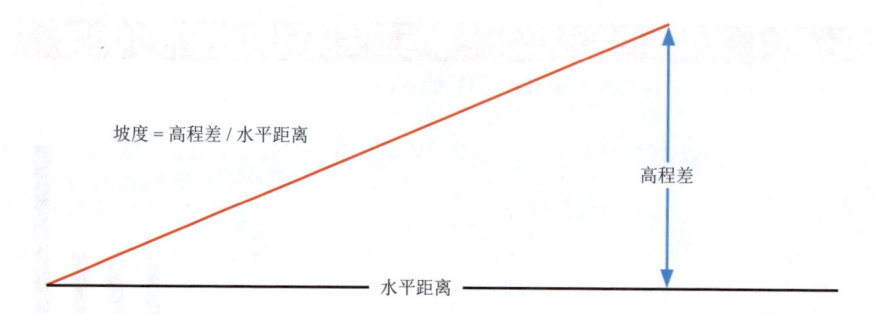

【例1】坡度2%，水平距离为2m，则净身器排水管需要提高多少（也就是相当于高程差）？

解：坡度 = 高程差 / 水平距离
2% = 高程差 /2
高程差 = 0.04m = 4cm

【例2】淋浴器50 mm管径排水管的最小坡度为2%，则地面长度为1 m时，该排水管的一端应抬高于其另外一端多少？

解：坡度 = 高程差 / 水平距离
0.02 = 高程差 /1
高程差 = 0.02m = 2cm
根据变式 高程差 = 水平距离 × 坡度 有关计算如下：
坡度2% 水平距离为1m时，高程差为2cm。
坡度2.5% 水平距离为1m时，高程差为2.5cm。
坡度1.2% 水平距离为1m时，高程差为1.2cm。
坡度1% 水平距离为1m时，高程差为1cm。

3-41 排水管道的要求与规范

(1) 排水管道一般应在地下埋设或在地面上楼板下明设。
(2) 如果住房或工艺有特殊要求时，可在管槽、管道井、管沟或吊顶内暗设，但应便于安装、检修。
(3) 排水埋地管道不得布置在可能受重物压坏处。
(4) 排水埋地管道不得布置在穿越生产设备基础位置。
(5) 排水立管应设在靠近最脏、杂质最多的排水点处。
(6) 卫生器具排水管与排水横支管连接时，可采用90°斜三通。
(7) 排水管应避免轴线偏置，当受条件限制时，可以采用乙字管或两个45°弯头连接。

(8) 排水立管与排出管端部的连接, 宜采用两个 45°弯头或弯曲半径不小于 4 倍管径的 90°弯头。

(9) 排水管道的横管与横管、横管与立管的连接, 宜采用 45°三通、45°四通、90°斜三通, 也可采用直角顺水三通或直角顺水四通等配件。

(10) 生活污水立管不得穿越卧室等对卫生、安静要求较高的房间。

排水管道的安装

(11) 生活污水立管不宜靠近与卧室相邻的内墙。

(12) 卫生器具受水器具与生活污水管道的排水管道连接时, 应在排水口以下设存水弯, 并且存水弯的水封深度不得小于 50mm。

(13) 如果卫生器具的构造内已有存水弯时, 不应在排水口以下设存水弯。

3-42 地漏的选择与要求

(1) 薄形地漏多用于北方地区。北方需要安装暖气管, 因此对地漏的厚度有一定的要求, 不能厚。

(2) 厕所、盥洗室、卫生间、阳台及其他房间需经常从地面排水时, 应设置地漏。

(3) 地漏的顶面标高应低于地面 5~10mm。

(4) 地漏水封深度不得小于 50mm。

淋浴室地漏直径与淋浴器数量选择参考表 3-3。

地漏安装效果示意

表 3-3　　　　淋浴室地漏直径与淋浴器数量选择

地漏直径 /mm	淋浴器数量 /个
50	1~2
75	3
100	4~5

3-43　PP-R 的熔接

1. 认识 PP-R 熔接器

PP-R 熔接器（也称热熔器）用于加热对接 PP-R 管。

- 支撑架
- 模头常见的规格有 20、25、32 等
- 拆卸、紧固六角扳手
- 上模头螺栓穿孔
- 调温旋钮，最高温度是 300℃
- 指示灯：一般红色指示灯亮，表示加热，这时不应进行熔接操作。绿色指示灯亮，表示保温，这时可以进行熔接操作
- 插头

PP-R 熔接器

根据所采用的 PP-R 管的规格，选择适合的模具，然后固定在熔接器上，用内六角扳紧，一般小模具在前端

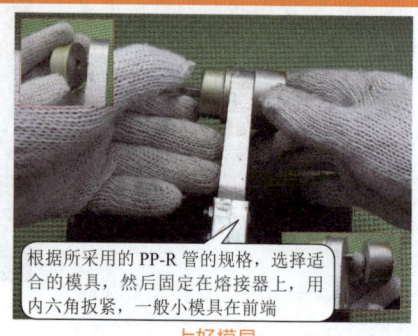

上好模具

4. 通电加热、对接

通电加热（到达工作温度 250~270℃），待绿色指示灯亮了说明温度已够，可以插入管子、附件加热，然后熔热充分后，把管子与附件对接即可。

2. 使用 PP-R 熔接器前的准备

使用 PP-R 熔接器前，需要清理现场易燃易爆等物品，并且选择好一定的空间，以便管子连接时没有阻碍。然后把熔接器放置在架上。

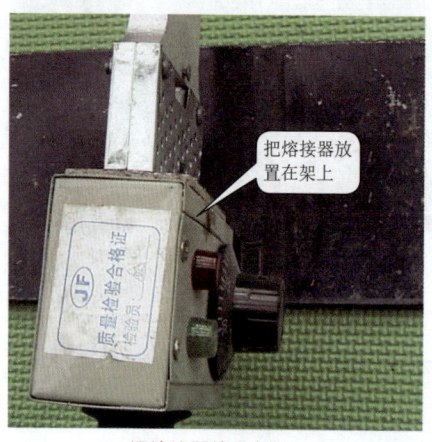

把熔接器放置在架上

管子与附件对接

注：在自动控温状态，红灯绿灯会交替自行点亮，这说明熔接器处于受控状态，不影响操作。如果是在室外，或者冬季，应加大加热时间及保持时间。

5. 正确的熔接接口

无旋转地把管端导入加热套内，插入到所标志的深度。同时，无旋转地把管件推到加热头上，达到规定标志处。

把熔接器放在架上

3. 上模具

根据所使用的 PP-R 管规格，选择适合的模具，然后固定在熔接器上，用内六角扳紧，一般小的模具在大的模具前端。

正确熔接接口

这种效果是水管没有擦干净，熔接后冷却不均匀引起的，或者熔接时对插偏边了、扭动过多引起的

这种效果是熔接温度过高或者插入时用力过大、插入太深引起的

错误的熔接

6. 切割管材

必须使端面垂直于管轴线。管材切割一般使用管子或管道切割机，也可使用钢锯。使用钢锯需要注意，切割后管材断面应去除毛边和毛刺，管材与管件连接端面必须清洁、干燥、无油。

达到加热时间后，立即把管材与管件从加热套与加热头上同时取下，迅速无旋转地直线均匀插入到所标深度，使接头处形成均匀凸缘。PP-R 管公称尺寸与熔接时间对照见表 3-4。在规定的加工时间内，刚熔接好的接头还可校正，但不得旋转。

表 3-4　　　　　　　　　　　　PP-R 管熔接时间

D_n/mm	20	25	32	40	50	63	75	90	110
热熔深度 /mm	\multicolumn{9}{c}{$L-3.5 \leqslant P \leqslant L$}
加热时间 /s	5	7	8	12	18	24	30	40	50
加工时间 /s	4	4	4	6	6	6	10	10	15
冷却时间 /s	3	3	4	4	5	6	8	8	10

注　1. 若环境温度小于5℃，加热时间应延长50%。
　　2. D_n < 75mm 时可人工操作，D_n > 75mm 时应采用专用进管机具。
　　3. 熔接弯头或三通时，按设计图纸要求，应注意其方向。
　　4. L 为最小承口长度，P 为热熔深度。

当水管质量差、熔接器温度不够时，PP-R 管焊接时会粘模头。

3-44 阀门的安装与检查

阀门的安装：
（1）用手柄驱动的阀可安装在管道上的任意位置。
（2）带有齿轮箱或气动驱动器的球阀应直立安装，即安装在水平管道上，且驱动装置处于管道上方。
（3）阀法兰与管线法兰间按要求装上密封垫。
（4）法兰上的螺栓需对称、逐次、均匀拧紧。
（5）淋浴混水阀需要连接热水管与冷水管。

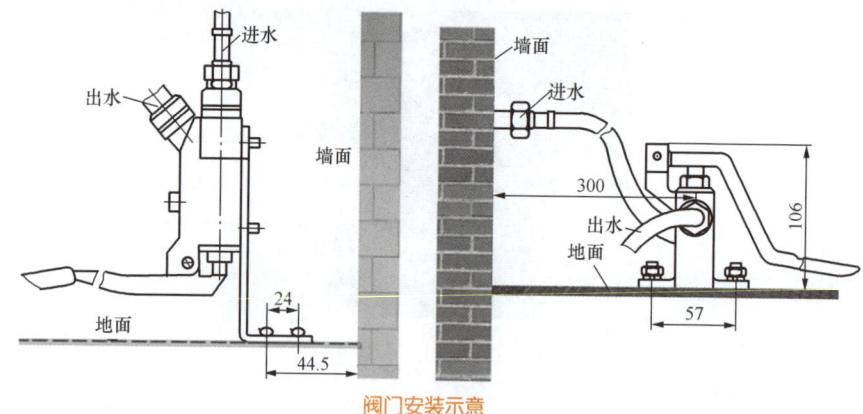

阀门安装示意

注：图中尺寸单位为 mm。

阀门安装后的检查：
（1）操作驱动器启闭球阀数次，应灵活无滞涩，说明安装正常。
（2）按要求对管道与球阀间的法兰结合面进行密封性能检查。

3-45 水表的安装

家装一般需要对水量进行计量的，因此，应在引入管上装设水表。当某部分或个别设备需计量时，可以在其配水管上装设水表。一般家装中使用的是分户水表。目前分户水表或分户水表的数字显示一般设在户门外，以及装设在方便管理、不致结冻、不受污染和不易破坏的地方。另外，水表前后直线管段的长度应符合相关规定要求。

PP-R 管与水表相连

一边接 PP-R 内丝，另一边通过螺钉扣加生料带与水表相连

水表口径的确定应符合以下规定： ①用水量均匀的给水系统以给水设计秒流量来选定水表的额定流量；②用水量不均匀的给水系统以给水设计秒流量来选定水表的最大流量。

水表前应安一个总阀门，以便维修水表时，可以关闭用户分支水管

水表安装位置应方便读数，水表、阀门离墙面的距离要适当，要方便使用和维修

水表的安装要求

3-46 居住与公共建筑卫生器具的安装高度

居住与公共建筑卫生器具的安装高度（单位 mm）图解如下。

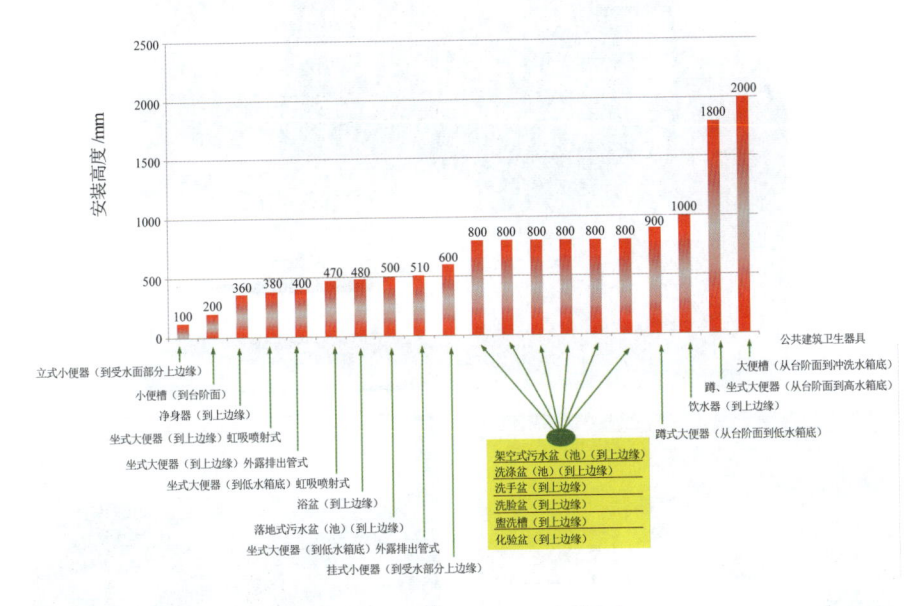

卫生器具	安装高度/mm
立式小便器（到受水面部分上边缘）	100
小便槽（到台阶面）	200
净身器（到上边缘）	360
坐式大便器（到上边缘）虹吸喷射式	380
坐式大便器（到上边缘）外露排出管式	400
坐式大便器（到低水箱底）虹吸喷射式	470
浴盆（到上边缘）	480
落地式污水盆（池）（到上边缘）	500
坐式大便器（到低水箱底）外露排出管式	510
挂式小便器（到受水部分上边缘）	600
架空式污水盆（池）（到上边缘）	800
洗涤盆（池）（到上边缘）	800
洗手盆（到上边缘）	800
洗脸盆（到上边缘）	800
盥洗槽（到上边缘）	800
化验盆（到上边缘）	800
蹲式大便器（从台阶面到低水箱底）	900
饮水器（到上边缘）	1000
蹲、坐式大便器（从台阶面到高水箱底）	1800
大便槽（从台阶面到冲洗水箱底）	2000

居住与公共建筑卫生器具的安装高度

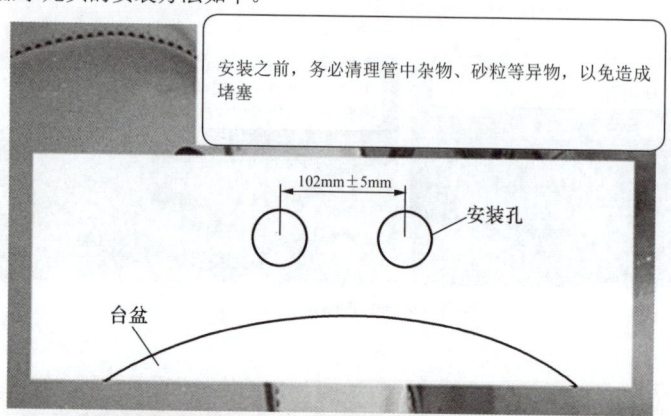

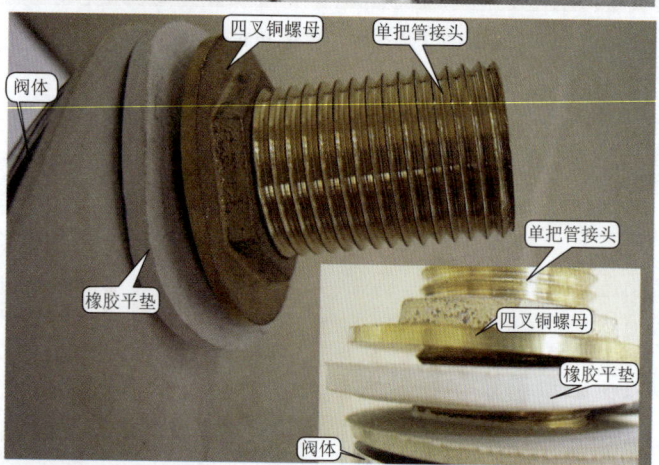

3-47 洗面器水龙头的安装

洗面器水龙头的安装方法如下。

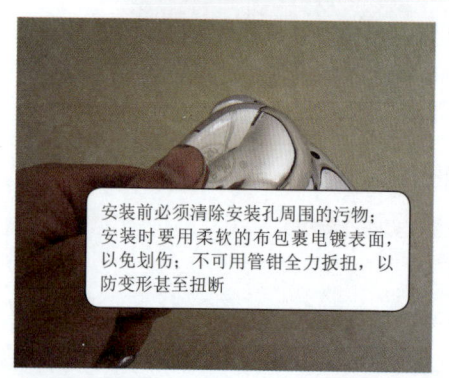

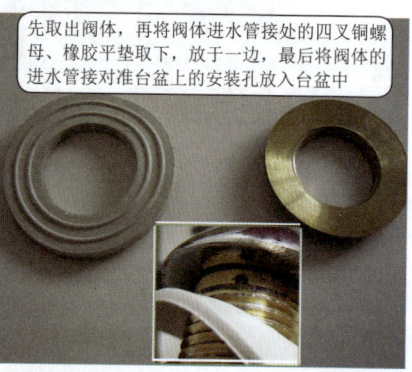

安装之前，务必清理管中杂物、砂粒等异物，以免造成堵塞

102mm±5mm
安装孔
台盆

四叉铜螺母
单把管接头
阀体
橡胶平垫

单把管接头
四叉铜螺母
橡胶平垫
阀体

安装前必须清除安装孔周围的污物；安装时要用柔软的布包裹电镀表面，以免划伤；不可用管钳全力扳扭，以防变形甚至扭断

先取出阀体，再将阀体进水管接头处的四叉铜螺母、橡胶平垫取下，放于一边，最后将阀体的进水管接对准台盆上的安装孔放入台盆中

洗面器水龙头的安装示意（一）

第3章 通用技能全掌握 143

向右转动手柄，出水温度逐渐变低至全冷；
向左转动手柄，出水温度逐渐升高至全热

向上提手柄时，出水量逐渐增多至最大；
向下压手柄时，出水量逐渐减少至关闭

将橡胶垫片、四叉铜螺母，依次沿阀体的进水管接套上，（橡胶垫片每边2PCS，四叉铜螺母每边1PCS）调整好安装位置，再用扳手将四叉铜螺母锁紧

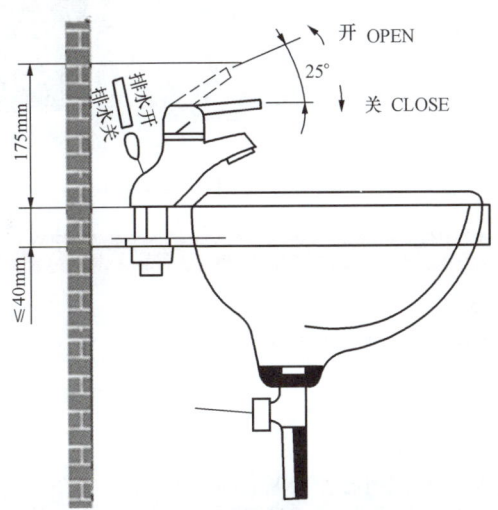

开 OPEN
25°
关 CLOSE

排水开
排水关

175mm
≤40mm

将软管旋紧在进水接头上。
注意：不要接错冷、热水管，正方向左热、右冷。安装完毕后，接通水源

加上装饰盘

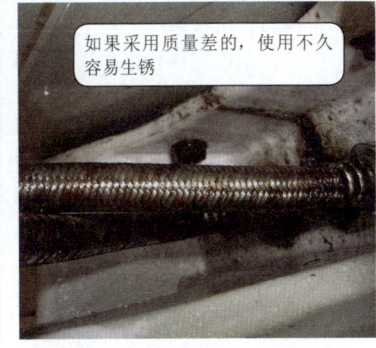

如果采用质量差的，使用不久容易生锈

洗面器水龙头的安装示意（二）

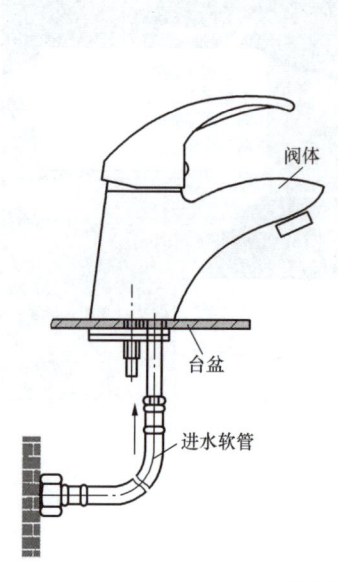

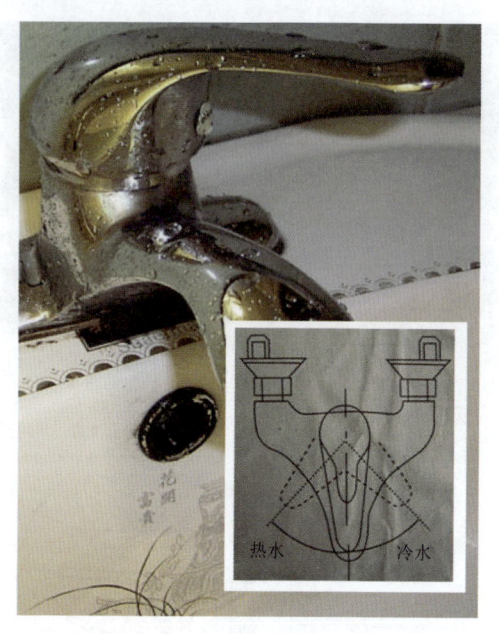

洗面器水龙头的安装示意（三）

3-48 洗涤盆与立柱盆的安装

1. 洗涤盆的安装

洗涤盆安装工艺流程： 膨胀螺栓插入→捻牢→盆管架挂好→把脸盆放在架上找平整→下水连接→脸盆调直→上水连接。

洗涤盆安装要领：

（1）洗涤盆应平整无损裂现象。
（2）洗涤盆排水栓应有不小于直径 8mm 的溢流孔。
（3）排水栓与洗涤盆连接时的排水栓溢流孔应尽量对准洗涤盆溢流孔，以保证溢流部位畅通。镶接后排水栓上端面应低于洗涤盆底。
（4）托架固定螺栓可采用不小于 6mm 的镀锌开脚螺栓或镀锌金属膨胀螺栓固定。
（5）墙体如果是多孔砖的墙，严禁使用膨胀螺栓固定。
（6）洗涤盆与排水管连接后应牢固密实、便于拆卸，连接处不得敞口。
（7）洗涤盆与墙面接触部位要用硅膏嵌缝。
（8）洗涤盆排水存水弯、水龙头如果是镀铬产品，安装时注意保护，不得损坏镀铬层。

2. 立柱盆的安装

安装前，预留了给水接口、排水接口、管路，以及安装前需要关闭水源。
排水管、给水管应预先敷设好。

第 3 章　通用技能全掌握　145

脸盆上表面

在墙上标出洗脸盆的安装高度，建议安装高度为 820mm

820mm

注意：安装高度指的是地面到洗脸盆上表面的距离

立柱在地面的位置

将洗脸盆和立柱放到安装位置，用水平尺矫正水平位置后，用笔在墙上及地上标出

| 固定金属件安装洗脸盆 | 安装孔直接安装洗脸盆 |

陶瓷　墙壁

陶瓷　墙壁

如果采用固定金属件安装洗脸盆，需要标出固定件安装孔位置

固定金属件

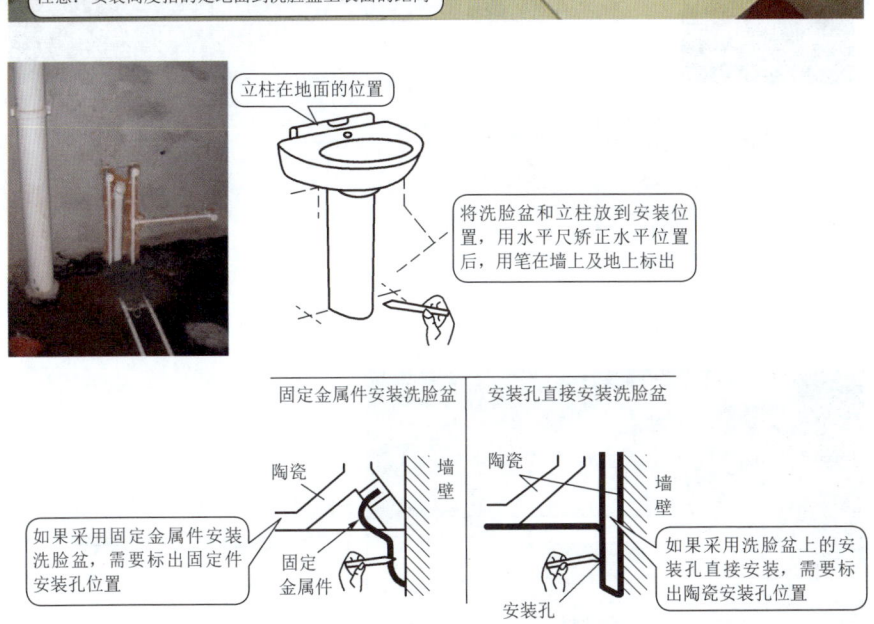

安装孔

如果采用洗脸盆上的安装孔直接安装，需要标出陶瓷安装孔位置

立柱盆的安装示意（一）

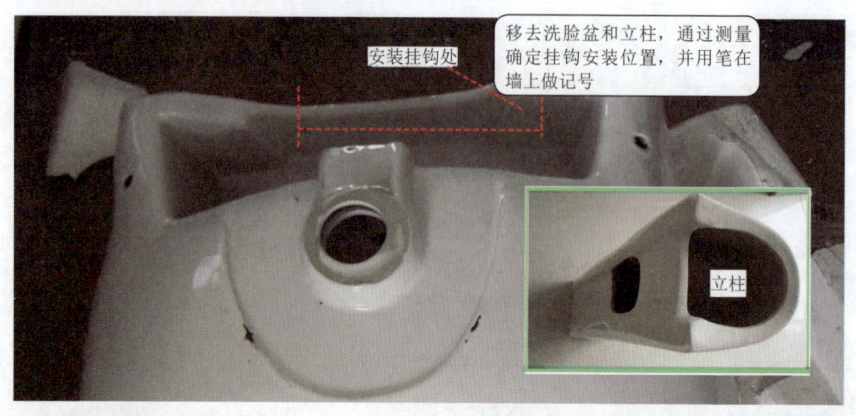

安装挂钩处

移去洗脸盆和立柱，通过测量确定挂钩安装位置，并用笔在墙上做记号

立柱

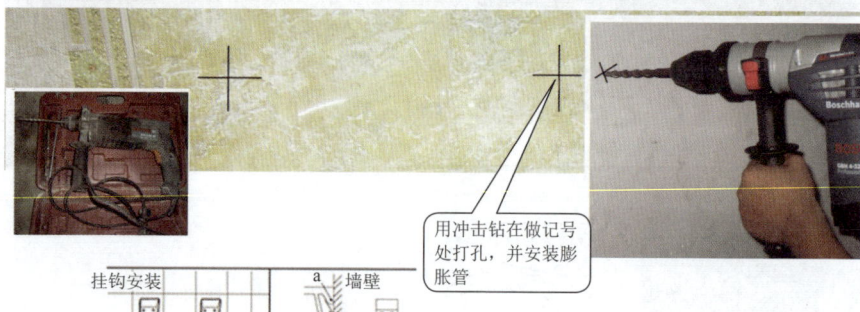

用冲击钻在做记号处打孔，并安装膨胀管

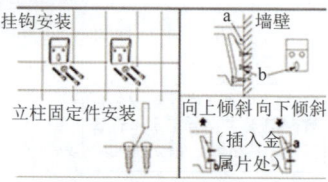

挂钩安装

a 墙壁
b

立柱固定件安装

向上倾斜 向下倾斜（插入金属片处）

安装挂钩。立柱固定件安装挂钩时先不要把固定螺钉拧得太紧

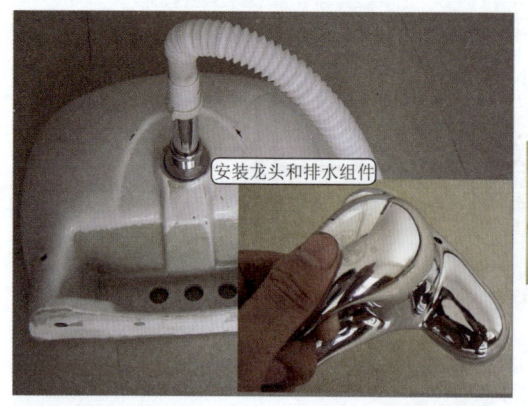

安装龙头和排水组件

立柱盆的安装示意（二）

第3章 通用技能全掌握 | 147

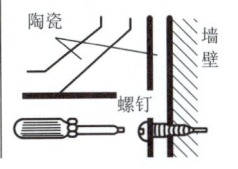

将洗脸盆安装在挂钩上

损坏的

安装洗脸盆固定件

用金属件固定安装的洗脸盆
陶瓷
墙壁
固定金属件

用陶瓷孔直接固定安装
陶瓷
墙壁
螺钉

- 采用金属件固定安装的：套上固定金属件后，在其螺钉安装孔内打入固定螺栓。
  注意：需要将固定金属件紧扣住固定孔的下端面。
- 采用陶瓷孔直接固定安装的：套上垫片后直接从陶瓷孔内安装上固定螺栓

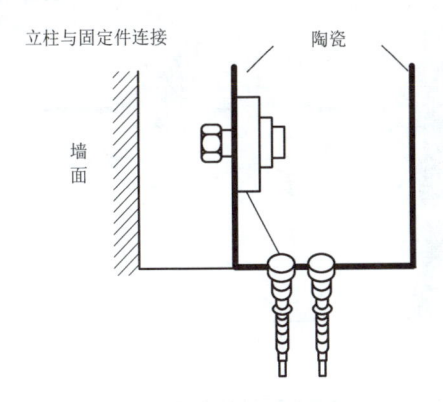

立柱与固定件连接
陶瓷
墙面

立柱盆的安装示意（三）

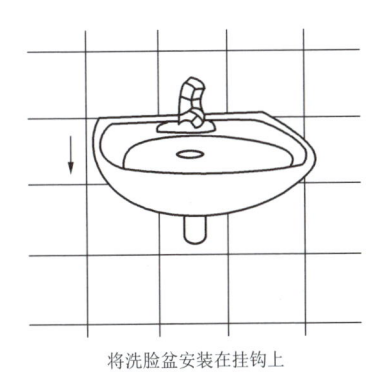

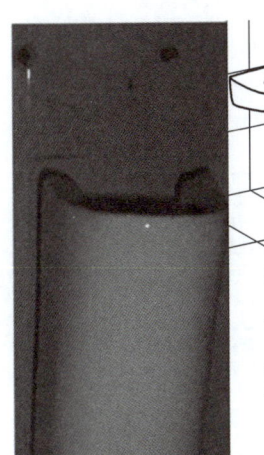

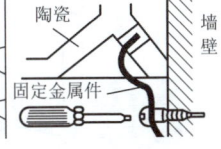

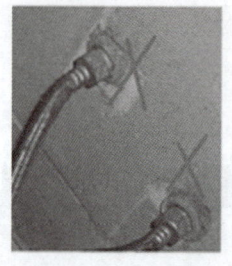

不规范，但是不影响使用

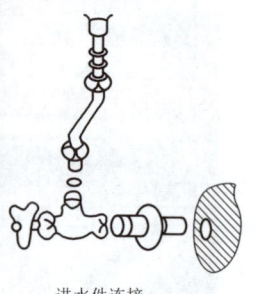

进水件连接

注意：根据排水管路的不同，选择使用排水管

排水件连接

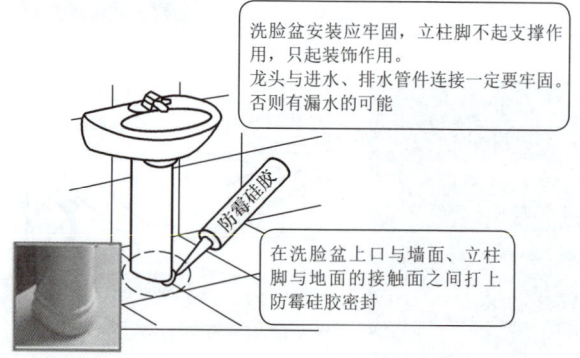

洗脸盆安装应牢固，立柱脚不起支撑作用，只起装饰作用。
龙头与进水、排水管件连接一定要牢固。否则有漏水的可能

防霉硅胶

在洗脸盆上口与墙面、立柱脚与地面的接触面之间打上防霉硅胶密封

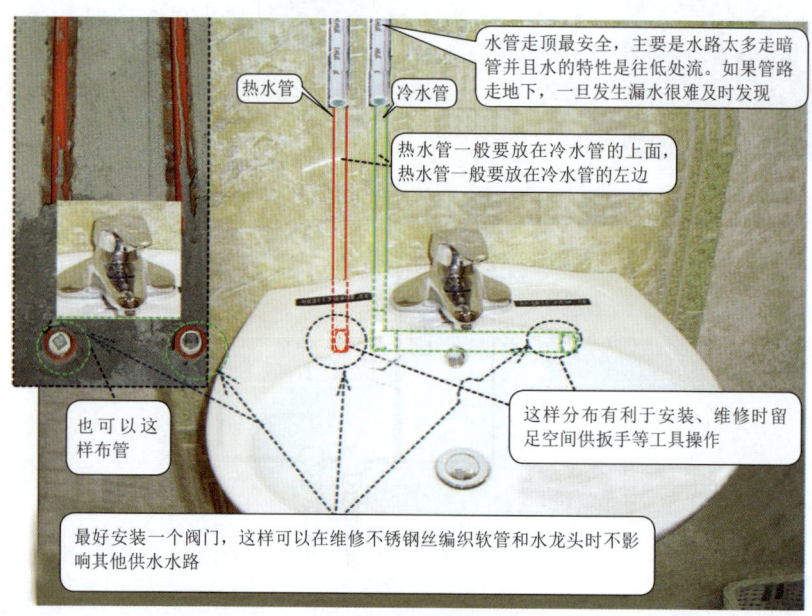

热水管　冷水管

水管走顶最安全，主要是水路太多走暗管并且水的特性是往低处流。如果管路走地下，一旦发生漏水很难及时发现

热水管一般要放在冷水管的上面，热水管一般要放在冷水管的左边

也可以这样布管

这样分布有利于安装、维修时留足空间供扳手等工具操作

最好安装一个阀门，这样可以在维修不锈钢丝编织软管和水龙头时不影响其他供水水路

立柱盆的安装示意（四）

立柱盆的安装示意（五）

对下方没有柜子的立柱盆一类的洁具，预留口高度，一般应设在地面上500~600mm左右。立柱盆下水口应设置在立柱底部中心或立柱背后，尽可能用立柱遮挡。壁挂式洗脸盆（无立柱、无柜子）的排水管一定要采用从墙面引出弯头的横排方式设置下水管（即下水管入墙）。

3-49 坐便器的安装

坐便器的安装流程： 检查地面下水口管→对准管口→放平找正→画好印记→打孔洞→抹上油灰→套好胶皮垫→拧上螺母→水箱背面两个边孔画印记→打孔→插入螺栓→捻牢→背水箱挂放平找正→拧上螺母→安装背水箱下水弯头。

（1）下排式坐便器排污口安装间距一般有305、400、200mm三种。
（2）后排式坐便器排污口安装距一般有100、180mm两种。
（3）下排式坐便器与带存水弯蹲便器排污口最大外径为100mm。
（4）后排式坐便器与不带存水弯蹲便器排污口最大外径为107mm。
（5）用冲洗阀的坐便器进水口中心到完成墙的距离不应小于60mm。
（6）大便器水道至少能通过直径为41mm的固体球。
（7）小便器水道至少能通过直径为19mm的固体球。
（8）壁挂式坐便器的所有安装螺栓孔直径应为20~26mm或为加长型螺栓孔。
（9）大便器可以采用带有破坏真空的延时自闭式冲洗阀。

坐便器的安装要点：
（1）安装连体坐便器需要考虑进水管口的高度、连体坐便器的出水口与墙壁的间距、固定螺栓打孔位置不得有水管、电线管经过。智能坐便器也要考虑上述情况。
（2）给水管安装角阀高度一般为地面到角阀中心为250mm。
（3）安装连体坐便器应根据坐便器进水口离地高度而确定，但不小于100mm。
（4）给水管角阀中心一般在污水管中心左侧150mm或根据坐便器实际尺寸来定。

（5）低水箱坐便器其水箱应用镀锌开脚螺栓或采用镀锌金属膨胀螺栓来固定。

（6）墙体如果是多孔砖则严禁使用膨胀螺栓，水箱与螺母间应采用软性垫片，不得采用金属硬垫片。

（7）带水箱及连体坐便器的水箱后背离墙不应大于20mm。

（8）坐便器安装应用不小于6mm镀锌膨胀螺栓来固定。坐便器与螺母间应用软性垫片固定。

（9）坐便器污水管应露出地面10mm。

（10）冲水箱内溢水管高度应低于扳手孔30~40mm，以防进水阀门损坏时水从扳手孔溢出。

（11）坐便器安装时应先在底部排水口周围涂满油灰，然后将坐便器排出口对准污水管口慢慢地往下压挤密实填平整，将垫片螺母拧紧，再清除被挤出油灰，在底座周边用油灰填嵌密实后立即用回丝或抹布揩擦清洁。

注意事项：①成品注意保护；②固定要牢固；③管道接口要严密；④不得破坏防水层。

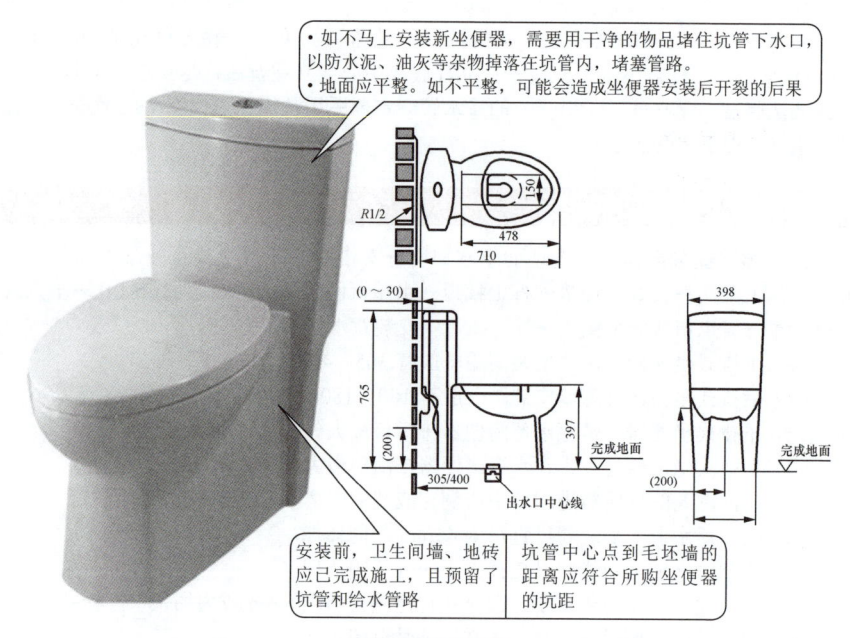

坐便器的安装示意

注：图中尺寸单位为mm。

3-50 连体坐便器（马桶）的安装

连体坐便器（马桶）的安装步骤如下。

第 3 章　通用技能全掌握　151

安装前，卫生间墙、地砖应已完成施工，并且预留了坑管、给水管路。坑管中心点到毛坯墙的距离需要符合所购坐便器坑距

瓷砖
毛坯墙
A
坑距　坑管

新安装坐便器，需关断水源并清洁地面
步骤一

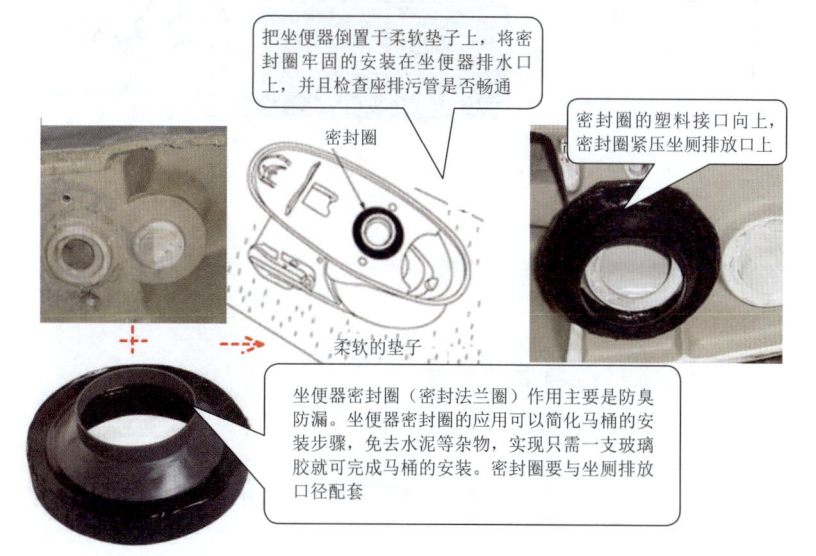

把坐便器倒置于柔软垫子上，将密封圈牢固的安装在坐便器排水口上，并且检查座排污管是否畅通

密封圈

密封圈的塑料接口向上，密封圈紧压坐厕排放口上

柔软的垫子

坐便器密封圈（密封法兰圈）作用主要是防臭防漏。坐便器密封圈的应用可以简化马桶的安装步骤，免去水泥等杂物，实现只需一支玻璃胶就可完成马桶的安装。密封圈要与坐厕排放口径配套

在坐便器排污口上安装好专用密封圈，或在排污管四周打上一圈玻璃胶（油灰）或水泥砂浆（水泥与砂的比例为 1:3）

步骤二

坐便器的安装步骤（一）

将坐便器正放,坐便器排口对准下水道接口落下,小心把坐便器对准法兰盘,并使法兰安装螺钉穿过坐便器地基安装孔。慢慢向下压坐便器,直至水平,也可转动几次后,可坐在坐便器上用人体自重压紧

坐便器上的十字线与地面排污口的十字线对准吻合,安装上坐便器,并用力将密封圈压紧

步骤三

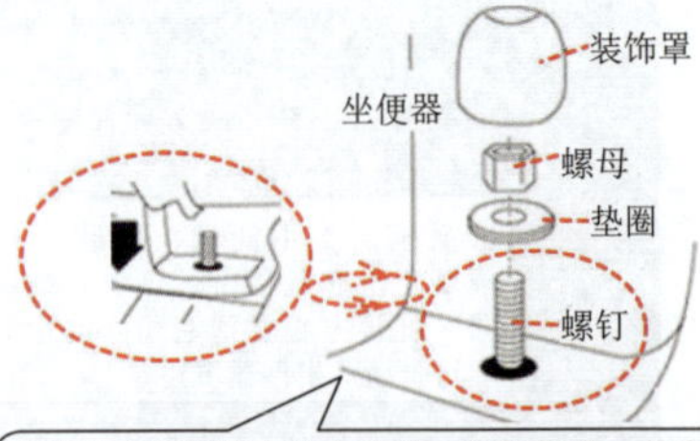

在法兰安装螺钉上套上垫片,拧紧螺母,并套上装饰罩。如固定螺栓过长,需要用手锯截去多余部分后再套上装饰罩。注:用手拧紧螺母,用力不能过大,以免陶瓷开裂

安装上地脚螺钉及装饰帽(罩)

步骤四

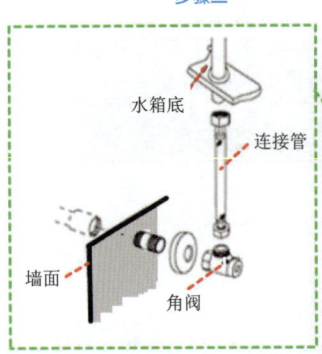

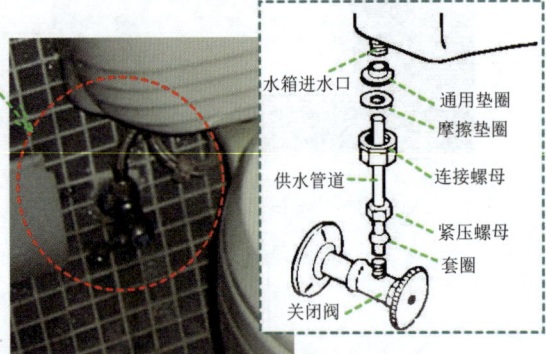

将水箱进水管和进水角阀连接在一起。
注:水压不够应加装增压泵

步骤五

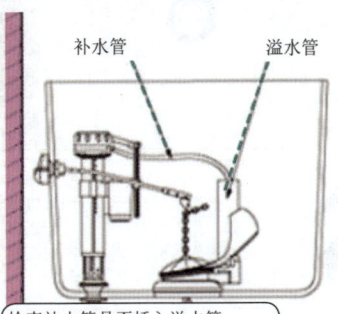

检查补水管是否插入溢水管。
注:如不插入补水管,可能造成冲水不良

步骤六

坐便器的安装步骤(二)

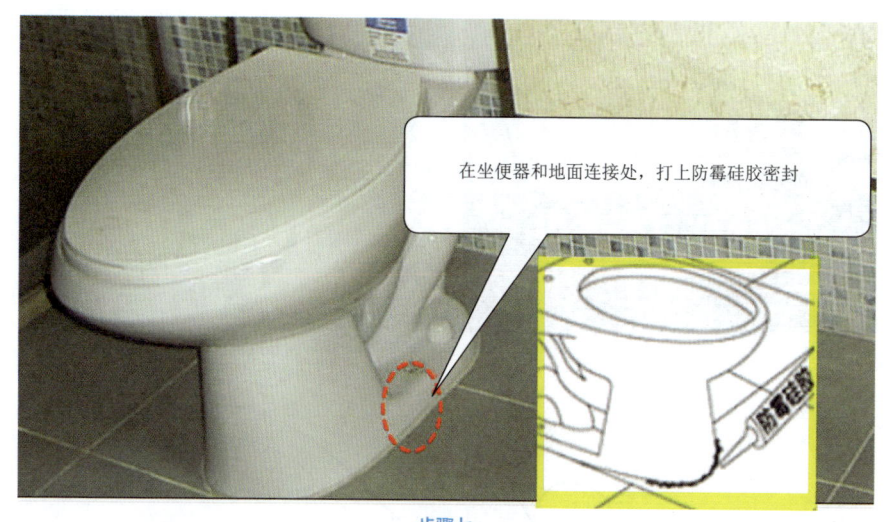

第3章 通用技能全掌握

> 在坐便器和地面连接处,打上防霉硅胶密封

步骤七
坐便器的安装步骤(三)

慢慢地打开进水角阀,检查连接管与水箱配件,连接管与角阀各连接点水密封性。然后安装坐圈盖、打上防霉硅胶密封。

注意:目前,一般不采用水泥安装坐便器,以免坐便器开裂。

3-51 水箱的安装

水箱的安装示意如下。

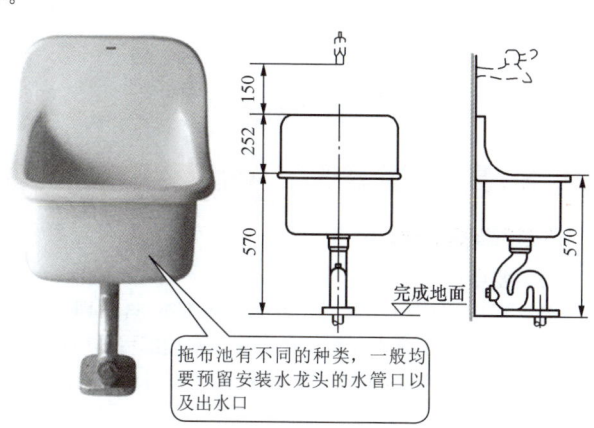

节能水箱下水有直管、弯管之分。低水箱进水孔直径为25mm 或 29mm,排水孔直径为 65mm 或 81mm。

拖布池有不同的种类,一般均要预留安装水龙头的水管口以及出水口。

水箱的安装示意(尺寸单位:mm)

3-52 洗菜盆水龙头的安装

洗菜盆水龙头的配件和安装示意如下。

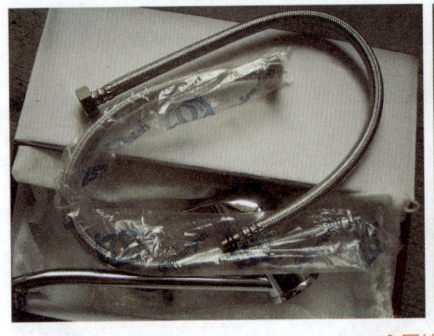

金属编织软管

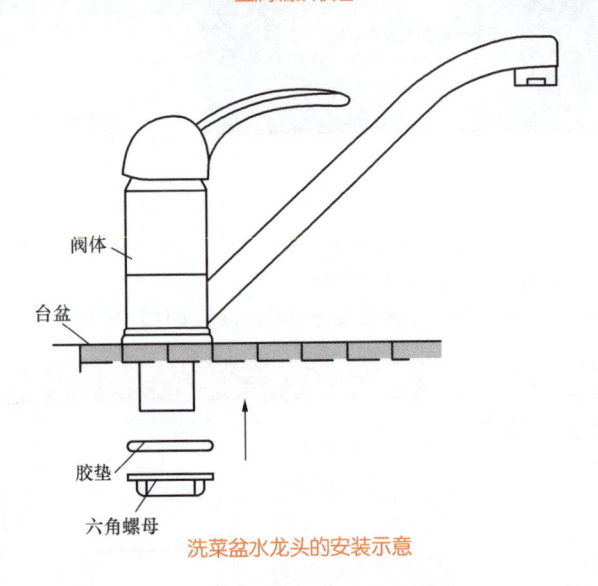

洗菜盆水龙头的安装示意

3-53 浴盆的安装要领

浴盆的安装流程： 浴盆安装→下水安装→油灰封闭严密→上水安装→试平找正。

安装要点：

（1）在安装裙板浴盆时，其裙板底部应紧贴地面，楼板在排水处应预留250~300mm洞孔，便于排水安装，在浴盆排水端部墙体应设置检修孔。

（2）其他浴盆（裙板浴盆外）根据有关需求确定浴盆上平面高度，再砌两条砖做基础后安装浴盆。

（3）固定式淋浴器、软管淋浴器的高度按有关需求来确定。

（4）浴盆安装上平面必须用水平尺或水平管校验平整，不得侧斜。

（5）各种浴盆冷水龙头、热水龙头或混合龙头的高度应高出浴盆上平面150mm。

（6）安装水龙头时不损坏镀铬层，并且镀铬罩与墙面应紧贴。

（7）浴盆排水与排水管连接应牢固密实，连接处不得敞口。
（8）浴盆上口侧边与墙面结合处应用密封膏填嵌密实。

水平管

浴盆水龙头安装效果

第 4 章

识图看图教你会

4-1 识图看图概述

家装电工，无论是否有专门的设计图，还是自己安装或帮朋友安装水电，一般需要几个图综合看。看图的目的就是了解装修的意图与效果。特别是最终的效果对于家装电工来说很重要。只有明白最终的装修效果，才能够掌握水电的定位，线路的走向，也就是可以明白哪些地方有水电施工。如果没有施工图，则需要自己草拟布线图以及厘清有关设想。

1. 常用的图纸

（1）建筑施工图主要表达建筑物的外部形状、内部布置、装饰构造、施工要求等情况。

（2）结构施工图主要表达承重结构的构件类型、布置情况、构造作法等情况。

（3）设备施工图主要表达房屋各专用管线、设备布置、构造等情况。

（4）平面布置图了解开关、插座、电视、电话线、网络等平面的布置情况，走向、位置、联系等。

（5）电气系统图用来表明供电线路与各设备的工作原理、作用及相互间关系。包括照明系统图、动力系统图等。

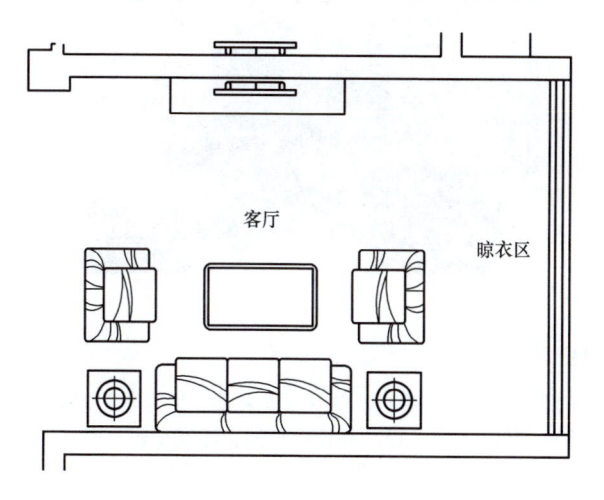

平面图

（6）从顶面布置图了解、确定灯位置和什么样的灯，以及安装要求。

（7）从家具、背景立面图了解家具中酒柜、装饰柜、书柜安装灯具的情况（大多数为射灯）。

（8）从橱柜图纸主要了解厨房电器的定位，例如消毒柜、微波炉、抽油烟机、电冰箱等的电源插座安排。

（9）效果图是表示最终装饰效果的图纸。

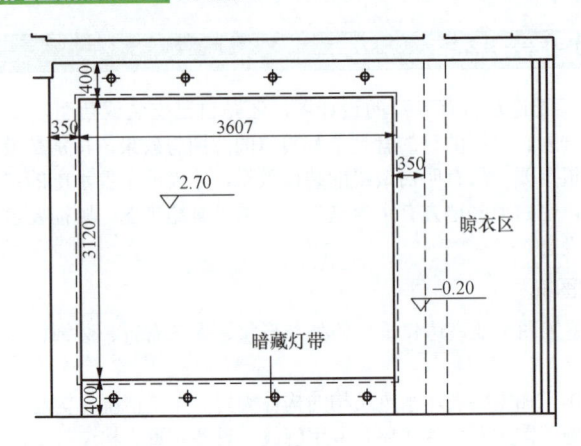

顶面布置图

效果图

2. 看图分析

从平面布置图、顶面布置图、效果图综合来看，家装电工需要在顶面留 8 处筒灯接线（即分别引出相线、中性线），并且筒灯的相线需要经过其开关控制。其次，还需要预留灯带接线（即分别引出相线、中性线），并且灯带相线需要经过其开关控制。如果是带变压设备的还需要预留变压设备的安装位置。另外，就是吊灯接线的预留（即分别引出相线、中性线），以及吊灯相线需要经过其开关控制。

另外，电视机处需要引来电源插座所需要的相线、中性线、地线，以及有关有线电视线、网络线、电话线、音响线。布线时，需要注意是从各自的回路引入来的。

4-2 怎样看配电系统图

1. 看配电系统图可以掌握的信息

（1）电源进线的类型与敷设方式、电线的根数。

（2）进线总开关的类型与特点。
（3）电源进入配电箱后分的支路（回路）数量，以及支路（回路）的名称、功能、电线数量、开关特点与类型、敷设方式。
（4）是否有零排、保护线端子排。
（5）配电箱的编号、功率。

2. 看图实例分析

如"照明系统图"所示电源进线"BV-4×16-BVR-1×16-PVC50-WC,FC"为4根16mm² 的聚氯乙烯绝缘铜芯线穿直径为50mm PVC 塑料管暗敷在地面或地板内、暗敷在墙内。另外，还有1根16mm² 的铜芯聚氯乙烯绝缘软电线。

进线总开关"C65N-C63/4P"为型号为C65N 63A 的4极断路器。

DPN—小型断路器。
DPNVigi—漏电保护器。
C—脱扣曲线是照明型。
16—脱扣电流，即起跳电流为16A。
照明系统图

电源进入配电箱后分为10个支路（回路）出来。其中N1、N2 支路的断路器"DPN-C16"为16A 起跳电流照明型 DPN 断路器。

出线"BV-2×2.5-KBG20-WC CC"是2根2.5mm² 的聚氯乙烯绝缘铜芯线穿直径为20mm 的穿薄壁金属管（KBG）暗敷在墙内、暗敷设在屋面或顶板内。注意，目前太多采用塑料管敷设，则会标注 PC 字样。

N3、N4、N5、N6、N7 支路的断路器"DPNVigi-C16"为16A 的带漏电功能的开关。出线"BV-2×2.5-BVR-1×2.5-KBG20-WC,FC"为2根2.5mm² 的聚氯乙烯绝缘铜芯线、1根2.5mm² 的铜芯聚氯乙烯绝缘软电线穿直径为20mm 的薄壁金属管（KBG）沿建筑物墙、地面内暗敷。注：单相插座回路为三根线。

N8、N9 支路的断路器"DPN-C16"为 16A 起跳电流照明型 DPN 断路器。出线"BV-2×2.5-BVR-1×2.5-KBG20-WC,FC"为 2 根 2.5mm² 的聚氯乙烯绝缘铜芯线、1 根 2.5mm² 的铜芯聚氯乙烯绝缘软电线穿直径为 20mm 的薄壁金属管（KBG）沿建筑物墙、地面内暗敷。注：单相插座回路为三根线。

　　N10 支路的断路器"DPN-C20"为 20A 的开关，出线"BV-2×4.0-BVR-1×4.0-KBG25-WC,UC"为 2 根 4mm² 的聚氯乙烯绝缘铜芯线、1 根 4mm² 的铜芯聚氯乙烯绝缘软电线穿直径为 25mm 的薄壁金属管（KBG）暗敷于墙内和吊顶内。

　　另外，由此图还可看出，此配电箱没有零排、保护线端子排，功率为 16kW。

　　配电箱出线一般是采用相应要求的敷设方式到各自的房间回路、电器设备。例如图例中主要是去照明、插座回路。

- N3、N4、N5、N6、N7、N8、N9 为插座支路，其中 N3、N5、N6 为普通插座，N4 为厨房插座，N7 为热水器插座，N8 为壁挂空调插座，N9 为壁挂空调插座。
  插座线一般为 3 根线。
- N3 为过厅、主卧室的插座供电，该回路共有 4 只插座。
- N9 为主卧室壁挂空调插座供电，该回路共有 1 只插座。
- N5 为客厅插座供电，该回路共有 6 只插座。
- N10 为客厅空调电源为客厅空调电源插座供电，该回路共有 1 只插座。
- N4 为厨房插座供电，该回路共有 8 只插座。
- N6 为卫生间、儿童房插座供电，该回路共有 5 只插座。
- N8 为儿童房壁挂空调插座，该回路共有 1 只插座。
  注意：插座引线一般是穿管敷设

- 电话、电视、网络插座回路根据房间来分回路。
- 主卧室网络插座回路、电视插座回路。
- 客厅电视插座回路、网络插座回路。
- 餐厅网络插座回路。
- 儿童房网络插座回路、电视插座回路。
- 每个回路具有相应的插座需要走线、安装面板与底盒

弱电插座布置图

4-3 怎样看插座布置图

看插座布置可以掌握的信息：
（1）插座分为几个回路，各回路的功能名称。
（2）具体插座回路上的插座数量、插座种类。
（3）具体插座安装位置、尺寸。
（4）插座电线敷设方式、路径。
家装常用电气设备图例见表 4-1。

表 4-1　　　　　　　　　　家装常用电气设备图列表

图 例	名 称	额定电流	安装距离
	二、三极安全插座	250V 10A	暗装，距地 0.35m
	三极插座（抽油烟机）	250V 16A	暗装，距地 2.0m
	三极带开关插座（洗衣机）	250V 16A	暗装，距地 1.3m
	二、三极安全插座（厨房）	250V 16A	暗装，距地 1.1m
	三极带开关插座（冰箱）	250V 16A	暗装，距地 0.35m
	二、三极密闭防水插座	250V 16A	暗装，距地 1.3m
	壁挂空调三极插座	250V 16A	暗装，距地 1.80m
	三极插座（热水器）	250V 16A	暗装，距地 1.80m
	立式空调三极插座	250V 16A	暗装，距地 1.3m
	单联单控跷板开关	250V 10A	暗装，距地 1.3m
	双联单控跷板开关	250V 10A	暗装，距地 1.3m
	三联单控跷板开关	250V 10A	暗装，距地 1.3m
	单联双控跷板开关	250V 10A	暗装，距地 1.3m
	双联双控跷板开关	250V 10A	暗装，距地 1.3m
	语音插座		暗装，距地 0.35m
	数据插座		暗装，距地 0.35m
	电视插座		暗装，距地 0.35m
	家庭配电箱		暗装，距地 1.5m
	家庭多媒体箱		暗装，距地 0.5m

4-4 怎样看照明布置图

1. 看照明布置可以掌握的信息
（1）照明有几回路。
（2）具体回路上有几盏灯。
（3）每盏灯与开关的关系与连接。
（4）具体线路上的导线根数。

2. 看图实例分析
常用照明灯具图形符号见表 4-2。

表 4-2　　　　　　　　　　　照明灯具图形符号

图形符号	说明	图形符号	说明
	深照型灯		广照型灯
	防水防尘灯		球形灯
	局部照明灯		矿山灯
	安全灯		隔爆灯
	天棚灯		花灯
	弯灯		壁灯

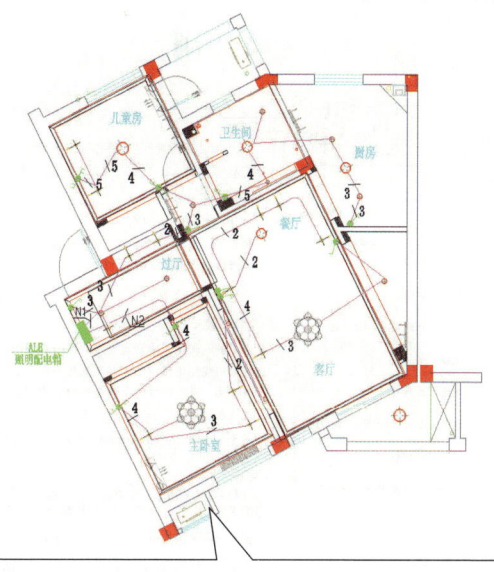

- N1、N2 为照明支路，其中 N1 支路为过厅、儿童房、卫生间、厨房照明支路，向 12 盏灯供电。
- N2 支路为主卧室、餐厅、客厅照明支路。在看照明支路图时，注意导线上的短斜线表示该导线的根数，如 2 根短斜线表示该导线的根数为 2。有的采用一短斜线与数字表示，则需要注意数字，该数字就表示导线的根数，例如一根短斜线边有 4，则表示该导线的根数为 4 根

照明平面图

4-5 家装案例电气图

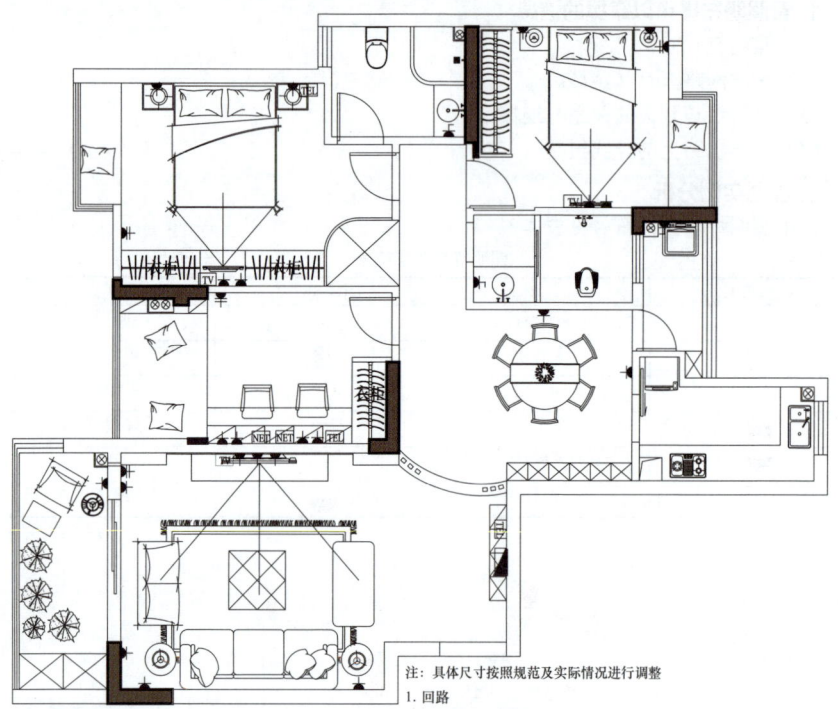

注：具体尺寸按照规范及实际情况进行调整

1. 回路
- 厨房插座一条回路。
- 卫生间插座一条回路。
- 客餐厅、卧室，阳台插座一条回路。
- 所有空调插座一条回路。
- 所有照明一条回路。

2. 电气布线
- 为了美观和便于检查及更换，一般都采用开槽埋线，暗管敷设的方式；电线距电话线、闭路电视线不得少于50cm；电线在管内不应有接头；有可燃物的吊顶内的电线应穿金属管；严禁将电线直接埋入抹灰层内。
- 在布线过程中要遵循"火线进开关，零线进灯头"的原则。

3. 导线
建议表前线截面不小于10mm^2，户内分支线不小于2.5mm^2，厨房和卫生间分支线不宜小于4mm^2，空调分支线不得小于4mm^2。
- 表前线：指由配电室内接入每户电表的导线。
- 分支线：由电表接出至屋内的各个分支线路的导线。
- 导线截面：指电线内铜芯的截面。

4. 等电位联结
购房时应该注意浴室内是否做了等电位联结。
等电位联结就是用铜线将卫生间内所有可导电部件联结起来，使它们处在同一个电位上，这样即使在有漏电的情况下也能保证人身安全。

序号	图例	名称	备注
1		五孔普通插座	距地面0.3m暗装
2		五孔单开插座	距地面1.2m暗装
3	TV	电视插座	距地面0.3m暗装/电视柜台面以上
4	TEL	电话插座	距地面0.3m暗装
5	NET	光纤网络插座	距地面0.3m暗装
6		空调插座	距地面0.3m暗装/1800～2000内
7		地面插座	距地面0.0m暗装
8		多媒体音响插座	距地面0.3m暗装/1800～2000内
9		电控箱	原建筑位置

插座布置图

第4章 识图看图教你会

天花布置图（一）

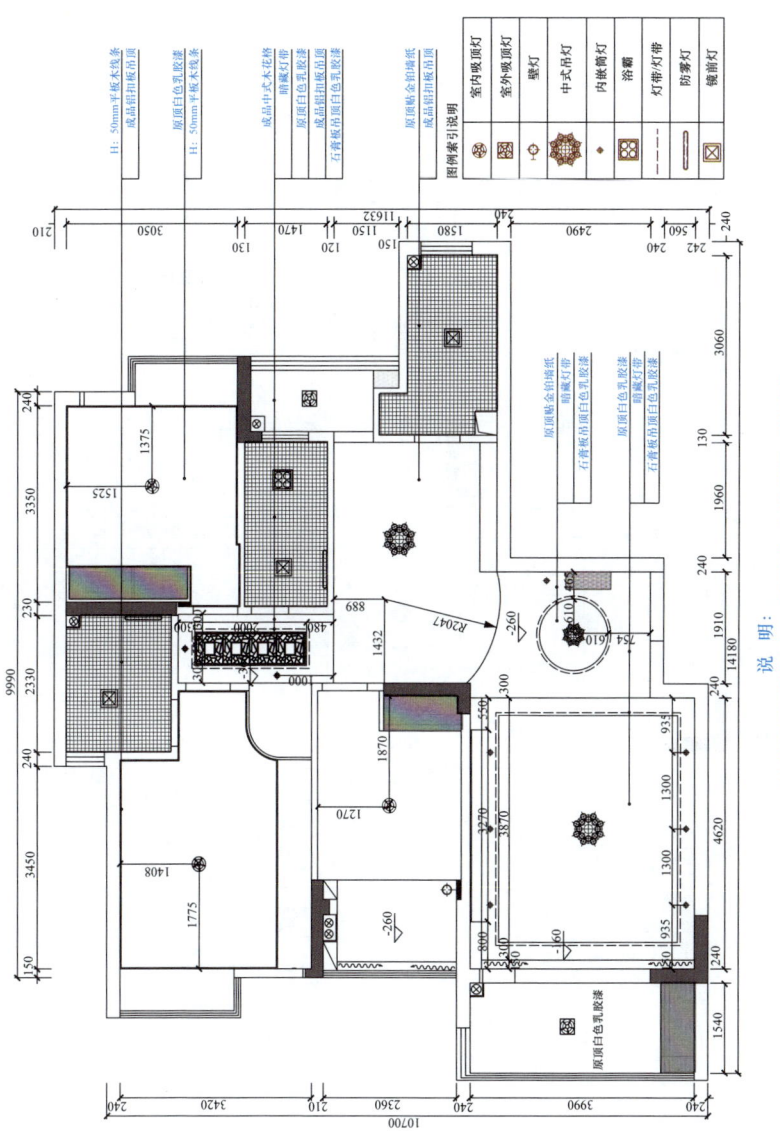

说 明：
(1) 照明配管应在顶棚上铺设，沿梁剔槽敷设，务必整齐美观，不影响景观。
(2) 洗衣机插座带开关。

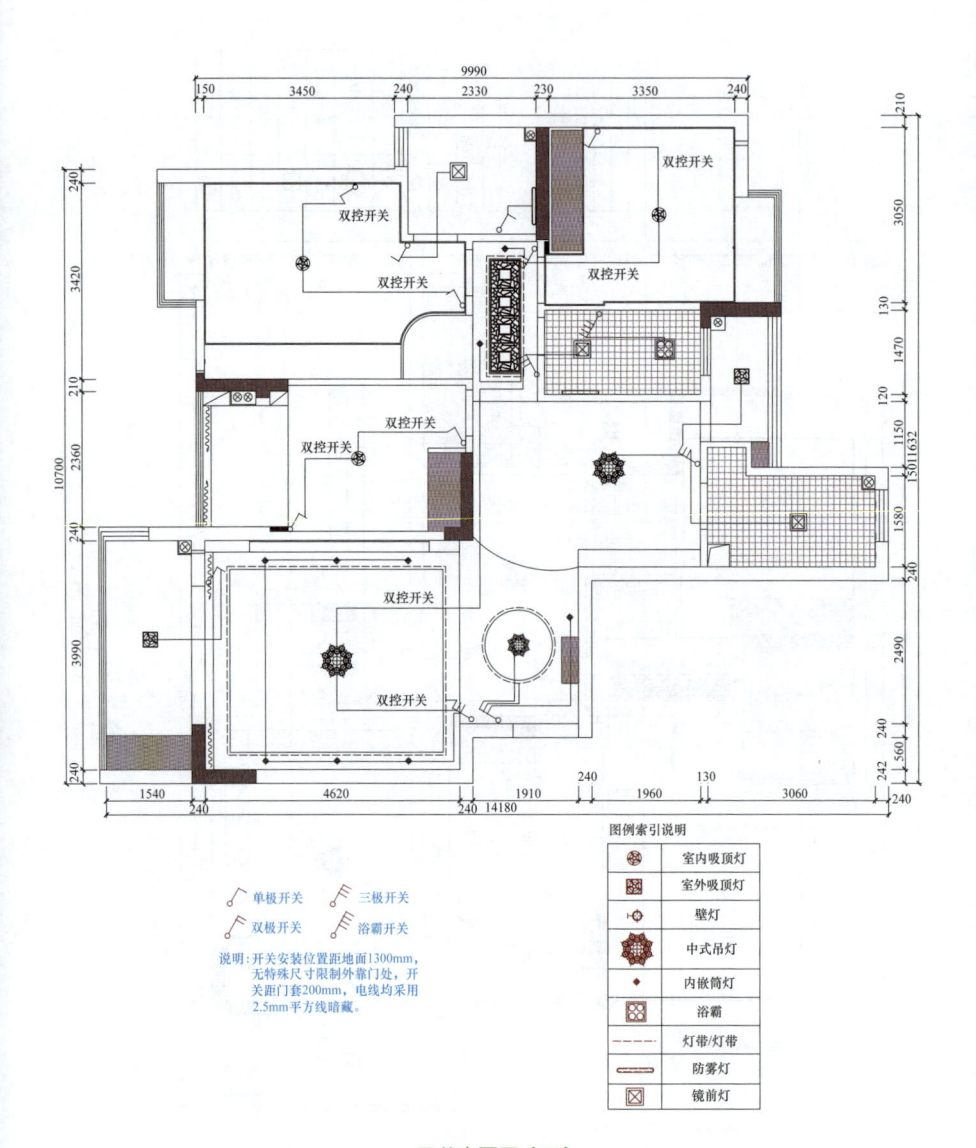

天花布置图（二）

4-6 现场1:1画样图

为了在现场体现出装修设计的特点与要求,也为了水电工等施工人员更好理解施工特点与要求,目前一些装修工地现场绘制了现场1:1画样图。

背景墙进行了1:1画样,这样插座与线管的布局、定位准确性大大提高

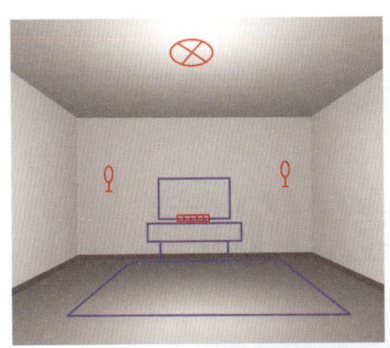

有的墙壁与地面、顶面均画样

现场1:1画样图

识图现场1:1画样图,需要首先了解各种图形表示的设备、设施、线管,然后根据图形间的距离理解它们之间的布局。对于水电安装,需要掌握安装是否会阻碍其他设备、设施、线管,水电距离是否正确,水电走向是否正确等施工技能。

识图现场1:1画样图,可以结合装修效果图、平面图、立面图、布局图等图来进行,这样更能够理解透图的特点与要求。

第 5 章

暗装技能教你懂

5-1 怎样定位

从鞋柜立面图可以看出，鞋柜上需要安装 2 盏艺术吊灯，则水电施工前该处就要考虑好吊灯的电线根数、布管走向、开关的位置、电源线的引入。

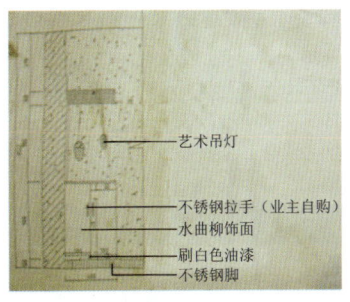

鞋柜立面图

鞋柜结构图

鞋柜实物图

照明电气施工工艺流程： 定位→剔槽（开槽）→电线敷设→绝缘电阻测试→配电箱安装→灯具安装→系统调试。

定位： 定位就是明确洗衣机、面盆、淋浴方式、镜前灯、厨房水槽、电视机、冰箱、电话、电脑、热水器、橱柜（确定操作台上是否安灯）、音响、热水器、炊水机、空调，以及餐厅电火锅、客厅或娱乐室的电热器等设备、设施的尺寸，安装尺寸及摆放位置，以免影响电气施工与电气所要达到的目的。

定位的相关标准与要求：

（1）明确电器的电源插座位置，从而根据实际现场考虑电源插座引线布管的走向。

（2）明确楼上、楼下、卧室、过道等灯具是否为单控、双控，还是三控。

（3）顶面、墙面、柜内的灯具的位置、控制方式有什么要求。

（4）有无特殊电气施工要求。

（5）电路定位总的要求是精准、全面、一次到位。

（6）用彩色粉笔做标注时，字迹要清晰、醒目。

（7）标注的文字需要写在不开槽的地方，并且标注的颜色要一致。

（8）电视机插座及相关定位，需要考虑电视机柜的高度，以及所用电视机的类型。

（9）客厅灯泡个数较多，明确是否采取分组控制。

（10）明确床头开关插座是装在床头

定位实例

柜上，还是柜边、柜后。

（11）空调定位时，需要考虑是采用单相的，还是三相的。

（12）热水器定位时，一定要明确所采用的热水器具体类型。

（13）厨房的定位，需要参照橱柜图纸，因为，一些水电设施是被橱柜遮住了或者在橱柜里面。

（14）整体浴室的定位需要结合厂家有关的协商完成。

（15）明确是否有音响，如果有，需要明确音响的类型、安装方位，以及前置、中置、后置、壁挂、落地，还是厂家布线。

（16）电话定位需要明确是否用子母机。

5-2　怎样划线（弹线）与开槽

划钱宽度要大于管子附件的宽度

划线

划线的特点与方法：

（1）划线（弹线）就是确定线路、线路终端插座、开关面板的位置，在墙面、地面标画出准确的位置和尺寸的控制线。

（2）盒、箱位置的划线（弹线）的水平线可以用小线、水平尺测出盒、箱的准确位置并标出尺寸。

（3）灯的位置主要是标注出灯头盒的准确位置尺寸。

（4）电线管与水电槽路划线（弹线）方法基本一样。

防空鼓处理： 改造电路时，要避免凿槽的时候因为敲松墙表面结构而引起空鼓，

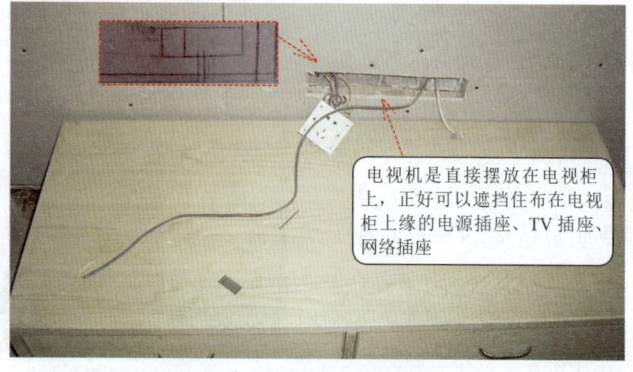

电视机是直接摆放在电视柜上，正好可以遮挡住布在电视柜上缘的电源插座、TV插座、网络插座

插座盒的划线与实际要求

第 5 章 暗装技能教你懂

地面的电线管是否需要开槽需要根据龙骨的位置来决定的。一般每根龙骨的间距在 300mm 间，如果电线管正好位于龙骨间，则不需要开槽。如果位于龙骨上或者两线相交则需要开槽

开槽

因此，在凿槽的时候需要用切割机开槽，并且在敷设 PVC 管时用水泥砂浆抹面保护，其厚度也不应薄于 15mm。如果在施工之前墙面就已经有了空鼓和开裂，就应该让泥

工把这些铲除，进行湿水处理，然后再用水泥砂浆抹平阴干。

开槽有关事项：

（1）开槽分为砖开槽、混凝土开槽、不开槽三种情况。

（2）开槽的要求：位置要准确、深度按管线规格确定，不深剔、不漏凿。

（3）暗配管路必须保证保护层大于15mm，导管弯曲半径必须大于6倍导管直径。

（4）开槽深度应一致，一般是PVC管直径+10mm。

（5）如果插座在墙的上部，在墙面垂直向上开槽，到墙的顶部安装装饰角线的安装线内。

（6）如果是在墙的下部，垂直向下开槽，到安装踢脚板的底部。

（7）根据开槽划出的控制线用云石机开槽。

（8）电工凿槽不能太浅，如果是空洞，或是砂浆强度低，应用强度高于原砂浆的砂浆抹灰。

（9）家装水电线管管槽的深度会受底盒埋深的影响。底盒锁扣有多种形状，但是均比线管要粗。为此，底盒锁扣处的线管管槽深度自然要比线管管槽的要深一些。具有可接不同线管的底盒，其线管管槽的深度又有差异。线管管槽不考虑底盒、锁扣的影响，20mm线管管槽深度为25mm。

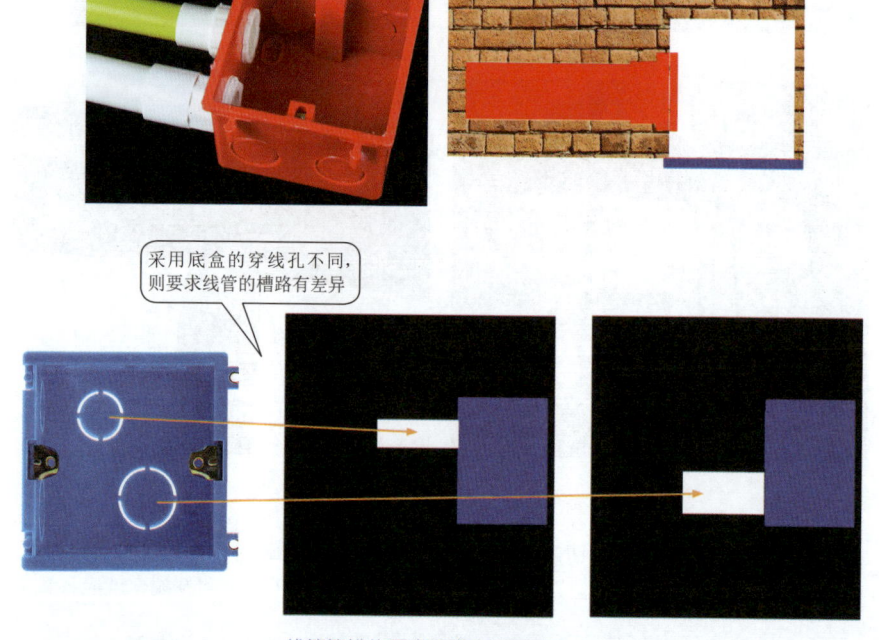

采用底盒的穿线孔不同，则要求线管的槽路有差异

线管管槽的深度受底盒埋深的影响

（10）插座墙壁上部开槽还是下部开槽的规定。插座在墙的上部，在墙面垂直向上开槽，并且到墙的顶部安装装饰角线的安装线内。插座在墙的下部，在墙面垂直向下开槽，并且到安装踢脚板的底部。另外，整体开槽深度要一致。

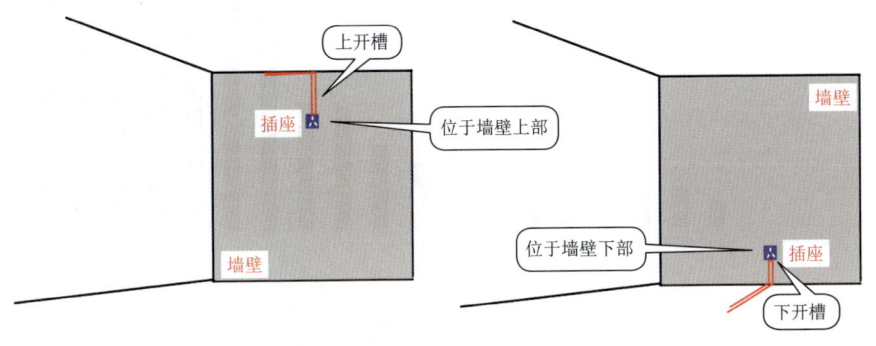

插座墙壁上部开槽还是下部开槽的规定

5-3 家装开关插座安装有关数据与基准线

1. 家装开关插座安装有关数据参数（见表5-1）

表 5-1　　　　　　　　家装开关插座安装有关数据参数

项　目	距离/mm
当插座上方有暖气管时两者的距离	200mm（不应低于）
接线板墙上插座一般距地面	300mm
视听设备墙上插座一般距地面	300mm
台灯墙上插座一般距地面	300mm
暗装插座距地面	300mm
插座下方有暖气管时，两者的距离	300mm（应大于）
电源插座底边距地面	300mm
一般插座距地面	200~300 mm
电视馈线线管、插座与交流电源线管、插座之间的距离	500mm（不应低于）
电视机插座距地面	650mm
厨房插座距地面	950mm
洗衣机插座距地面	1000mm
儿童活动场所插座安装距地面	1800mm（不应低于）
明装插座距地面	1800mm（不应低于）
挂式消毒柜插座距地面	1900mm
挂壁空调插座距地面	1900mm
脱排插座距地面	2100mm（不应低于）
电冰箱的插座距地面	1500~1800mm
排气扇插座距地面	1900~2000mm

家装开关插座安装有关数据参数图例如下。

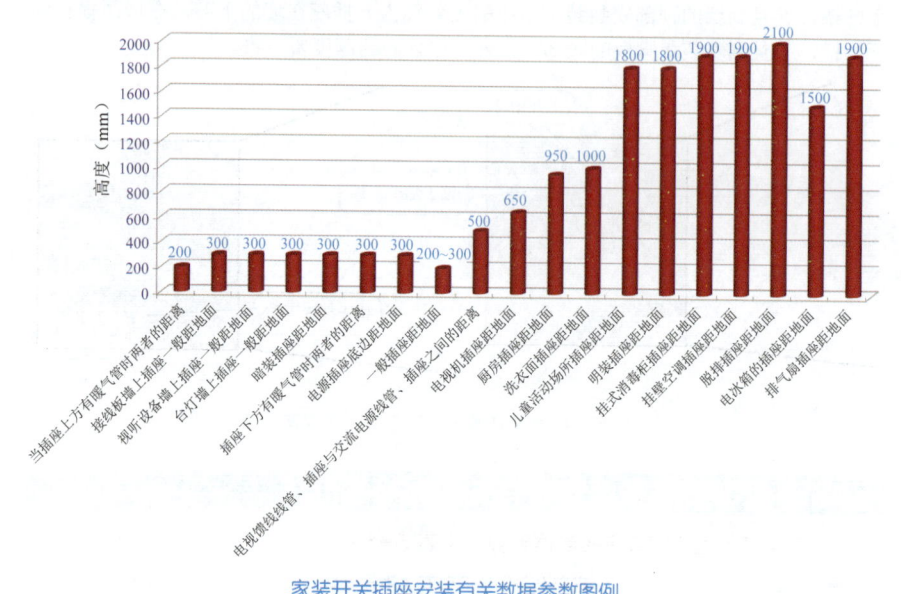

家装开关插座安装有关数据参数图例

2. 插座或者开关基准线

插座或者开关的安装，一定要首先在现场确定基准线。基准线是插座或者开关面板，还是插座或者开关底盒为基准，并且具体到插座或者开关面板或者底盒的上沿，还是下沿，还是中间为基准，必须明确并且是统一的。

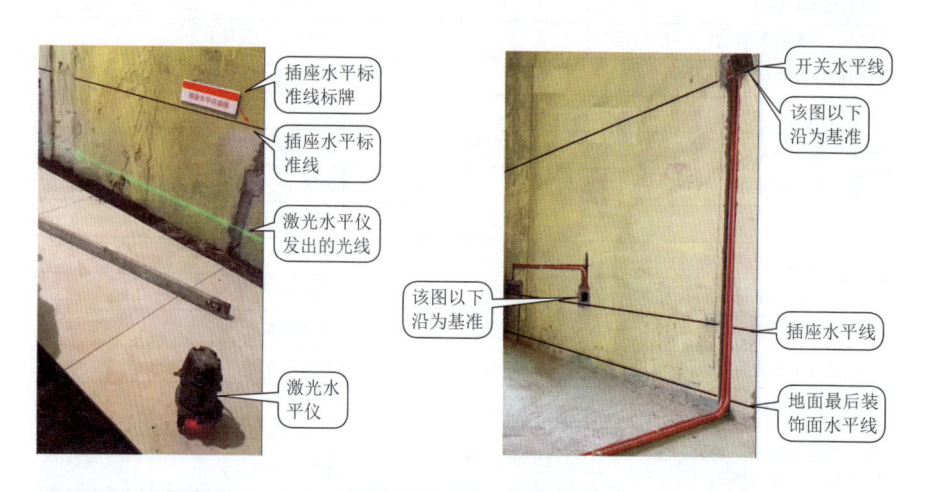

插座或者开关基准线

5-4 怎样布管与连接

进行阻燃塑料管敷射与煨弯时，管材对环境温度的要求：在原材料规定的允许环境温度下进行，其外界环境温度不宜低于 −15℃。

1. 阻燃塑料管的弯管方法

预制管弯可以采用冷煨法、热煨法。其中冷煨法操作要领如下：

（1）将管子插入配套的弯管器内，手扳一次煨出所需要的角度。

（2）将弯管弹簧插入管内的煨弯处，两手抓住弹簧在管内位置的两端，膝盖顶住被弯处，用力逐步煨出所需的角度，然后抽出弯簧（当管路较长时，可将弯簧用细绳拴住一端，以便煨弯后方便抽出）。

注：冷煨法适用于 ϕ 15mm~ϕ 25mm 的管径。

2. PVC 电线管管路的连接方法

（1）管路连接应使用套箍连接，包括端接头接管。

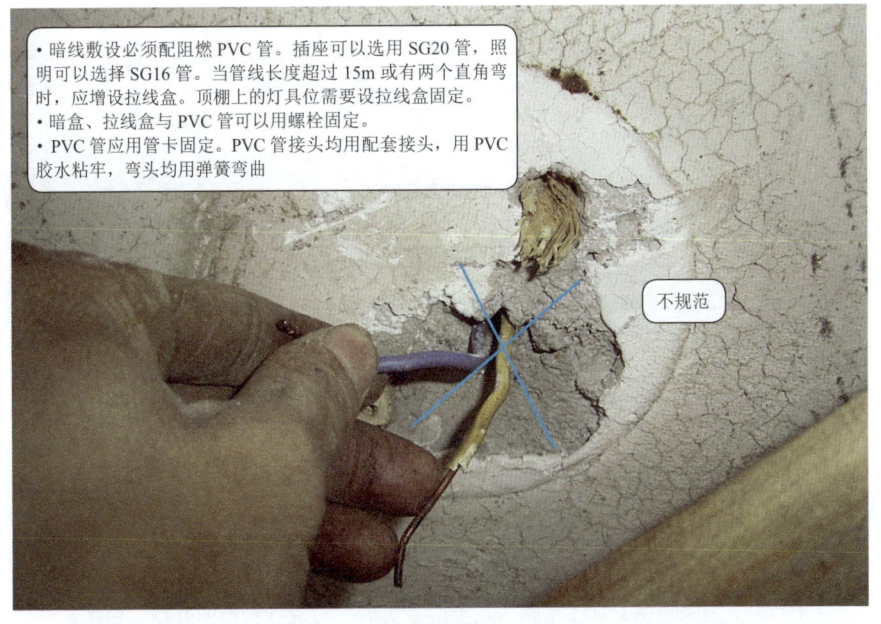

- 暗线敷设必须配阻燃 PVC 管。插座可以选用 SG20 管，照明可以选择 SG16 管。当管线长度超过 15m 或有两个直角弯时，应增设拉线盒。顶棚上的灯具方位需要设拉线盒固定。
- 暗盒、拉线盒与 PVC 管可以用螺栓固定。
- PVC 管应用管卡固定。PVC 管接头均用配套接头，用 PVC 胶水粘牢，弯头均用弹簧弯曲

不规范

暗线敷设

（2）连接可以采用小刷子粘上配套的塑料管胶粘剂，并且均匀涂抹在管的外壁上，然后将管子插入套箍，直到管口到位。操作时，需要注意胶粘剂粘接后 1min 内不要移动，等粘牢后才能够移动。

（3）管路垂直或水平敷设时，每隔 1m 间距应有一个固定点。

（4）管路弯曲部位应在圆弧的两端 300~500mm 处加一个固定点。

（5）电线 PVC 管进盒、进箱，需要做到一管穿一孔。

（6）电线 PVC 管进盒、进箱先要接端接头，然后用内锁母固定在盒、箱上，再

在管孔上用顶帽型护口堵好管口，最后用泡沫塑料块堵好盒口即可。

3. 布管的要求与规范

（1）强电、弱电管路的间距必须大于等于150mm。

（2）煤气管与电管的距离不能小于150mm。

（3）房顶走管过墙、过梁的地方一般需要钻孔，孔径与孔距一般为100mm，并且电线管与水管不能走一个洞孔。

（4）管材转弯角要弯曲成弧形的90°。

> 强电、弱电管路无法避免交叉时，需要在交叉处用铝箔包裹以达到隔离作用

强、弱电管路敷设间距

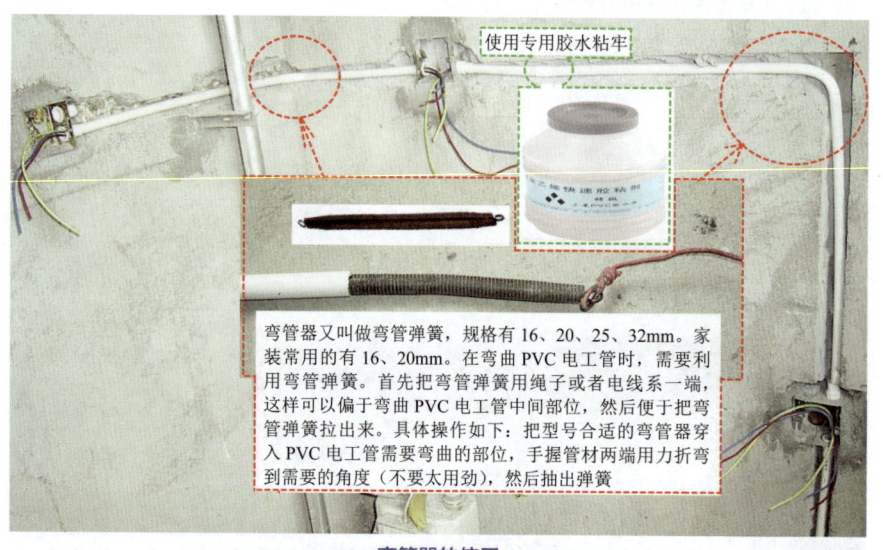

> 使用专用胶水粘牢

> 弯管器又叫做弯管弹簧，规格有16、20、25、32mm。家装常用的有16、20mm。在弯曲PVC电工管时，需要利用弯管弹簧。首先把弯曲弹簧用绳子或者电线系一端，这样可以偏于弯曲PVC电工管中间部位，然后便于把弯管弹簧拉出来。具体操作如下：把型号合适的弯管器穿入PVC电工管需要弯曲的部位，手握管材两端用力折弯到需要的角度（不要太用劲），然后抽出弹簧

弯管器的使用

4. 土建暗敷PVC管路的特点

（1）**灰土层内暗敷PVC管路**。灰土层夯实后，再进行管槽的开挖、剔凿，然后敷设管路。管路敷设后在管路的上面填上混凝土砂浆，厚度应不小于15mm。

（2）**预制薄型混凝土楼板暗敷PVC管路**。确定好灯头盒尺寸位置，用电锤在楼板上面打孔，再在板下面扩孔，孔大小应比盒子外口稍大，利用高桩盒上安装好的卡铁将端接头、内锁母把管子固定在盒子孔处，用高强度水泥砂浆稳固好，然后敷设管路。注意：水泥砂浆厚度应不小于15mm。

（3）**预制圆孔板内暗敷PVC管路**。尽量在土建吊装圆孔板时，业主或者电工及时配合敷设管路。

（4）**现浇混凝土墙内暗敷PVC管路**。管路应敷设在两层钢筋中间。管进盒箱

时应煨成灯叉弯，管路每隔 1m 处用镀锌铁丝绑扎牢固，弯曲部位按要求固定，向上引管不宜过长，以能煨弯为准，向墙外引管可使用"管帽"预留管口，待拆模后取出"管帽"再接管。

（5）现浇混凝土楼板内暗敷 PVC 管路。根据房间四周墙的厚度，弹十字线确定灯头盒的位置，将端接头、内锁母固定在盒子的管孔上，使用顶帽护口堵好管口以及堵好盒口，再将固定好的盒子用机螺钉或短钢筋固定在底筋上，然后敷管。管路需要敷设在弓筋的下面、底筋的上面，管路每隔 1m 用镀锌铁丝绑扎牢固。引向隔断墙的管子，可使用"管帽"预留管口，拆模后取出"管帽"再接管。

5-5 稳埋盒、箱的最终效果与怎样稳埋盒、箱

稳埋盒、箱的最终效果：①开关插座盒、接线盒、灯头盒、强配电箱、弱配电箱固定要平整、牢固；②灰浆饱满，收口平整；③纵、横坐标识准确；④开关插座盒、接线盒、灯头盒、强电配电箱、弱电配电箱的具体位置、尺寸必须符合相关要求。

插座

开关插座盒、接线盒、灯头盒、强电配电箱、弱电配电箱的连接管要留约 300mm 长度进入盒、箱的管子。

开关盒高度

接线盒

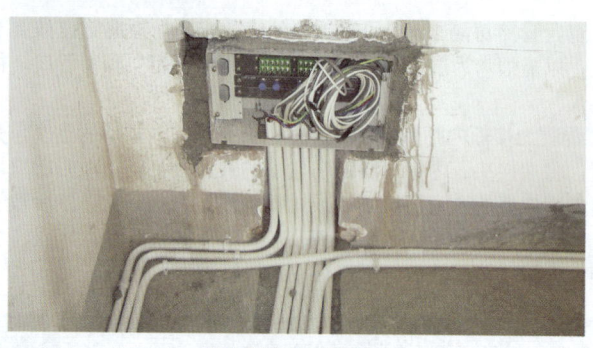

弱电配电箱安装示意

开关插座盒、接线盒、灯头盒、强电配电箱、弱电配电箱稳埋剔洞的方法： 弹出的水平、垂直线，根据要求或者对照图找出盒、箱的具体准确位置，然后利用电锤、錾子剔洞，注意剔孔洞要比盒、箱稍大一些。洞剔好之后，需要把洞内的水泥块、砖头块等杂物清理干净，然后浇水把洞浇湿，再根据管路的走向，敲掉相应方向的盒子敲落孔，用高强度的水泥砂浆填入洞内，将盒、箱稳住，端正不得歪斜，等水泥砂浆凝固后，再接短管入盒、箱。

注意：剔槽打洞时，不要用力过猛，避免造成洞口周围的墙面破裂。

接线盒必须用水泥砂浆封装牢固，其合口要略低于墙面 0.5cm 左右。

穿入线管数量的实际判断技巧：穿入线管的导线总面积不应大于线管孔面积的 40%。实际判断技巧是可以把全部电线紧排在一个半圆里（可以用手拨动电线呈一堆），半圆就相当于导线总面积占线管孔面积的 50%。如果半圆里的电线还有空隙，则说明符合要求；如果半圆容不下所有的导线或者刚好，此时导线点面积占线管孔面积可能大于 40%，说明穿入线管数量过多，不符合要求。

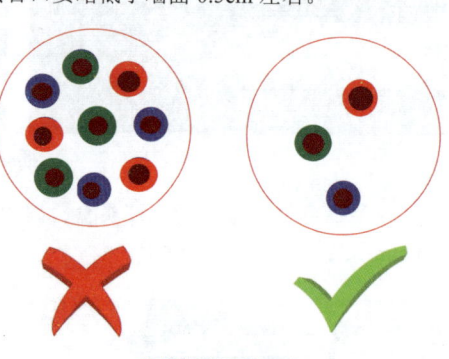

入线管数量的要求

穿入线管数量的实际判断技巧

5-6 怎样走线与连线

家装中对起线的一般要求是埋设暗盒及敷设 PVC 电线管后，再穿线。实际工作中，可以边敷设 PVC 电线管边穿线。

灯的走线

走线的要求与规范：

（1）强电走上，弱电在下，横平竖直，避免交叉。

（2）走对线，电源线配线时，所用导线截面积应满足用电设备的最大输出功率。一般情况，照明用 $1.5mm^2$ 电线，空调挂机及插座用 $2.5mm^2$ 电线，柜机用 $4.0mm^2$ 电线，进户线用 $10.0mm^2$ 电线。

（3）电线颜色选择正确。三线制安装必须用三种不同色标。一般红色、黄色、蓝色为相线色标；蓝色、绿色、白色为中性线色标；黑色，黄绿彩线为接地色标。

（4）同一回路电线需要穿入同一根管内，但管内总根数不应超过 8 根，一般情况下 $\phi 16mm$ 的电线管不要超过 3 根，$\phi 20mm$ 的电线管不要超过 4 根。

（5）电线总截面面积包括绝缘外皮，不应超过管内截面面积的 40%。

（6）电源线与通信线不得穿入同一根管内。

（7）导线间、导线对地间电阻必须大于 $0.5M\Omega$。

（8）电源线、插座与电视线、插座的水平间距要大于 500mm。

（9）电线与暖气、热水、煤气管间的平行距离要大于 300mm，交叉距离要大于 100mm。

（10）穿入配管导线的接头应设在接线盒内，线头要留有余量 150mm。接头搭接需要牢固，绝缘带包缠需要均匀紧密。

（11）电源插座连线时，面向插座的左侧应接中性线，右侧应接相线，中间上方应接保护地线。

（12）保护地线可以为 $2.5mm^2$ 的双色软线。

（13）所有导线安装，必须穿相应的 PVC 管。

（14）所有导线在 PVC 管子里不能有接头。

（15）空调、浴霸、电热水器、冰箱的线路必须从强配电箱单独放到位。

（16）所有预埋导线留在接线盒处的长度为 20cm。

（17）所有导线分布到位，并且确认无误后，在安全的情况下可通电试验。

5-7 开关、插座、底盒怎样连接

开关盒、插座底盒首先进行预埋与线路敷设，等室内装修完成后，再进行面板的安装与连接。

底盒的拼接： 底盒的拼接主要掌握底盒间留的间隙。选择拼接后可以直接穿线的底盒，以避免在底盒拼接时需要在拼接底盒中间设置短套管。

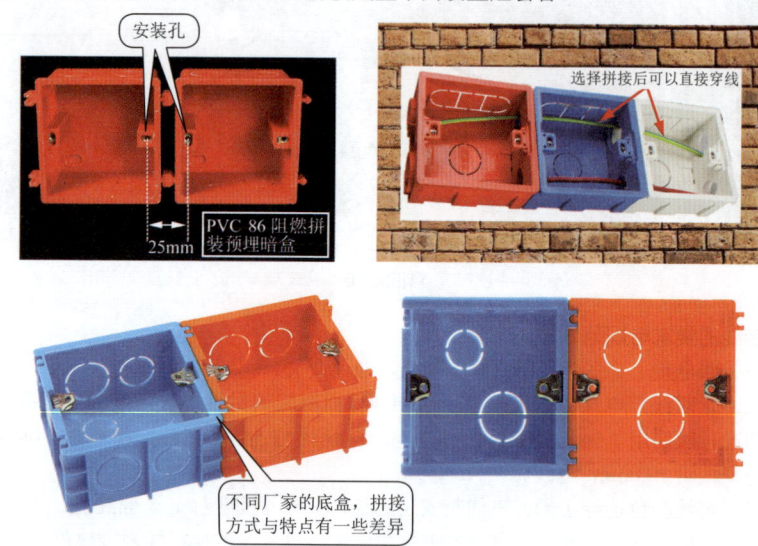

安装孔

PVC 86 阻燃拼装预埋暗盒

25mm

选择拼接后可以直接穿线

不同厂家的底盒，拼接方式与特点有一些差异

底盒的拼接

开关、插座底盒常见不规范的安装有： 线盒预埋太深，标高不统一，面板与墙体间缝隙过大，底盒内留有水泥砂浆杂物，线管脱离底盒，线管穿进底盒太多，底盒装线太多，强、弱电共用一个底盒，底盒接线包线没有用不同标志的包扎，底盒螺钉孔被螺钉挤爆，各种底盒明暗混用，使用损坏的或者质量差的底盒，底盒内的导线没有分色等。

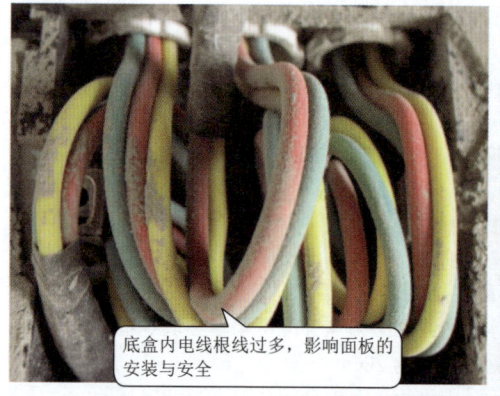

底盒内电线根线过多，影响面板的安装与安全

底盒接线没有包扎好

开关、插座和底盒的连接示意（一）

第 5 章 暗装技能教你懂

高度不整齐

安装不规范的底盒

各种底盒明暗混用

如电线不分色，后期在安装开关面板时，容易将相线和中性线接反，造成触电。所以电线需要分色，规范的要求是相线用红色的电线，中性线用蓝色的电线

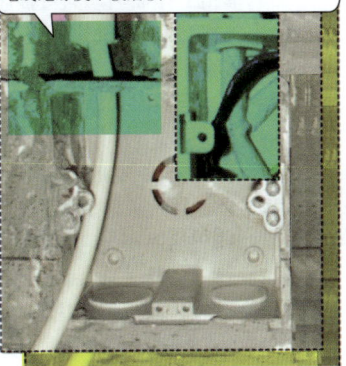

- 电线管没有插入底盒内，这样线管容易在封槽时被水泥堵死，并且会加速电线老化以及无法抽线、换线。
- 线管与底盒之间需要用锁扣连接。
- 电线进入底盒时采用套管保护，以保护电线绝缘皮不被磨损

底盒穿入的每根线管内的电线一般不得超过 3 根

开关、插座和底盒的连接示意（二）

开关插座安装使用的工具包括红铅笔、卷尺、水平尺、线坠、绝缘手套等。

开关插座安装作业条件：

（1）各种管路、盒子已经敷设完毕。线路穿管完毕，并已对各支路完成绝缘测量。

（2）盒子缩进装饰面超过 20mm 的已加套盒，并且套盒与原盒有可靠的措施。

（3）盒子缩进装饰面不够 20mm 的已用高标号砂浆外口抹平齐，内口抹方正。

（4）墙面抹灰、油漆及壁纸等内装修工作均已完成。

（5）为防止土建施工污染插座面板，开关插座安装作业时，水泥、铺砖、水磨石、大理石地面等工作应已完成。

插座、开关安装要求与规范：

（1）同一室内的电源、电话、电视等插座面板应在同一水平标高上，高差应小于 5mm。

（2）强电、弱电插座引入 PVC 管内的强电、弱电线路严禁混装在一起。

（3）交流、直流或不同电压等级的插座安装在同一场所时，需要有明显的区别，并且采用不同结构、不同规格、不能互换的插座。

（4）单相两孔插座有横装、竖装两种。横装时，面对插座，右极接相线，左极接中性线。竖装时，面对插座，上极接相线，下极接中性线。

（5）单相三孔插座，面对插座的右孔与相线相连，左孔与中性线相接。

（6）单相三孔、三相四孔及三相五孔插座的地线（PE）或保护中性线（PEN）接在上孔。插座的接地端子不得与中性线端子连接。

（7）同一场所的三相插座，接线的相序要一致。

（8）一般情况，地线（PE）或保护中性线（PEN）在插座间不得有串联连接。

（9）当接插有触电危险家用电器的电源时，采用能断开电源相线的带开关的插座。

（10）潮湿场所采用密封型并带保护地线触头的保护型插座，安装高度不低于 1.5m。

（11）同一房间相同功能的开关应采用同一系列的产品，开关的通断位置一致。

（12）灯具的开关需要控制相线。

（13）一般住宅不得采用软线引到床边的床头开关。

（14）当不采用安全型插座时，儿童房的插座安装高度应不小于 1.8m。

（15）暗装的插座面板紧贴墙面，四周无缝隙，安装牢固，表面光滑整洁、无碎裂、划伤，装饰帽齐全。

（16）地插座面板与地面齐平或紧贴地面，盖板固定牢固，密封良好。

（17）地插座应具有牢固可靠的保护盖板。

（18）开关接线时，应将盒内导线理顺，依次接线后，将盒内导线盘成圆圈，放置于开关盒内。

（19）窗上方、吊柜上方、管道背后、单扇门后均不应装有控制灯具的开关。

（20）多尘潮湿场所和户外应选用防水瓷质拉线开关或加装保护箱。

（21）特别潮湿的场所，开关应采用密闭型的。

（22）插座上方有暖气管时，其间距应大于 0.2m。下方有暖气管时，其间距大于 0.3m。

接线方法：

（1）先用鐾子轻轻地将盒内残存的灰块剔掉，同时将其他杂物一并清出盒外，并且用湿布将盒内灰尘擦净。

（2）先将盒内甩出的导线留出维修长度（15~20cm），然后削去绝缘层。

（3）如果开关、插座内为接线柱，将导线按顺时针方向盘绕在开关、插座对应的接线柱上，再旋紧压头即可。

（4）如果开关、插座内为插接端子，将线芯折回头插入圆孔接线端子内（孔径允许压双线时），再用顶丝将其压紧即可。

（5）注意线芯不得外露。

（6）将开关或插座推入盒内对正盒眼，再用螺钉固定牢固。

（7）固定时要使面板端正，并与墙面平齐。

（8）面板安装孔上有装饰帽的需要一并装好。

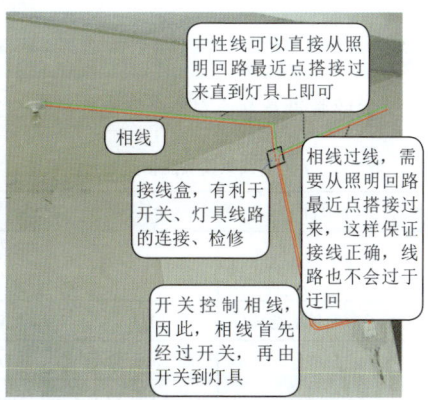

灯具+开关接线要点

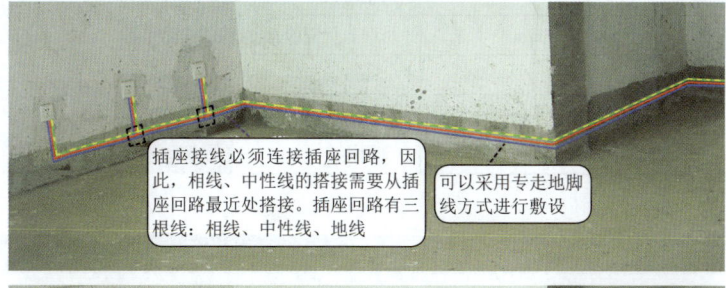

插座接线要点

如果地面铺地砖，则续线管直接放在地面上，可以不开槽。但是，在后续的贴地砖工序中，要确保水泥基层厚度不能够小于电线管管径，以免地砖出现空鼓、不平整现象。为了便于检修线管尽量朝墙脚走。如果是铺木地板，则需要考虑是否影响铺设地面龙骨

线管不得采用三通

走线要点

5-8 管路敷设及盒箱安装允许偏差

管路敷设及盒箱安装允许偏差见表5-2。

表5-2 管路敷设及盒箱安装允许偏差

项目	允许偏差	检验方法
管子最小弯曲半径	≥D	尺量检查及检查安装记录
管子弯曲处的弯曲度	≤0.1D	尺量检查
箱的垂直度	高50cm以下	1.5mm
	高50cm以上	5mm
箱的高度	5mm	尺量检查
盒的垂直度	0.5mm	吊线、尺量检查
盒的高度	并列安装高差 0.5mm	
	同一场所高差 5mm	
盒、箱凹进墙面深度	10mm	尺量检查

注　D为管子外径。

管路敷设实例

5-9 怎样敷设给水管与排水管

安装程序： 选择好水管→看施工图与交底、定位→划线与开槽→布管→检查→封槽→检查。

安装给水管的要求与规范：

（1）使用的水管必须是合格的产品。

（2）遇有地面管路发生交叉时，次路管必须安装过桥在主管道下面，使整体水管分布保持在水平线上。

（3）通阳台的水管，必须埋在原毛坯房的地面或墙面凿深4cm的槽内，然后用水泥砂浆将槽口封平。

（4）管道分布到位后，必须用管卡在转弯处用管卡固定。

（5）管道嵌墙暗敷时，对墙体开槽深度与宽度应不小于管材直径加 20mm。
（6）开槽的槽房平整，不得有尖角突出物。
（7）管卡位置及管道坡度等均应符合规范要求。
（8）各类阀门安装应位置正确且平正，便于使用和维修。
（9）进水应设有室内总阀，安装前必须检查水管及连接配件是否有破损、砂眼、裂纹等现象。
（10）管道试压合格后，墙槽应用 1：2 水泥砂浆填补密实。
（11）给水横管宜设 0.2%~0.5% 的坡度坡向泄水装置。
（12）给水管道穿过承重墙或基础处，应预留洞口，且管顶上部净空不得小于建筑物的沉降量，一般不宜小于 0.1m。
（13）给水管道外表面如可能结露，应根据建筑物的性质和使用要求，采取防结露措施。

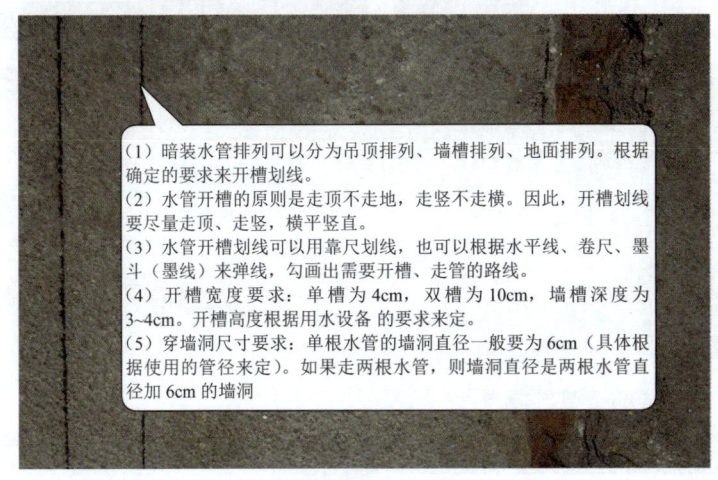

- 敷设水路首先要考虑好与水有关的所有设备（如净水器、热水器、厨宝、马桶、洗手盆等）的位置、安装方式、是否需要热水。
- 提前考虑好热水器的种类（用燃气还是用电的），避免临时更换热水器种类，导致水路重复改造

（1）暗装水管排列可以分为吊顶排列、墙槽排列、地面排列。根据确定的要求来开槽划线。
（2）水管开槽的原则是走顶不走地，走竖不走横。因此，开槽划线要尽量走顶、走竖，横平竖直。
（3）水管开槽划线可以用靠尺划线，也可以根据水平线、卷尺、墨斗（墨线）来弹线，勾画出需要开槽、走管的路线。
（4）开槽宽度要求：单槽为 4cm，双槽为 10cm，墙槽深度为 3~4cm。开槽高度根据用水设备的要求来定。
（5）穿墙洞尺寸要求：单根水管的墙洞直径一般要为 6cm（具体根据使用的管径来定）。如果走两根水管，则墙洞直径是两根水管直径加 6cm 的墙洞

水管安装要点（一）

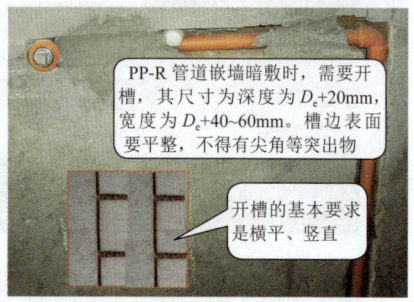

开槽时灰尘多,因此,工作时需要戴上口罩

PP-R 管道嵌墙暗敷时,需要开槽,其尺寸为深度为 D_e+20mm,宽度为 D_e+40~60mm。槽边表面要平整,不得有尖角等突出物

开槽的基本要求是横平、竖直

安装完毕后,必须对水管进行简易固定,让外接头(带牙接头)与墙面保持水平一致,冷热水管高度必须一致,必须严格按照标准的尺寸补槽(外接头露出毛坯墙脚 1.5~2.0cm)

水管安装要点(二)

安装排水管的要求与规范：

（1）所有通水的地方必须安装下水管和地漏，其 PVC 管的管子连接时必须用专用 PVC 胶水涂满均匀套好。

（2）排水管需要水平落差连接到原毛坯房预埋的主下水管。

（3）如果遇到原毛坯房预埋的主下水管不够用或不理想，则可以根据实际情况在楼板上重新开洞铺设下水管道，并且要重新用带防火胶的砂浆封好管子四周。新封好的地方处用水泥砂浆围一个高 10mm 的圈子，待凝固 58h 后，将圈子里放满水，经过 24h 渗透到楼下看看新装下水管四周有无渗水现象。如果没有，说明新装管道合格。

（4）立柱盆的下水管安装在立柱内。

（5）安装坐便器下水时，需要事先了解坐便器是前下水还是后下水，以确定下水管离墙的距离。

（6）卫生洁具排水管径浴盆一般为 59mm 管；坐便器一般为 100 mm 管；妇洗器一般为 40~50 mm 管。

（7）卫生洁具下水管安装最小坡度为 0.3%。

（8）建筑物内给水管与排水管间的最小净距，平行埋设时应为 0.5m；交叉埋设时应为 0.15m，且给水管宜在排水管的上面。

（9）卫生间除了留给洗手盆、马桶、洗衣机等出水口外，最好还要用于接水拖地的出水口。

（10）洗衣机位置确定后，洗衣机排水可以考虑把排水管做到墙里面。

5-10 卫生间水路安装

（1）卫生间水路不要安装走底。因为，卫生间地面需要做防水层，如果水管异常，维修量大。

（2）卫生器具安装可以在卫生间室内防水层施工结束后进行。安装前要认真核对平面位置与标高。要特别注意卫生器具与排水管道接口部的处理，地漏口不得高于地面。

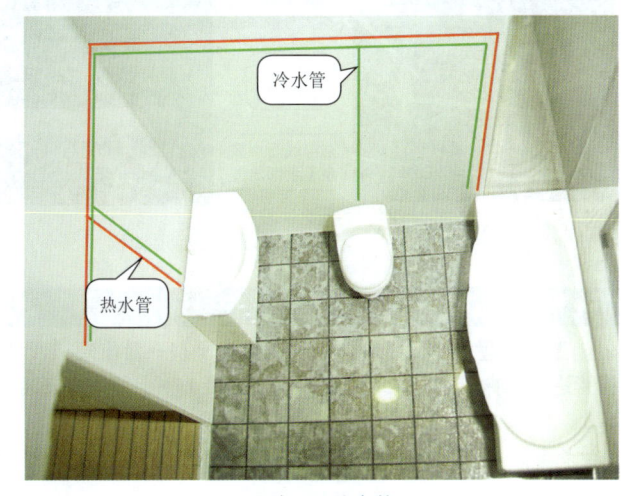

卫生间水路安装

(3)卫生洁具安装后应进行闭水试验。
(4)安装浴缸的防水应高出地面 250mm 以上。
(5)卫生间如蹲便器不带存水弯,可考虑改装为带存水弯蹲便器。
(6)卫生间地面一定要做防水,特别是地面开槽的。
(7)淋浴区如果不是封闭淋浴房的话,墙面防水高度应该做到 180cm。

卫生间防水处理

卫生间地面装饰

(8)卫生间填埋应采用新型工艺,严禁采用建筑渣填埋。

填充料不得使用装修废料
水管布管不得太分散
必须先做好防水层
强电线管不要走卫生间地面
陶粒回填

卫生间填埋的比较

5-11 淋浴器的安装

工艺流程: 冷、热水管口用试管找平整→量出短节尺寸→装在管口上→淋浴器铜管进水口抹铅油→螺母拧紧→固定在墙上→上部铜管安装在三通口→木螺钉固定在墙上。

贴瓷砖时，需要把淋浴器卸下，以免损坏器件

淋浴器安装工艺流程冷水管、热水管口用试管找平整→量出短节尺寸→装在管口上→淋浴器铜管进水口抹铅油→螺母拧紧→固定在墙上→上部铜管安装在三通口→木螺钉固定在墙上

淋浴混水阀的左右位置要正确，且装在浴缸中间（先确定浴缸尺寸），高度为浴缸上中150~200mm。按摩浴缸根据型号进行出水口预留。混水阀孔距一般保持在（暗装）150mm，（明装）100mm，连杆式淋浴器要根据房高与业主个人需要来确定出水口位置

不同工序要配合好

安装淋浴器接口

冷水管

淋浴器的安装要点

贴瓷砖前、后的接口

5-12 水管怎样开槽与布管

开槽与布管需要考虑的因素：

（1）浴盆上的混合龙头的左右位置装在浴盆中间，龙头中心距为浴缸上口

150~200mm，面向龙头，左热右冷。
（2）坐便器的进水龙头尽量安置在能被坐便器挡住视线的地方。
（3）洗面盆的冷热水进水龙头离地高度为500~550mm。
（4）厨房洗涤盆处进水口离地高度为450mm。
（5）安装混合龙头时，热水应在面向的左边。
（6）洗衣机地漏最好别用深水封地漏。

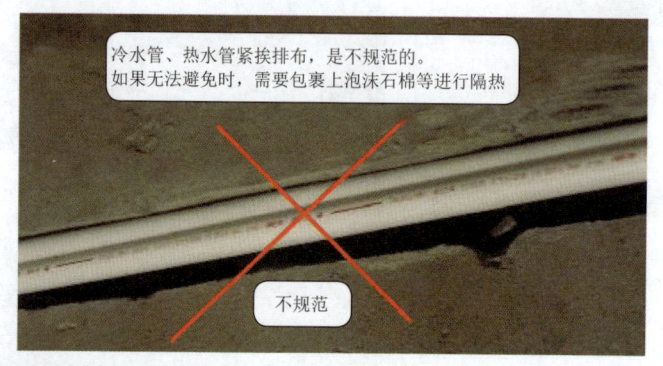

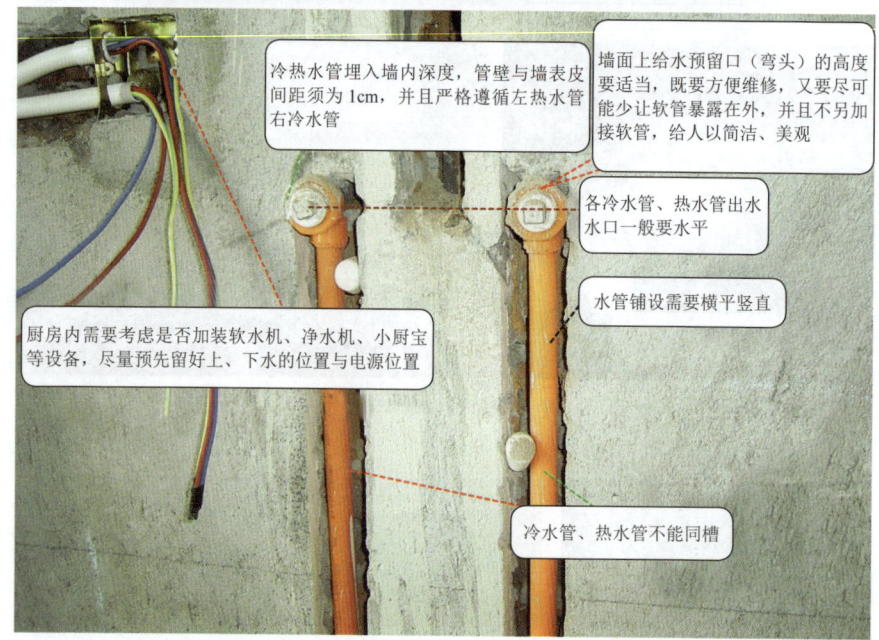

冷水管、热水管紧挨排布，是不规范的。如果无法避免时，需要包裹上泡沫石棉等进行隔热

不规范

冷热水管埋入墙内深度，管壁与墙表皮间距须为1cm，并且严格遵循左热水管右冷水管

墙面上给水预留口（弯头）的高度要适当，既要方便维修，又要尽可能少让软管暴露在外，并且不另加接软管，给人以简洁、美观

各冷水管、热水管出水水口一般要水平

水管铺设需要横平竖直

厨房内需要考虑是否加装软水机、净水机、小厨宝等设备，尽量预先留好上、下水的位置与电源位置

冷水管、热水管不能同槽

水管开槽与布管要点

水路敷设需要考虑的因素： 水路敷设时，需要给以后安装热水器、水龙头等预留冷水、热水上水管，有关注意点如下。
（1）保证间距15cm（现在大部分电热水器、分水龙头冷热水上水间距都是

15cm，个别的为 10cm）。

（2）冷水、热水上水管口高度要一致。

（3）冷水、热水上水管口要垂直墙面。

（4）冷水、热水上水管口应该高出墙面 2cm 左右。

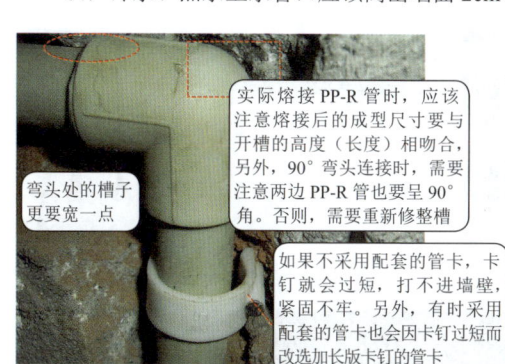

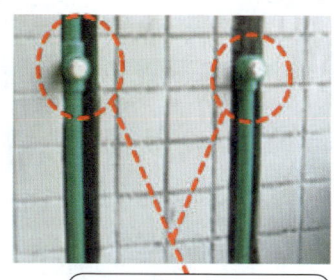

弯头处的槽子更要宽一点

实际熔接 PP-R 管时，应该注意熔接后的成型尺寸要与开槽的高度（长度）相吻合，另外，90°弯头连接时，需要注意两边 PP-R 管也要呈 90°角。否则，需要重新修整槽

如果不采用配套的管卡，卡钉就会过短，打不进墙壁，紧固不牢。另外，有时采用配套的管卡也会因卡钉过短而改选加长版卡钉的管卡

墙体、地面内的 PP-R 管道连接不得采用螺纹或法兰连接，一般要采用热熔连接

没有开槽直接布管，注意后期保护，以及后期工序是否可以顺利进行（例如铺瓷砖、地板），交叉时要采取恰当方式处理、解决

没有开槽的水管直接走地面，然后进入后面的瓷砖覆盖工序。这样布管会造成维修麻烦，一旦漏水，往往影响楼下住户

水管开槽与布管实例

PP-R 管熔接成型的尺寸与形状：

如果没有 PP-R 管槽的限制，则 PP-R 管熔接成型的尺寸与形状相对没有这样重要。如果有 PP-R 管槽，则 PP-R 管熔接成型的尺寸与形状必须能够满足放得下 PP-R 管。

PP-R 管槽尺寸与形状

PP-R 管熔接成型的尺寸与形状

PP-R 管槽能够放下熔接成型的尺寸与相应形状的 PP-R 管

PP-R 管熔接成型的管件方位与倾斜度，一定要对，管熔接成型是正一点或者歪一点，主要由 PP-R 管槽来决定。另外，PP-R 管熔接时，要多练习眼睛对尺寸、角度的正确把握。尺寸可以尺量或者定尺。角度的把握，尽量看全局，尽量看长一点的管。

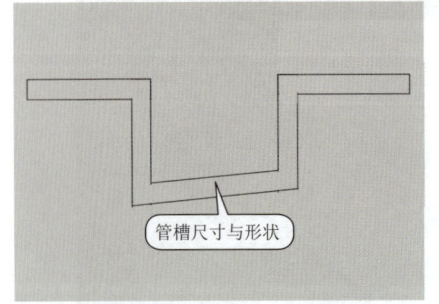

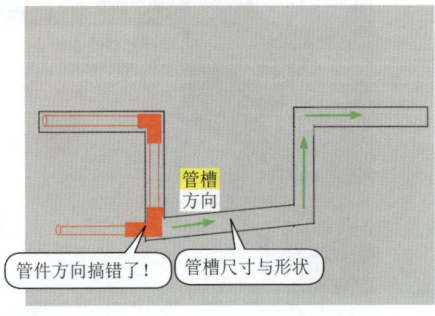

管槽尺寸与形状

管槽方向

管件方向搞错了！　管槽尺寸与形状

管件方位与倾斜度（一）

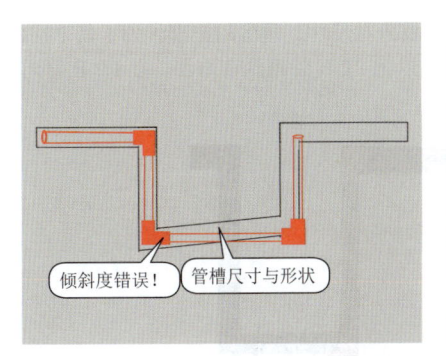

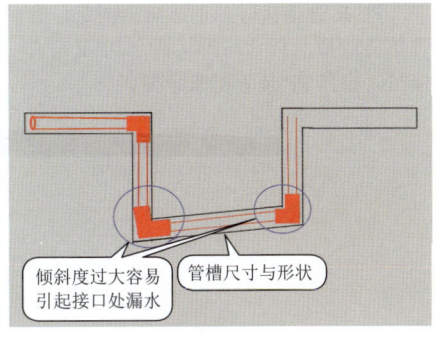

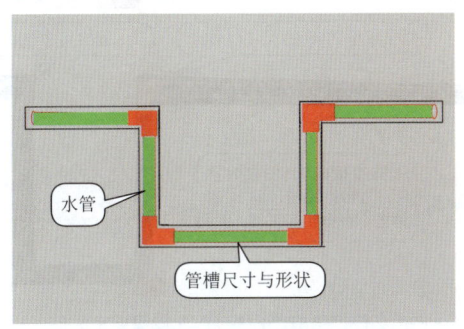

第 5 章 暗装技能教你懂

管件方位与倾斜度（二）

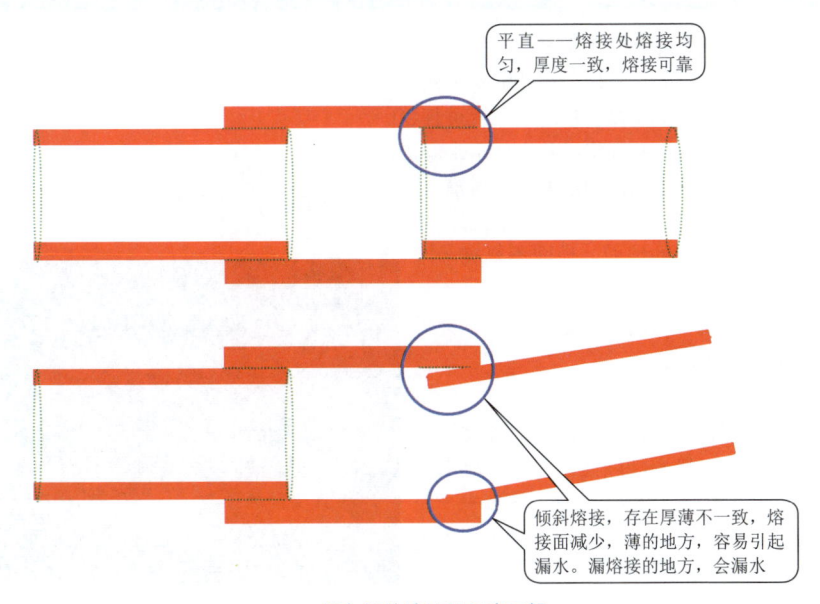

- 倾斜度错误！
- 管槽尺寸与形状
- 倾斜度过大容易引起接口处漏水
- 管槽尺寸与形状
- 水管
- 管槽尺寸与形状

PP-R 管与管件熔接倾斜度图解

- 平直——熔接处熔接均匀，厚度一致，熔接可靠
- 倾斜熔接，存在厚薄不一致，熔接面减少，薄的地方，容易引起漏水。漏熔接的地方，会漏水

PP-R 管熔接时，把热熔器固定，有利于眼睛对尺寸、角度的把握。为了使 PP-R 管熔接成型的尺寸与形状符合 PP-R 管槽，可以把 PP-R 管槽画在地面，在 PP-R 管熔接时，根据 PP-R 管槽来定型。

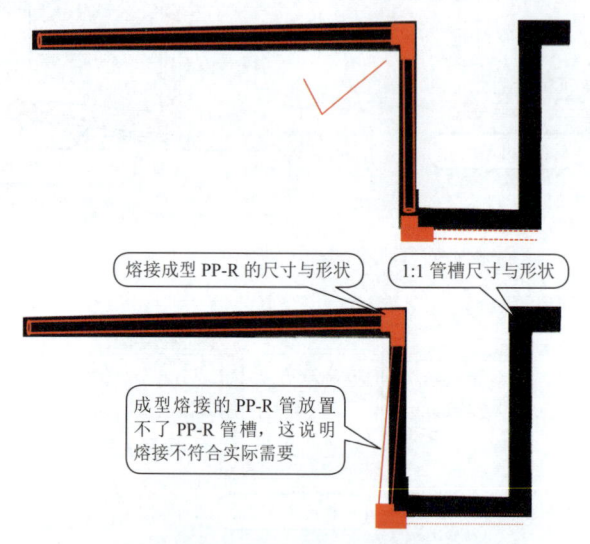

熔接成型 PP-R 的尺寸与形状　　1:1 管槽尺寸与形状

成型熔接的 PP-R 管放置不了 PP-R 管槽，这说明熔接不符合实际需要

PP-R 管熔接成型根据 PP-R 管槽来定成型

5-13　管路封槽

管路封槽需要考虑的因素：
（1）水管检验正常后，才能够对水槽进行封槽。
（2）封槽前，需要对松动的水管进行稳固。
（3）补槽前，必须将所补之处用水湿透。
（4）采用恰当比例的水泥砂浆封槽。
（5）封槽可以用烫子调制好水泥砂浆。
（6）封槽后的墙面、地面不得高于所在平面。
（7）电线管槽的封槽方法可以参考水管槽的封槽方法。

封槽用料： 封槽常用的水泥种类有硅酸盐水泥、普通硅酸盐水泥、矿渣水泥、火山灰水泥、粉煤灰水泥，家装中一般使用普通硅酸盐水泥，也就是使用普通水泥。砂子一般采用河砂。

水泥与砂混合

5-14 认识地暖系统

- 电暖分为电缆线采暖、电热膜采暖、碳晶板采暖、电散热器采暖等。
- 水暖分为低温地板辐射采暖、散热器采暖、混合采暖等

地暖的分类

地暖可分为电暖和水暖。

电热地暖主要由发热暖线、温控系统、辅助材料等组成。

电暖接头的三种处理方式：

密封盒接头方式——内部采用金属件压接技术，外部采用密封盒做绝缘。

热缩管密封接头方式——内部采用金属端子压接技术，外部采用热缩管密封技术。

隐式接头——内部采用错位点焊拉伸技术，外部表面绝缘材料。这种接头方式多用于单芯发热电缆。单芯线内部只有一根线芯，相线一头进，一头出。

水暖地板表面的平均温度：

人员经常停留的地面——采用24~26℃，温度上限值28℃。

人员短期停留的地面——采用28~30℃，温度上限值32℃。

无人员停留的地面——采用35~40℃，温度上限值42℃

地暖系统有关要求与规范如下：

（1）水暖系统的每个环路加热管的进、出水口应分别与分水器、集水器连接。

（2）分水器、集水器上均要设置手动或自动排气阀，避免了冷热压差以及补水等因素造成的集气，而使系统运行受阻。

（3）分水器、集水器内径不应小于总供水管、回水管内径，并且分水器、集水器最大断面流速不宜大于0.8m/s。

（4）每个分支环路供水管、回水管上均应设置铜制球阀等可关断阀门。

（5）每个分水器、集水器分支环路不宜多于8路。

（6）分水器之前的供水连接管道上，顺水流方向应安装阀门、过滤器及泄水管。

（7）分水器之前一般需要设置两个阀门，主要是供清洗过滤器、更换或维修热计量装置时关闭用。

（8）分水器之前设过滤器是为了防止杂质堵塞流量计、加热管。

（9）分水器之前的热计量装置前的阀门、过滤器，也可采用过滤球阀。

（10）集水器之后的回水连接管上，应安装泄水管，并加装平衡阀或其他可关断调解阀。

（11）安装泄水装置，用于验收前及以后维修时冲刷管道和泄水，泄水装置安装处最好就近有地漏等排水装置。

（12）有热计量要求的系统应设置热计量装置。

（13）分水器的总进水管与集水器的总出水管间，应设置旁通管，旁通管上设置阀门。旁通管的连接位置应在总进水管的始端（阀门之前）与总出水管的末端（阀门之后）之间，以保证对供暖管路系统冲洗时水不流进加热管。

（14）系统配件应采用耐腐蚀材料。

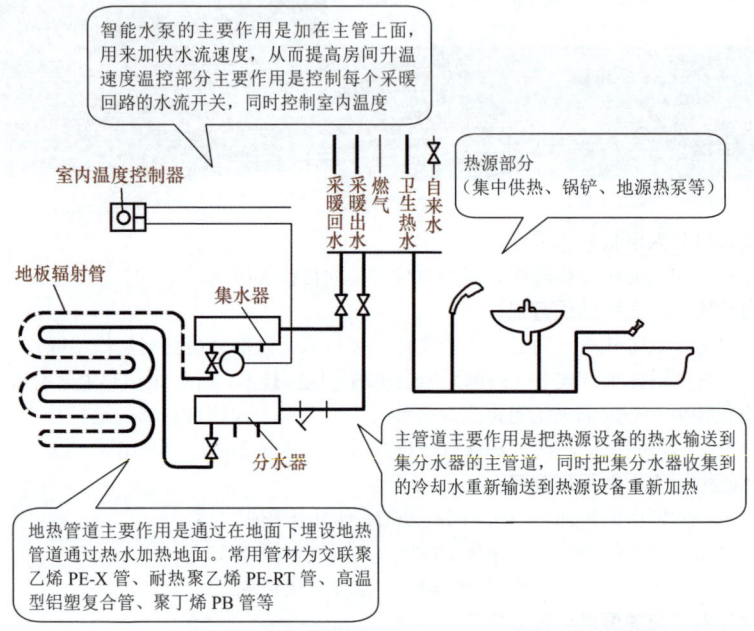

智能水泵的主要作用是加在主管上面，用来加快水流速度，从而提高房间升温速度温控部分主要作用是控制每个采暖回路的水流开关，同时控制室内温度

热源部分（集中供热、锅铲、地源热泵等）

室内温度控制器
采暖回水
采暖出水
燃气
卫生热水
自来水

地板辐射管
集水器
分水器

主管道主要作用是把热源设备的热水输送到集分水器的主管道，同时把集分水器收集到的冷却水重新输送到热源设备重新加热

地热管道主要作用是通过在地面下埋设地热管道通过热水加热地面。常用管材为交联聚乙烯 PE-X 管、耐热聚乙烯 PE-RT 管、高温型铝塑复合管、聚丁烯 PB 管等

水暖热源布置

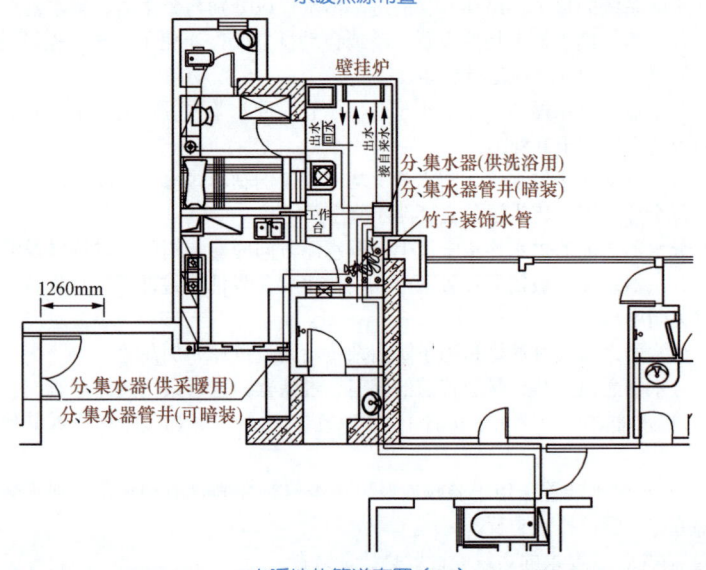

壁挂炉
分、集水器(供洗浴用)
分、集水器管井(暗装)
竹子装饰水管

1260mm

分、集水器(供采暖用)
分、集水器管井(可暗装)

水暖地热管道布置（一）

分,集水器(采暖用)
分,集水器管井(可暗装)

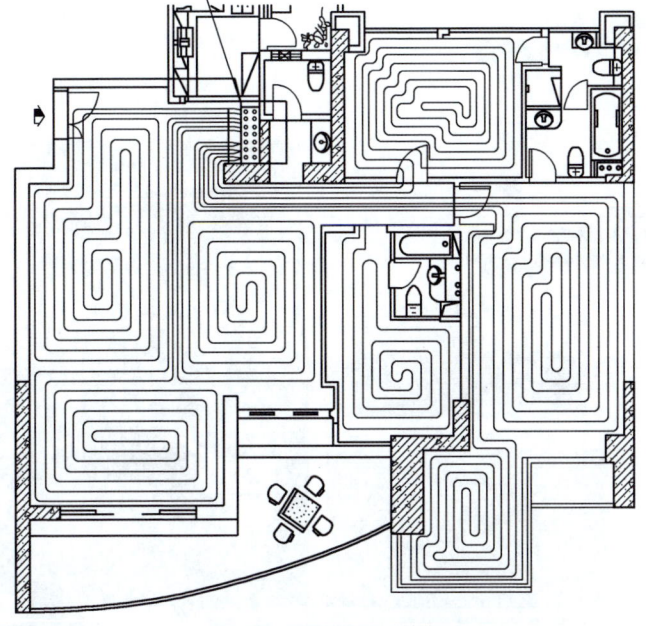

水暖地热管道布置（二）

5-15 地暖安装工艺流程

分水器、集水器的分类： 根据分水器、集水器主体材质不同分为不锈钢、铜分水器、集水器；铜分水器、集水器根据加工方法不同分为挤制型和红冲型；不锈钢分水器、集水器根据主体形状不同分为方形和圆形。根据分水器、集水器球阀不同分为活接式和卡套式；根据分水器、集水器支撑形式不同分为架板型和支架型。根据分水器、集水器结构不同分为普通型和智能型。

分水器和集水器是用于连接各路加热管供回水的配水与汇水装置

分水器、集水器都是由主管、分路调节阀、接头、排气阀、泄水阀、主管终端堵头几个部件组成。所用材料有：铜、铜镀镍、不锈钢、聚丙烯（PP-R）、合金铝（防腐处理）、支架由墙板、面板式、挂架式，常见材料为钢，表面需防腐处理，一般为喷塑或镀锌

分水器和集水器实物图（一）

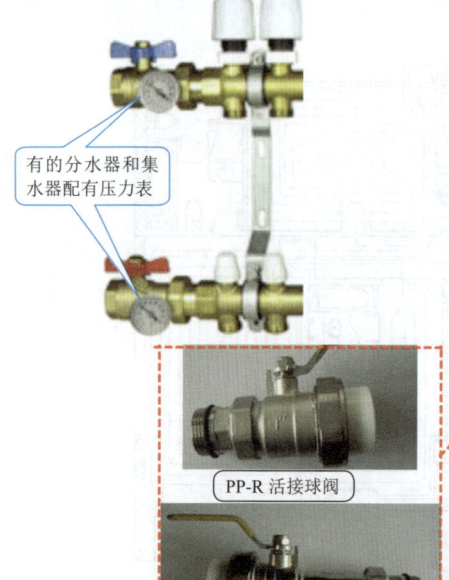

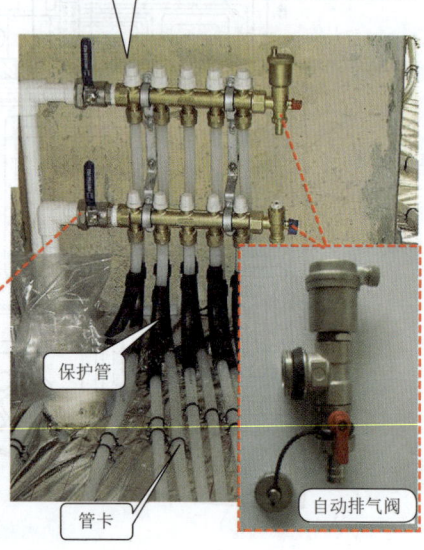

有的分水器和集水器配有压力表

分水器、集水器都有固定支架。地暖分水器和集水器出地面的管子需要安装护管。分水器和集水器安装的要求：保持水平安装，在供回水连接、安装完毕标明每个回路的供暖区域，安装完毕后要擦拭干净

PP-R 活接球阀

保护管

PP-R 活接过滤器球阀

管卡

自动排气阀

分水器和集水器实物图（二）

工艺流程： 安装分水器→连接主管→清理施工现场地面→铺设边界膨胀带、铺设保温层→铺设地热专用铝箔反射膜→根据施工图进行埋地管材铺设（铺设盘管）→设置过门伸缩缝→连接分水器→中间验收（试压）→豆石混凝土填充层施工→完工验收（试压）→运行调试。

加热管弯曲半径大管径的 8 倍，间距 100~300mm，铺设方式根据情况合理选择

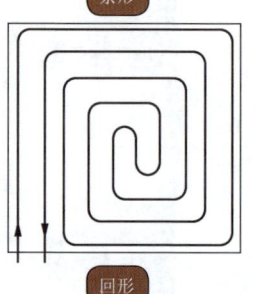

条形

回形

蛇形

地暖加热管弯曲操作方式

地暖安装管材： 地暖安装管材有两种，PE-RT（耐高温聚乙烯管）和 PEX（交联聚乙烯管）。PEX 分为 A、B、C 三级，即 PEX-A、PEX-B、PEX-C。其中 PEX-A 过氧化物交联度大于 70%；PEX-B 硅烷水交联度大于 65%；PEX-C 辐射及偶氮交联度大于 60%。

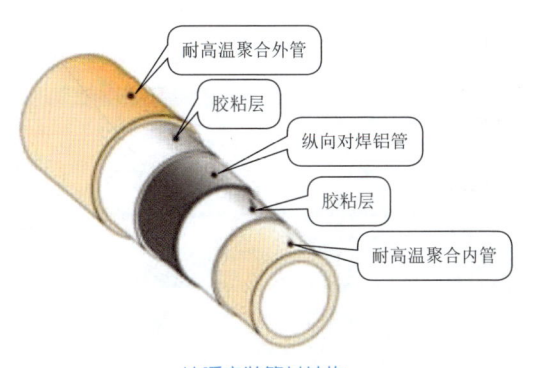

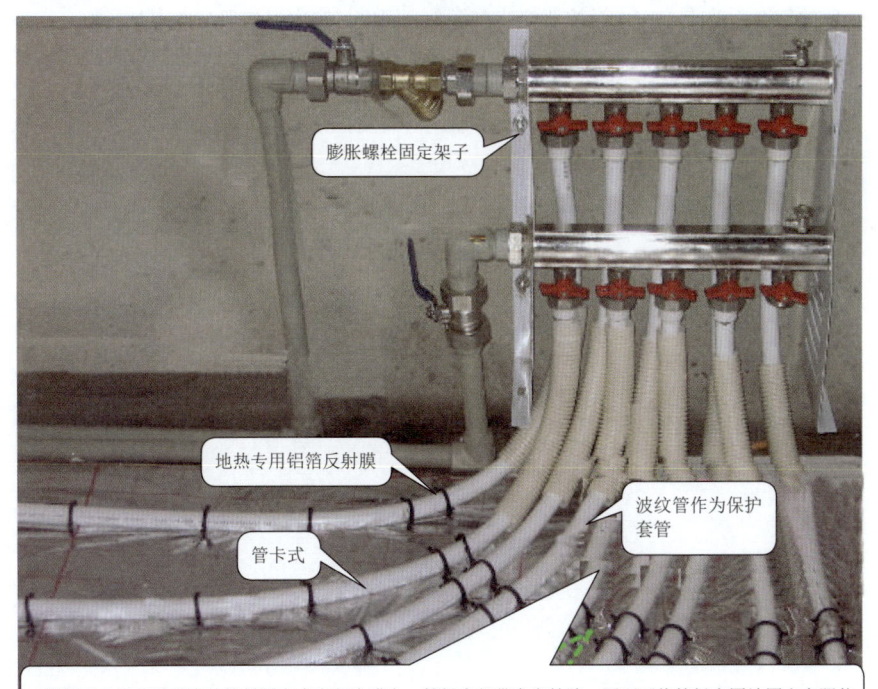

地暖安装管材结构（耐高温聚合外管、胶粘层、纵向对焊铝管、胶粘层、耐高温聚合内管）

地暖加热管固定方式（膨胀螺栓固定架子、地热专用铝箔反射膜、管卡式、波纹管作为保护套管）

- 管托式是用其所带有的管材固定点在复合膜上。管托底部带有自粘胶，因而可将管托牢固地固定在隔热材料上。
- 管卡式就是用管卡固定，防止管材上翘。
- 管材固定板式采用固定板（不带隔热层）来安装固定。

地暖保温材料有聚苯乙烯保温板(EPS)、挤塑聚苯乙烯保温板(XPS)、地热棉等。辐射膜采用纯铝箔的要好些。

地暖加热管固定方式： 固定方式有管托式、管卡式、管材固定板式、干式（嵌入式）。有的采用铁网来固定管材以及保护保温层不塌陷。

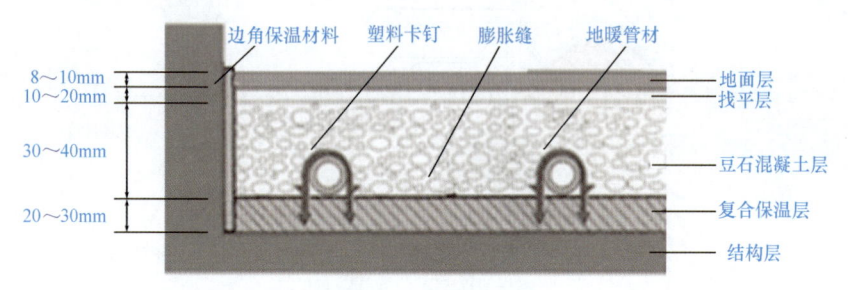

地暖加热管安装结构示意

热电执行器： 一种可以通过电信号控制阀门开闭的一种执行结构，一般安装在分水器的每个回路上。室内温控器安装在每个房间内。室内温控器与热电执行器之间用电缆连接。一般只需要在分水器的每个回路上外接温控阀，并配热电执行器，能实现对每个回路的自动温控。

对于内置温控阀芯的分水器、集水器，只需要在分水器的内置阀芯上安装热电执行器即可。

第 6 章

明装技能教你用

6-1　水电明装的应用领域

水电明装主要在一些农村采用，例如有的新农村 DIY 家装，个别城镇可能是暗装与明装混合安装，也就是混装。明装一般电路采用槽板安装。槽板有木槽板和塑料槽板。目前，采用木槽板较少，主要是采用塑料槽板安装。

一些新农村的家装中，室外由水泵把水抽到井边，然后井边采用 PP-R 明装水路到楼顶的水塔。楼顶的水塔再由 PP-R 水管引到需要水路的房间。

水电明装的应用领域

6-2　明装电路配线材料的要求

明装电路配线高要考虑的材料包括塑料线槽、绝缘导线、塑料胀管、辅助材料和镀锌材料等，这些材料的选用有一定的要求。

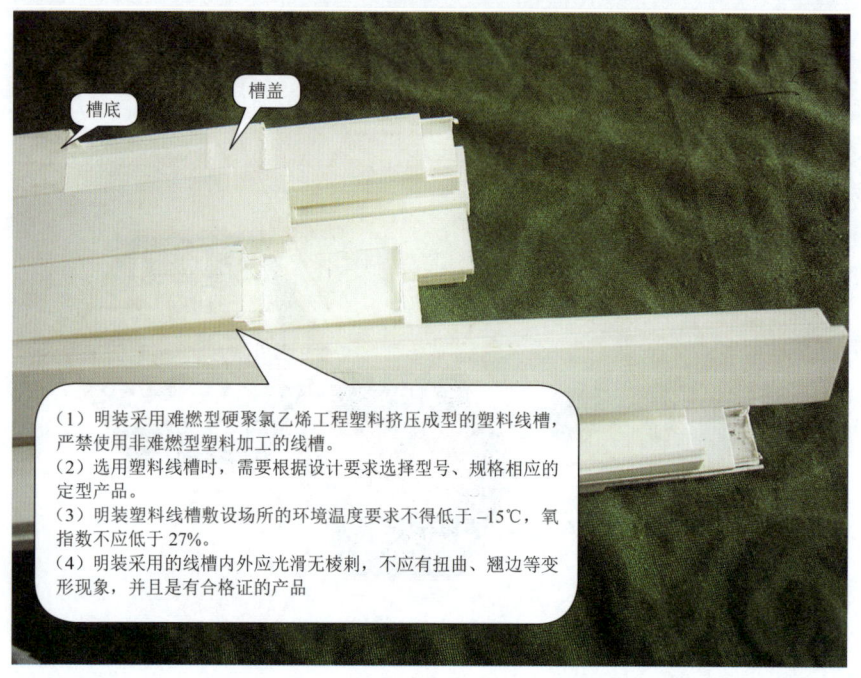

槽底　　槽盖

（1）明装采用难燃型硬聚氯乙烯工程塑料挤压成型的塑料线槽，严禁使用非难燃型塑料加工的线槽。
（2）选用塑料线槽时，需要根据设计要求选择型号、规格相应的定型产品。
（3）明装塑料线槽敷设场所的环境温度要求不得低于 –15℃，氧指数不应低于 27%。
（4）明装采用的线槽内外应光滑无棱刺，不应有扭曲、翘边等变形现象，并且是有合格证的产品

家装明装塑料线槽

家装明装用绝缘导线的型号、规格必须符合设计要求，线槽内敷设导线的线芯最小允许截面：铜导线为 1.0mm²；铝导线为 2.5mm²。目前，一般不采用铝导线，铜导线一般采用 2.5mm²、4mm²

塑料胀管的规格应与被紧固的电气器具荷重相对应，并选择相同型号的圆头机螺钉与垫圈配合使用

家装明装用绝缘导线　　　　　　　　**塑料胀管**

家装明装需要辅助材料有钻头、焊锡、焊剂、电焊条、氧气、乙炔气、调和漆、防锈漆、橡胶绝缘带或粘塑料绝缘带、黑胶布、石膏等

黑胶布

选择金属材料时，应选用经过镀锌处理的圆钢、扁钢、角钢、螺钉、螺栓、螺母、垫圈、弹簧垫圈等。如果选择非镀锌金属材料则需要进行除锈、防腐处理

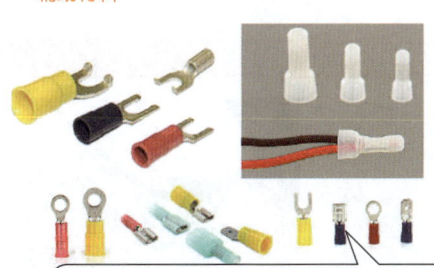

辅助材料　　　　　　　　　　　　　**镀锌材料**

- 螺旋接线钮、LC 安全型压线帽——根据导线截面与导线根数，选择相应型号的加强型绝缘钢壳螺旋接线钮、LC 安全型压线帽。
- 套管——套管有铜套管、铝套管及铜铝过渡套管三种，选用时应采用与导线规格相应的相同材质套管。
- 接线端子（接线鼻子）——选用时应根据导线根数和总截面选用相应规格的接线端子。
- 木砖——用木材制成梯形，使用时应做防腐处理

家装明装用其他材料

6-3 进户线的连接

进户线的连接一般通过电力基层电工操作,装饰装修电工不得擅自连接。

从主干上连接,注意连接牢靠,不得切断干线

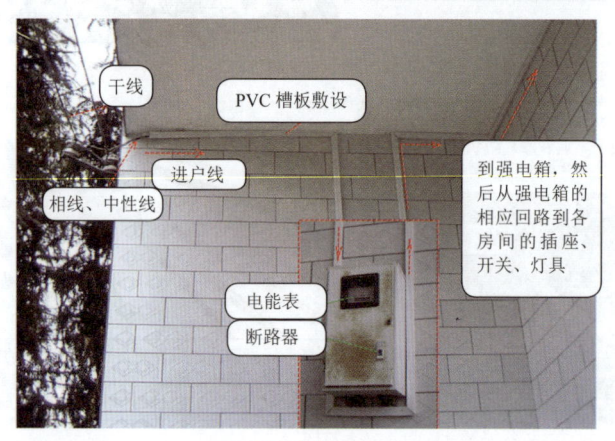

干线
PVC 槽板敷设
进户线
相线、中性线
到强电箱,然后从强电箱的相应回路到各房间的插座、开关、灯具
电能表
断路器

进户线的连接

6-4 家装明装电路需要的主要机具

家装明装用机具

第6章 明装技能教你用   205

家装明装电路需要的机具

家装明装用机具主要有： ①铅笔、卷尺、线坠、粉线袋、电工常用工具、活扳手、手锤、錾子；②钢锯、钢锯条、喷灯、锡锅、锡勺、焊锡、焊剂；③手电钻、电锤、万用表、绝缘电阻表、工具袋、工具箱、高凳、梯子。

6-5 家装明装电路作业条件与水电工艺流程

家装明装水电工艺流程：弹线定位→线槽固定→线槽连接→槽内放线→导线连接→线路检查绝缘测量。

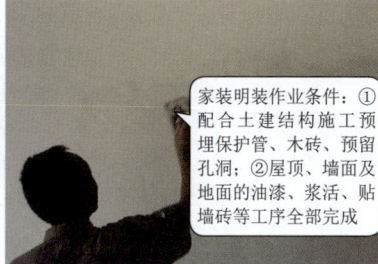

家装明装作业条件：①配合土建结构施工预埋保护管、木砖、预留孔洞；②屋顶、墙面及地面的油漆、浆活、贴墙砖等工序全部完成

家装明装电路作业条件与水电工艺流程

6-6 家装明装电路怎样弹线定位

弹线定位的要求与规范：

（1）线槽配线在穿过楼板或墙壁时，需要采用保护管。

（2）穿楼板处必须用钢管保护，其保护高度距地面不应低于 1.8m。

（3）装设开关的地方，保护管可引到开关的位置。

（4）过变形缝时应做补偿处理。

（5）硬质塑料管暗敷或埋地敷设时时，引出地(楼)面不低于 0.50m 的一段管路应采取防止机械损伤的措施。

穿楼板的电线管需要采用套管保护，并且套管要大于所采用的电线管

穿楼板的电线管安装要求

弹线定位的方法：
（1）根据相关图确定进户线、箱等电器具固定点的位置。
（2）从始端到终端，先干线后支线找好水平或垂直线。
（3）再用粉线袋在线路中心弹线，并且分均档距，以及用笔画出加档位置。
（4）分均档距是用于确定固定点的位置，固定点的位置处采用电锤钻孔，然后在孔里埋入塑料胀管或伞形螺栓，供固定线槽使用。
（5）弹线时不得弄脏房屋的墙壁表面。因为明装弹线是在已经粉刷、装饰好的墙壁、地面进行的，所以，明装弹线不得多余、随意，也可以隔一段距离弹一小段线。

6-7 家装明装电路线槽的布管与固定

1. 木砖固定线槽
（1）利用配合土建结构施工的预埋木砖。
（2）加砌砖墙或砖墙剔洞后再埋的木砖。
（3）梯形木砖较大的一面应朝洞里，外表面与建筑物的表面平齐。
（4）再用水泥砂浆抹平，等凝固后，再把线槽底板用木螺钉固定在木砖上。

2. 塑料胀管固定线槽
（1）混凝土墙、砖墙、瓷砖墙可以采用塑料胀管固定塑料线槽。
（2）根据胀管直径、长度选择钻头。
（3）在标出的固定点位置上钻孔，不应有歪斜、豁口，垂直钻好孔后，应将孔内残存的杂物清净。
（4）用木槌把塑料胀管垂直敲入孔中，并与建筑物表面平齐为准。
（5）用石膏将缝隙填实抹平。
（6）用半圆头木螺钉加垫圈将线槽底板固定在塑料胀管上，紧贴房屋墙壁表面。一般需要先固定两端，再固定中间。

塑料胀管

（7）固定时，要找正线槽底板，横平竖直，并沿房屋表面进行敷设。
固定线槽常用的木螺钉规格尺寸见表6-1。

表 6-1　　　　　　　　固定线槽常用的木螺钉　　　　　　　　　　mm

标　号	公称直径 D	螺杆直径 D	螺杆长度 h
7	4	3.81	12~70
8	4	4.7	12~70
9	4.5	4.52	16~85
10	5	4.88	18~100
12	5	5.59	18~100
14	6	6.30	250~100

续表

标　号	公称直径 D	螺杆直径 D	螺杆长度 h
16	6	7.01	25~100
18	8	7.72	40~100
20	8	8.44	40~100
24	10	9.86	70~120

（8）硬质塑料管明敷时，其固定点间距不应大于表 6-2 所列数值。

表 6-2　　　　　塑料管明敷时固定点最大间距

公称直径 /mm	20 及以下	25~40	50 及以上
最大间距 /m	1.00	1.50	2.00

塑料线槽明敷时，槽底固定点间距应根据线槽规格而定，一般不应大于表 6-3 所列数值。

表 6-3　　　　　塑料线槽明敷时固定点最大间距

固定点形式	线槽宽度 /mm		
	20~40	60	80~120
	固定点最大间距 /m		
（图）	0.8	—	—
（图）	—	1.0	—
（图）	—	—	0.8

3. 伞形螺栓固定线槽

（1）在石膏板墙或其他护板墙上，可以采用伞形螺栓固定塑料线槽。

（2）首先根据弹线定位的标记，找出固定点位置。

（3）把线槽的底板横平竖直地紧贴房屋墙壁、顶面的表面。

（4）钻好孔后将伞形螺栓的两个叶掐紧合拢插入孔中，等合拢伞叶自行张开后，再用螺母紧固即可。

（5）露出线槽内的部分应加套塑料管。

（6）固定线槽时，一般要先固定两端，再固定中间。

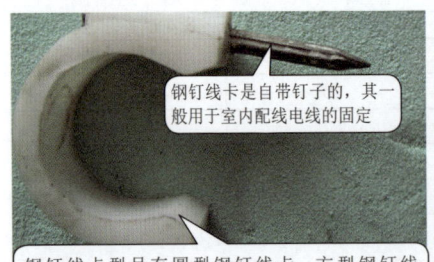

钢钉线卡是自带钉子的,其一般用于室内配线电线的固定

使用方法:将电线置于卡槽内,再用铁锤将钢钉入墙壁即可

钢钉线卡型号有圆型钢钉线卡、方型钢钉线卡、钩型钢钉线卡,其中,圆型钢钉线卡规格有4~40mm,方型钢钉线卡规格有4~40mm,钩型钢钉线卡规格有15、22、28mm等

使用钢钉线卡要尽量走拐角处、阴角处,使之不显眼,平时不容易碰到,也能够达到美观的效果。另外,线卡钉子间要等距离,并且拐角处需要每面各钉一只。如果用手扶钉,容易伤到手。因此,操作时,可以借助小的尖嘴钳子夹着线卡,再用铁锤将钢钉入墙壁

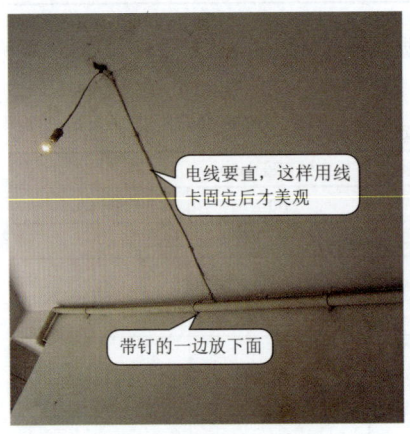

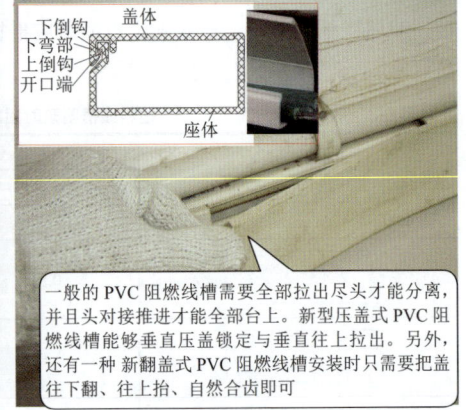

电线要直,这样用线卡固定后才美观

带钉的一边放下面

下倒钩
下弯部
上倒钩
开口端
盖体
座体

一般的PVC阻燃线槽需要全部拉出尽头才能分离,并且头对接推进才能全部合上。新型压盖式PVC阻燃线槽能够垂直压盖锁定与垂直往上拉出。另外,还有一种 新翻盖式PVC阻燃线槽安装时只需要把盖往下翻、往上抬、自然合齿即可

线卡与线管配合好,卡钉完全打入墙壁后,线卡与线管间没有缝隙、压扁等异常现象

线卡固定

4. 硬质阻燃塑料管(PVC)明敷安装

(1)PVC阻燃导管是以聚氯乙烯树脂为主要原料,加入适量的助剂,经加工设备挤压成型的刚性导管。按外径分,PVC阻燃导管有D16、D20、D25、D32、D40、D45、D63、D25、D110等规格。家装小管径PVC阻燃导管可在常温下进行弯曲。

（2）电线管路与热水管、蒸汽管同侧敷设时，应敷设在热水管蒸汽管的下面。有困难时，可敷设在其上面。

（3）电线管路与热水管、蒸汽管相互间的净距不宜小于下列数值：①当管路敷设在热水管下面时为 0.20m，上面时为 0.30m；②当管路敷设在蒸汽管下面时为 0.50m，上面时为 1m。

（4）当不能符合上述要求时，应采取隔热措施。

（5）电线管路与其他管路的平行净距不应小于 0.10m。当与水管同侧敷设时，宜敷设在水管的上面。

6-8 家装明装电路线槽连接与走线

线槽及附件连接处应严密、平整，无缝隙，紧贴建筑物固定点最大间距应符合表 6-4 的规定。

表 6-4　　　　　　　　槽体固定点最大间距尺寸

固定点形式	槽板宽度 /mm		
	20~40	60	80~120
	固定点最大间距 /mm		
中心单列	800	—	—
双列	—	1000	—
双列	—	—	800

线槽的安装

1. 槽底和槽盖直线段对接
（1）槽底固定点的间距应不小于 500mm。
（2）盖板应不小于 300mm。
（3）底板离终点 50mm 及盖板距离终端点 30mm 处均需要固定。
（4）三线槽的槽底应用双钉固定。
（5）槽底对接缝与槽盖对接缝应错开并不小于 100mm。

2. 线槽配件
（1）线槽分支接头、线槽附件（如直通、三通转角、接头、插口）、盒、箱应采用相同材质的定型产品。
（2）槽底、槽盖与各种附件相对接时，接缝处应严密、平整，固定牢固。

3. 线槽各种附件安装要求
（1）塑料线槽布线，在线路连接、转角、分支及终端处采用相应附件。
（2）盒子均应两点固定，各种附件角、转角、三通等固定点不应少于两点。

（3）接线盒、灯头盒应采用相应插口连接。
（4）线槽的终端应采用终端头封堵。
（5）在线路分支接头处应采用相应接线箱。
（6）安装铝合金装饰板时，应牢固平整严实。

4. 槽内放线

（1）放线时，先用布清除槽内的污物，使线槽内外清洁。
（2）先将导线放开伸直，理顺后盘成大圈，置于放线架上，从始端到终端，边放边整理，导线顺直不得有挤压、背扣、扭结、受损等现象。
（3）绑扎导线可以采用尼龙绑扎带，不得采用金属丝绑扎。
（4）在接线盒处的导线预留长度不应超过150mm。
（5）线槽内不允许出现接头，导线接头应放在接线盒内。
（6）从室外引进室内的导线在进入墙内一段用橡胶绝缘导线，严禁使用塑料绝缘导线，并且穿墙保护管的外侧应有防水措施。
（7）导线连接处的接触电阻值要最小，机械强度不得降低，并且要恢复其原有的绝缘强度。
（8）连接时，注意正确区分相线、中性线、保护地线。
（9）强电、弱电线路不应同敷于同一根线槽内。

注意：
（1）护套绝缘电线明敷，需要采用线卡沿墙壁、顶棚、房屋表面直接敷设，固定点间距不应大于0.30m。
（2）不得将护套绝缘电线直接埋入墙壁、顶棚的抹灰层内。
（3）护套绝缘电线与接地导体、不发热的管道紧贴交叉时，应加绝缘管保护。
（4）金属管布线的管路较长或有弯时，需要适当加装拉线盒，两个拉线点间距离应符合以下要求：①对无弯的管路，不超过30m；②两上拉线点间有一个弯时，不超过20m；③两上拉线点间有两个弯时，不超过15m；④两上拉线点间有三个弯时，不超过8m；⑤当加装拉线盒有困难时，也可适当加大管径。

6-9 家装明装电路照明开关安装要求与规定

开关安装的规范与要求：

（1）开关安装位置要是便于操作的位置。
（2）开关边缘距门框边缘的距离为0.15~0.2m。
（3）开关距地面高度一般为1.3m。
（4）拉线开关距地面高度一般为2~3m，层高小于3m时，拉线开关距顶板不小于100mm，并且拉线出口垂直向下。
（5）相同型号并列安装及同一室内开关安装高度应一致，且控制有序不错位。
（6）并列安装的拉线开关的相邻间距不小于20mm。
（7）安装开关时不得碰坏墙面，要保持墙面清洁。
（8）开关插座安装完毕后，不得再次进行喷浆。
（9）其他工种施工时，不要碰坏和碰歪开关。
（10）盒盖、槽盖应全部盖严实平整，不允许有导线外露现象。

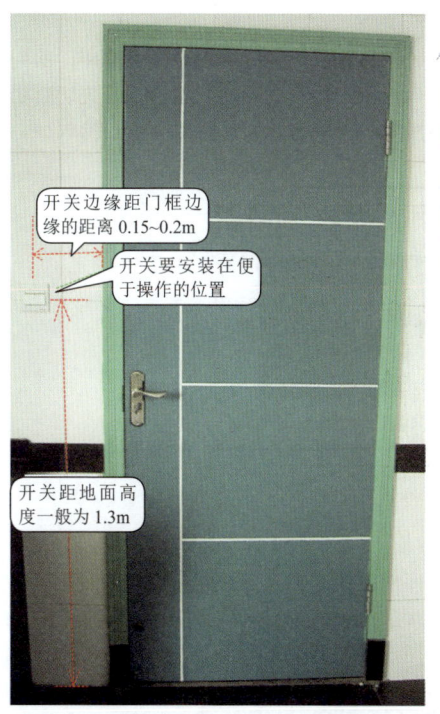

第6章 明装技能教你用 211

开关边缘距门框边缘的距离 0.15~0.2m

开关要安装在便于操作的位置

开关距地面高度一般为 1.3m

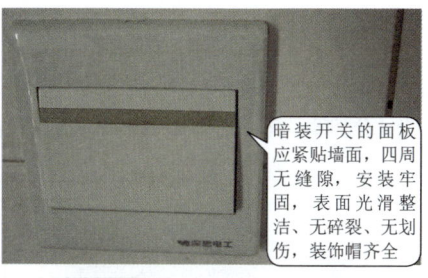

暗装开关的面板应紧贴墙面，四周无缝隙，安装牢固，表面光滑整洁、无碎裂、无划伤，装饰帽齐全

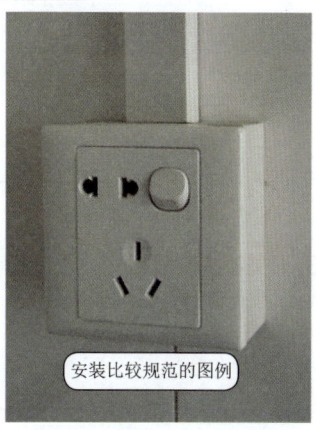

安装比较规范的图例

开关安装的要求

注　开关安装位置的高度暗装与明装基本一样。

6-10　一开五孔带开关单控插座的应用安装技巧

1. 概述

一开五孔带开关单控插座的类型一般是 86 型，插孔类型为二三插，额定电流常见为 10A。

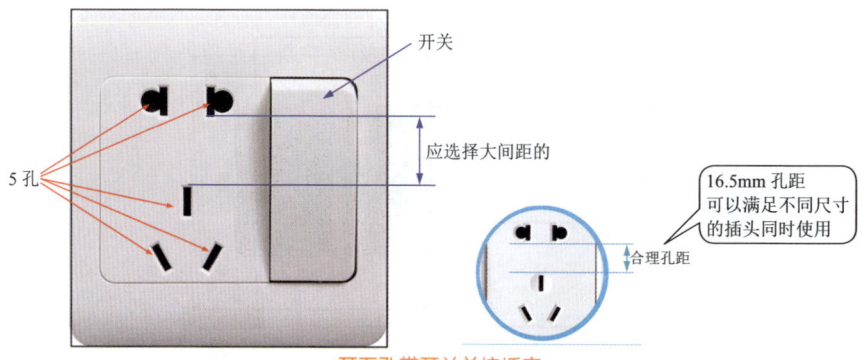

开关

5孔

应选择大间距的

16.5mm 孔距可以满足不同尺寸的插头同时使用

合理孔距

一开五孔带开关单控插座

2. 开关控制插座

一开五孔带开关单控插座开关控制插座，可以相线先进开关再继续进插座，即同一根相线上，开关与插座为串联形式，开关为上游，插座为下游。这样，开关切断相线，会切断开关下游插座的相线。开关接通相线，会接通开关下游插座的相线。

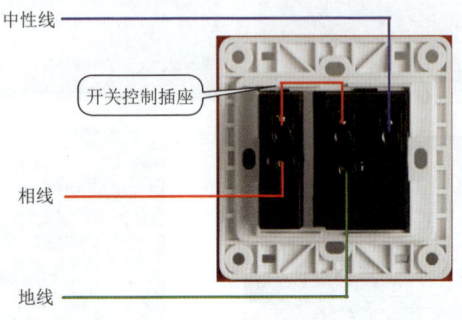

中性线
开关控制插座
相线
地线

开关控制插座

3. 开关不控制插座

一开五孔带开关单控插座开关不控制插座的接线方式有三种：开关插座的相线进线分别引入连接、开关相线进线引入后再串接插座进线相线、插座相线进线引入后再串接开关进线相线。

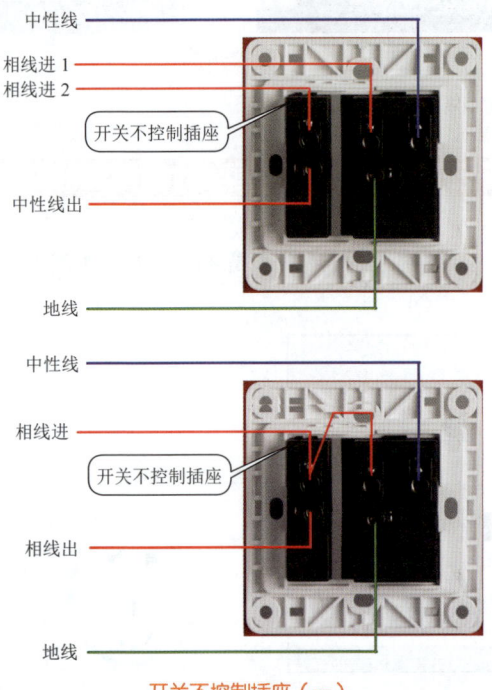

中性线
相线进1
相线进2
开关不控制插座
中性线出
地线

中性线
相线进
开关不控制插座
相线出
地线

开关不控制插座（一）

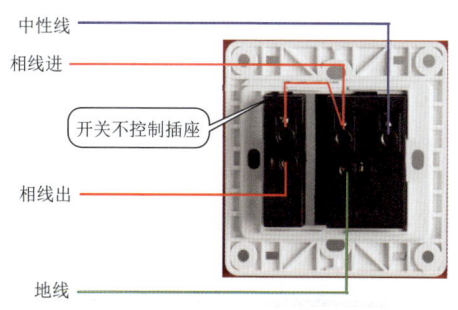

中性线
相线进
开关不控制插座
相线出
地线

开关不控制插座（二）

说明：在面板上实现开关与插座火线的串接，可以节省外部的引线。但是，这样要求面板的接线孔需要是超大孔的面板。上述一开五孔带开关单控插座的应用安装技巧也适用暗装一开五孔带开关单控插座的应用。

6-11 漏电开关的特点与安装

1. 漏电开关的特点

漏电开关的特点如下图。家装一般选择小参数的漏电开关，1极或者2极的居多。

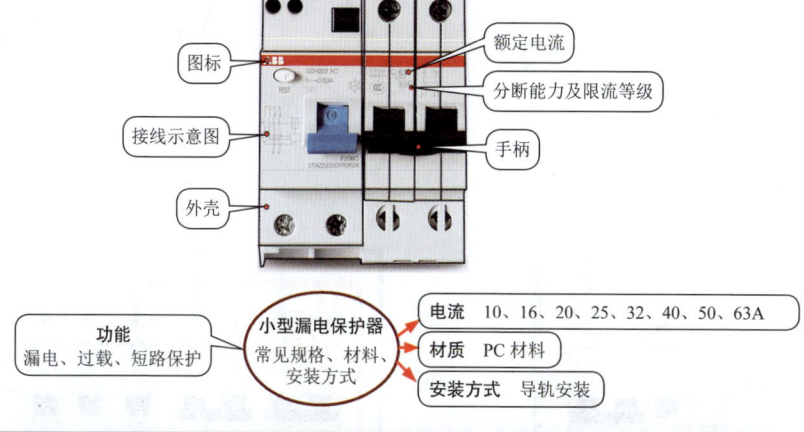

图标
额定电流
分断能力及限流等级
接线示意图
手柄
外壳

功能
漏电、过载、短路保护

小型漏电保护器
常见规格、材料、安装方式

电流　10、16、20、25、32、40、50、63A
材质　PC材料
安装方式　导轨安装

名称	电压/V	占位（1位=18mm）	接线方式	灭弧方式
1P 空气开关/断路器	230/400	1位	只接相线	磁吹式
2P 空气开关/断路器	400	2位	接相线、中性线	磁吹式
3P 空气开关/断路器	400	3位	三相四线电	磁吹式
4P 空气开关/断路器	400	4位	三相四线电	磁吹式
1P+N 漏保断路器	230	10-32A:2.5位；40-63A:3位	接相线、中性线	磁吹式
2P 漏保断路器	230	10-32A:3.5位；40-63A:4位	接相线、中性线	磁吹式
3P+N 漏保断路器	400	10-32A:5.5位；40-63A:6.5位	三相四线电	磁吹式
4P 漏保断路器	400	10-32A:6.5位；40-63A:7.5位	三相四线电	磁吹式

一些漏电开关的特点

2. 漏电开关的安装

漏电开关的安装图例如图。

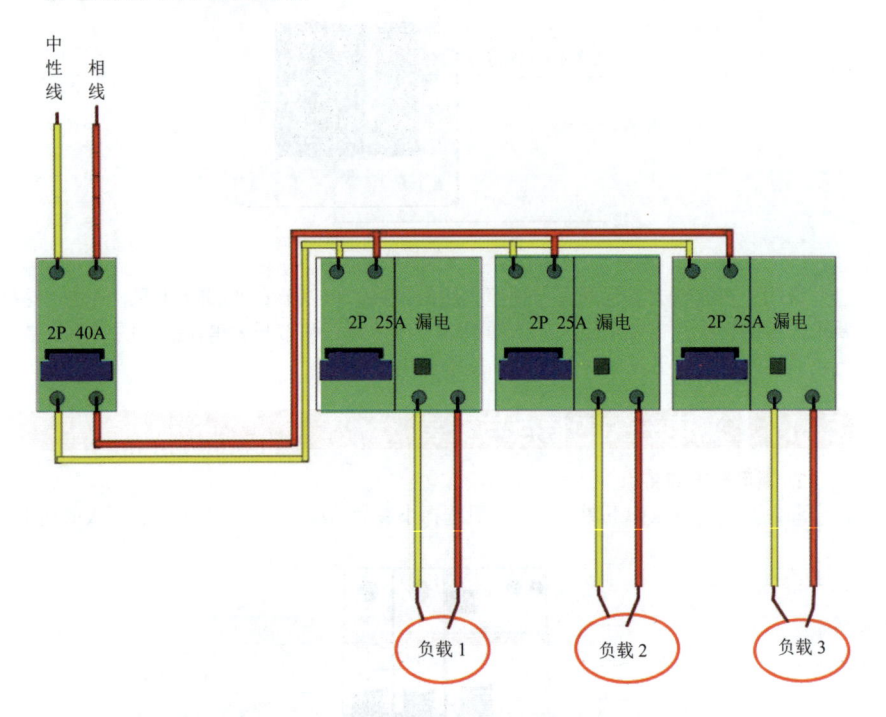

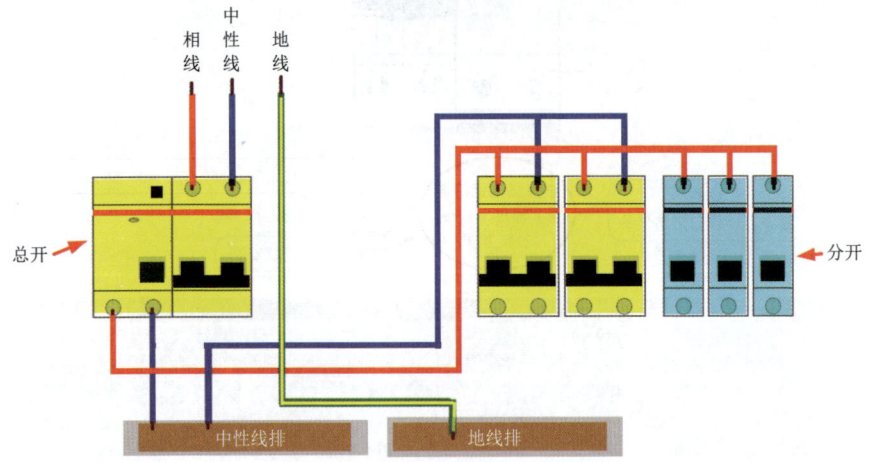

漏电开关的安装

6-12 明装灯座的安装

明装灯座的安装方法如下。

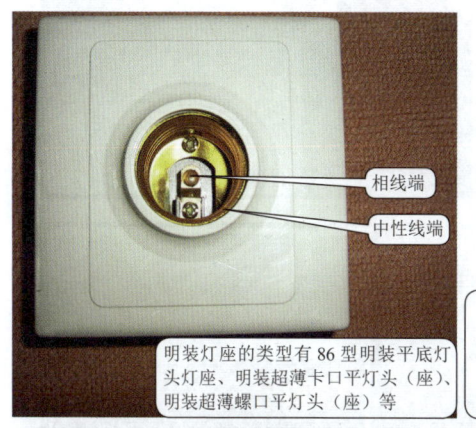

相线端
中性线端

明装灯座的类型有 86 型明装平底灯头灯座、明装超薄卡口平灯头（座）、明装超薄螺口平灯头（座）等

与 PVC 线槽配套使用

家装明装螺口灯座选择产品规格一般要 250V、40W 等

螺口灯座的种类有 E14、E27、E40 等。其中，E14、E27 为家用灯座，E27 在家装中常用。螺口灯座中间的金属片一定要与相线连接。周围的螺旋套只能接在中性线上，并且，开关要控制相线

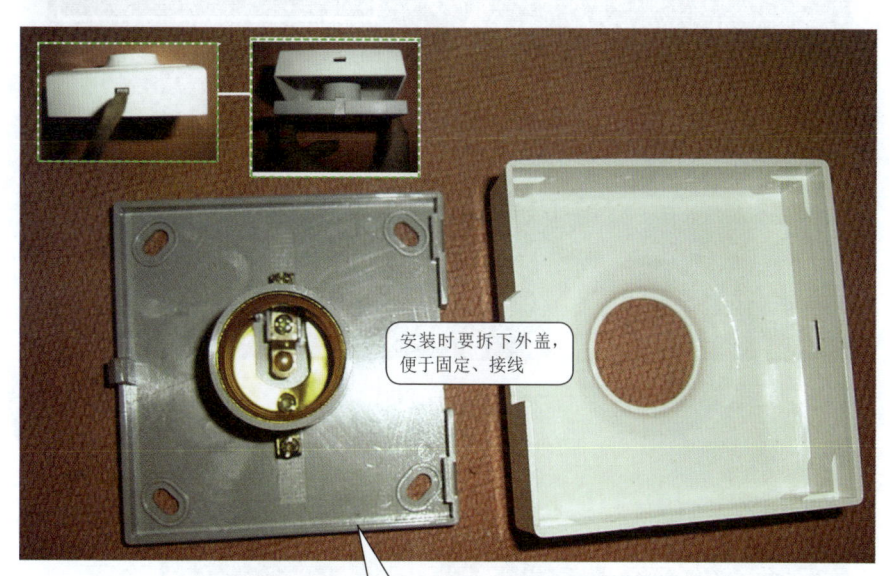

安装时要拆下外盖，便于固定、接线

有的明装灯座电线接线端是在上盖上，有的是在底盖上

明装灯座的方法与要求（一）

通过螺钉固定（有四个固定孔）

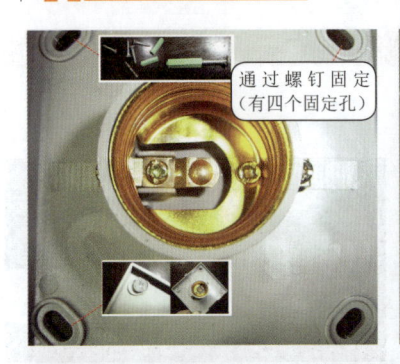

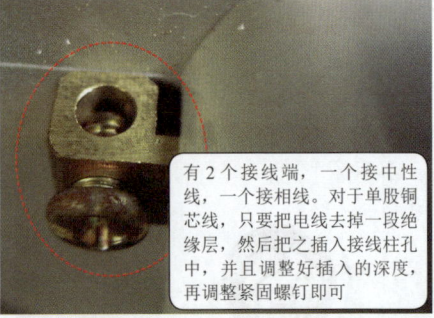

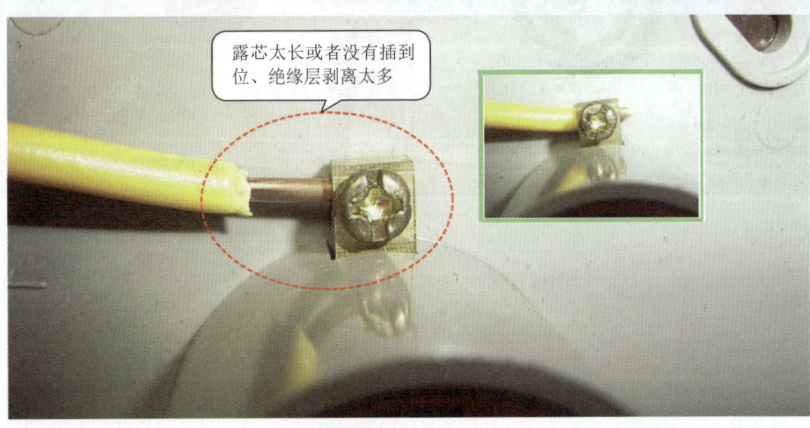

有2个接线端，一个接中性线，一个接相线。对于单股铜芯线，只要把电线去掉一段绝缘层，然后把之插入接线柱孔中，并且调整好插入的深度，再调整紧固螺钉即可

露芯太长或者没有插到位、绝缘层剥离太多

明装灯座的方法与要求（二）

- 多股线经剥头后芯线易松散，如果直接压接不易压实，运行中易发热，并且多股线更易氧化。因此，多股线不准有断股，需要把端部绞紧、涮锡、加接冷压端子。
- 线芯小的线可以折回一段达到增加线芯宽度的目的

最大使用功率要求

弯曲预留一段，以免检修备用。如果该线段另端接口采用接线盒，则可以在接线盒一端留一段检修备用，该处即直接连接，以美观、实用为主

如果是没有粉刷装饰的红砖墙壁上安装，墙壁表面往往不平整，这时可以单独为灯座底部接触的墙壁找平或者粉刷、加垫物块。如果，直接在红砖墙壁上安装，则四角的固定螺钉要互相配合，有的可能不能调到底部

采用膨胀套＋螺钉固定：首先把孔定位做记号，然后用电锤打孔，再安装膨胀套，然后安装底板，再固定螺钉

该处要采用平三通附件

明装灯座的方法与要求（三）

采用平三通就没有间隙

明装灯座的方法与要求

6-13 明装灯座开关的安装

明装灯座开关的安装方法如下。

灯具相线、中性线搭接去处

相线

中性线

相线需要去开关端，而后由开关端返回到灯具端

中性线直接到灯具中性线接线

返回

线槽截面利用率不应超过50%。槽内电线应顺直，尽量不交叉，电线不应溢出线槽。拉线盒盖应能开启

明装灯座开关的方法与要求（四）

6-14 拉线开关的安装

拉线开关的安装方法如下。

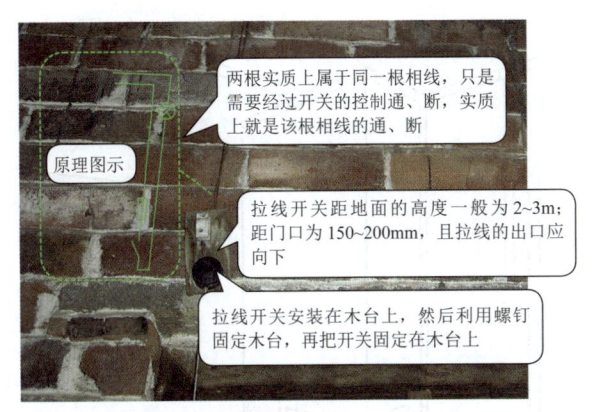

原理图示

两根实质上属于同一根相线,只是需要经过开关的控制通、断,实质上就是该根相线的通、断

拉线开关距地面的高度一般为2~3m;距门口为150~200mm,且拉线的出口应向下

拉线开关安装在木台上,然后利用螺钉固定木台,再把开关固定在木台上

拉线开关的安装

6-15 塑料线槽配线安装

1. 塑料线槽及其配件

塑料线槽的型号有PVC-20系列、PVC-25系列、PVC-25F系列、PVC-30系列、PVC-40系列、PVC-40Q系列等。规格有20×12,25×12.5,25×25,30×15,40×20等。与PVC槽配套的附件有阳角、阴角、直转角、平三通、左三通、右三通、连接头、终端头、接线盒(暗盒、明盒)等,见表6-5。

表6-5　　　　　　　与PVC槽配套的附件

名　称	图　例	名　称	图　例	名　称	图　例
阳角		顶三通		终端头	
阴角		左三通		接线盒插口	
直转角		右三通		灯头盒插口	
平三通		连接头			

2. 安装实例

安装实例如下。

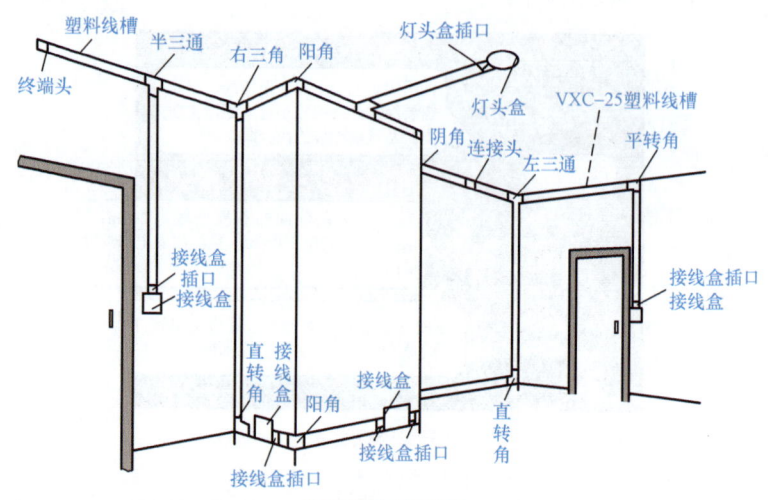

塑料线槽安装实例

6-16 地板线槽配线安装

有的地板线槽采用低卤素硬质 PVC 料制成，由槽底、槽盖组成，槽底配附双面胶。工作温度为 $-25℃$，持续高温可至 $70℃$，瞬间可耐热达 $85℃$。如果没有配双面胶的，可以采用线槽背胶：先将被固定板擦干净，再用背胶撕去，粘好压紧即可。当然，也可以采用螺钉固定。地板线槽使用方法：首先将地板擦拭干净，再将底槽双面胶撕开，粘贴固定于地板上，随后装入电线，盖上槽盖即可。

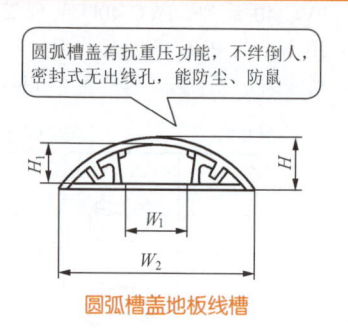

圆弧槽盖有抗重压功能，不绊倒人，密封式无出线孔，能防尘、防鼠

圆弧槽盖地板线槽

6-17 吊扇与壁扇的安装

安装程序： 固定吊装→敷设线路→组装电扇→安装吊扇、吊管、接线→调试。
对吊钩的要求如下：
（1）吊钩挂上吊扇后，吊扇的重心与吊钩直线部分应在同一直线上。

吊扇结构

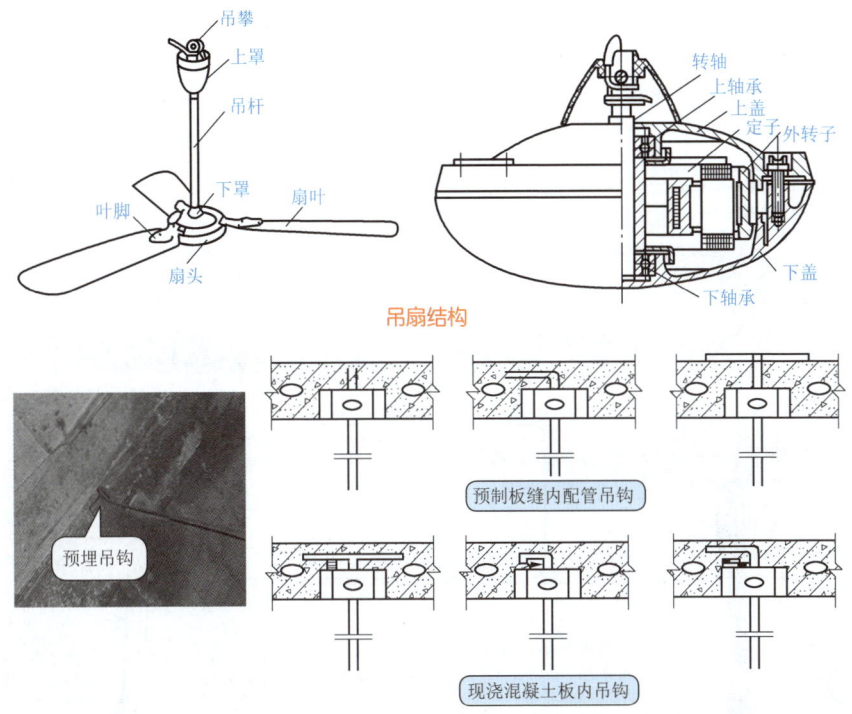

预埋吊钩

预制板缝内配管吊钩

现浇混凝土板内吊钩

预埋吊钩做法

（2）吊钩应能承受吊扇的重量与运转时的扭力。吊钩直径不应小于吊扇悬挂销钉的直径，且不得小于 8mm。

（3）吊扇必须预埋吊钩或螺栓。预埋件必须牢固可靠、安装要牢靠。

（4）吊钩伸出建筑物的长度应以盖上风扇吊杆护罩后能将整个吊钩全部罩住为宜。

组装电扇：

（1）吊扇灯的叶架要轻拿轻放，不能用任何的东西去挤压叶架。安装叶架叶片时，（一般一个叶架叶片是有 3 或 4 个螺钉固定）。在锁这些螺钉的时候，尽量是同一个人去锁，所尽量使用同等的力量。不要一个螺钉锁得很紧，而另一个又锁得很松。安装时整台吊扇的螺钉要锁紧，装好后最好再检查一遍。特别是吊杆跟吊扇主体连接处的螺钉，一定要旋紧。

（2）组装电扇时，严禁改变扇叶角度，且扇叶的固定螺钉应装设防松装置；吊杆之间、吊杆与电动机之间的螺纹啮合长度不得小于 20mm，且必须装设防松装置。

（3）将组装好的吊扇托起，用预埋的吊钩将吊扇的耳环挂牢，按接线图进行正确接线。为了保证安全，避免人手在电扇运转时碰到扇叶，扇叶距地面的高度不应低于 2.5m。向上托起吊杆上的护罩，将接头扣于其内，护罩应紧贴建筑物表面，拧紧固定螺钉。

（4）检查吊扇的转向及调速开关是否正常，如果发现问题必须先断电，然后查找原因进行修复。

(5) 吊扇的防松装置应齐全可靠，扇叶距地不应小于2.5m。

(6) 导线进入吊扇处的绝缘保护良好，留有适当余量。连接牢固紧密，不伤线芯。压板连接时压紧无松动，螺栓连接时，在同一端子上导线不超过两根，吊扇的防松垫圈等配件齐全。吊链灯的引下线整齐美观。

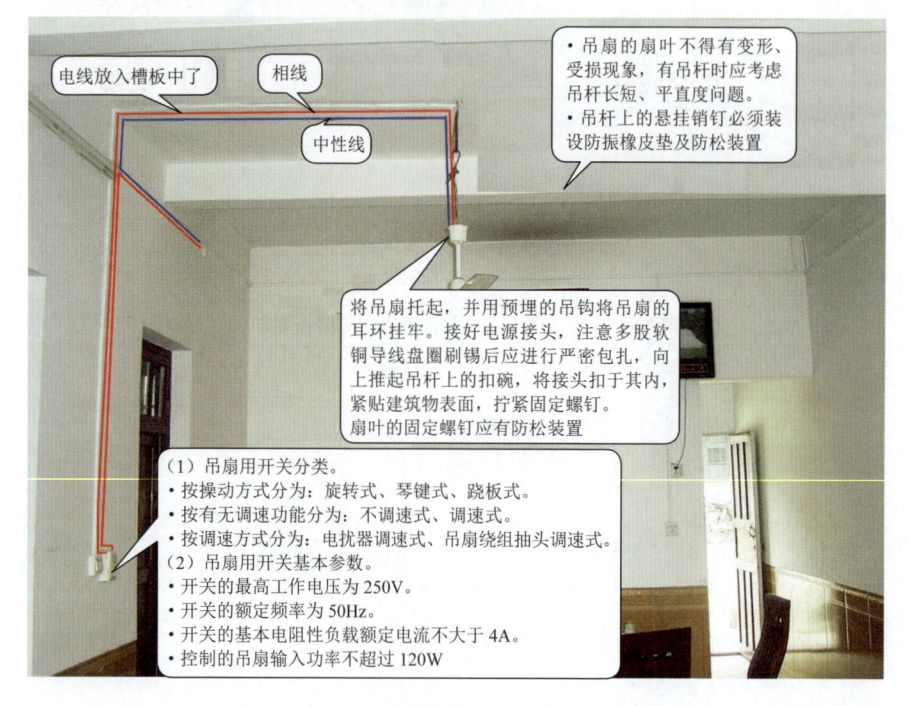

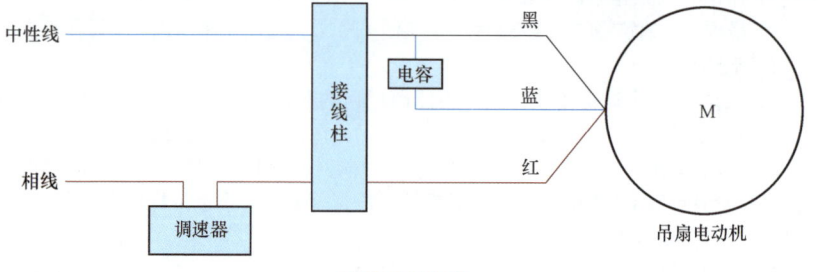

- 电线放入槽板中了
- 相线
- 中性线

- 吊扇的扇叶不得有变形、受损现象，有吊杆时应考虑吊杆长短、平直度问题。
- 吊杆上的悬挂销钉必须装设防振橡皮垫及防松装置

将吊扇托起，并用预埋的吊钩将吊扇的耳环挂牢。接好电源接头，注意多股软铜导线盘圈刷锡后应进行严密包扎，向上推起吊杆上的扣碗，将接头扣于其内，紧贴建筑物表面，拧紧固定螺钉。扇叶的固定螺钉应有防松装置

（1）吊扇用开关分类。
- 按操动方式分为：旋转式、琴键式、跷板式。
- 按有无调速功能分为：不调速式、调速式。
- 按调速方式分为：电扰器调速式、吊扇绕组抽头调速式。

（2）吊扇用开关基本参数。
- 开关的最高工作电压为250V。
- 开关的额定频率为50Hz。
- 开关的基本电阻性负载额定电流不大于4A。
- 控制的吊扇输入功率不超过120W。

电扇组装实例

壁扇的安装：

（1）壁扇底座可采用尼龙塞或者膨胀螺栓牢靠固定。

（2）尼龙塞或膨胀螺栓的数量不应少于2个，并且直径不应小于8mm。

（3）为避免妨碍人的活动，壁扇下侧边缘距地面的高度不宜小于1.8m，并且底座平面的垂直偏差不宜大于2mm。

（4）壁扇的防护罩应扣紧以固定牢靠。

(5）运转时扇叶与防护罩均没有明显的颤动、异常声响。

6-18 明装电话线线槽

有一种电话线线槽采用硬质 PVC(灰色)料制成,由槽底及槽盖组成,配附双面胶。工作温度为 −25℃,持续高温可至 70℃。安装时,首先将地板擦拭干净,再将底槽双面胶撕开,粘贴固定于地板上,随后装入电线,盖上槽盖。电话线槽规格与电线容量对照参见表 6-6。

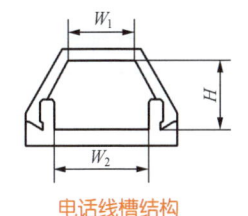

表 6-6 电话线槽规格与电线容量对照表

型号	内宽 W_1	内宽 W_2	内高 H	电线容量以 0.8mm 计算
TC-1	8	8	5	1 条
TC-2	11	12	7	2 条
TC-3	13	14	8	3~4 条
TC-4	14	17	12	4~7 条
TC-5	12	17	15	7~9 条
TC-6	12	20	17	10~15 条
TC-8	32	37	17	30~40 条

电话线槽结构

6-19 PP-R 明装的要求与规范

1. PP-R 明装的要求与规范

(1）明敷的给水立管需要布置在靠近用水量大的卫生器具的墙角、墙边或立柱旁。

(2）明敷的给水管不得穿越卧室、储藏室及烟道、风道。

(3）给水管道应远离热源,立管距热水器或灶边净距不得小于 400mm,当条件不具备时,应加隔热防护措施,但最小净距不得小于 200mm。

(4）布置在地坪层内的管道,应有定位尺寸,宜沿墙敷设。当有可能遭到损坏时,局部管道应加套管保护。

(5）管道穿越地下室外壁等有防水要求处时,应设刚性或柔性钢制防水套管,并应有可靠的防渗和固定措施。

(6）水池、水箱连接浮球阀或其他进水设备时,应有可靠的固定措施,浮球阀等进水设备的重量不应作用在管道上。

(7）受阳光直接照射的明敷管道,应采取遮蔽措施。

(8）明装热水管道穿墙壁时,应设置钢套管,套管两端应与墙面持平。

(9）冷水管穿越墙时,可预留洞,洞口尺寸比穿越管道外径大 50mm。

(10）管材与管件连接端面应去除毛边和毛刺,必须清洁、干燥、无油。

(11）管道安装时必须按不同管径和要求设置管卡或吊架,位置应正确,管卡与管道接触应紧密,但不得损伤管理表面。

（12）采用金属管卡或吊架时，金属管卡与管道之间采用塑料带或橡胶等软物隔垫。

（13）管道安装应横平竖直、铺设牢固，坡度符合要求。

（14）管外径在 25mm 以下给水管的安装，管道在转角、水表、水龙头或角阀及管道终端的 100mm 处应设管卡。

（15）管道采用螺纹连接时，在其连接处应有外露螺纹，进管必须五牙以上。

（16）立管、横管支吊架的间距不得大于表 6-7 和表 6-8 的规定。

表 6-7　　　　　　　　　冷水管支吊架最大间距　　　　　　　　　　mm

公称外径	D_e 20	D_e 25	D_e 32	D_e 40	D_e 50	D_e 63
横管	650	800	950	1100	1250	1400
立管	1000	1200	1500	1700	1800	2000

表 6-8　　　　　　　　　热水管吊架最大间距　　　　　　　　　　mm

公称外径	D_e 20	D_e 25	D_e 32	D_e 40	D_e 50	D_e 63
横管	500	600	700	800	900	1000
立管	900	1000	1200	1400	1600	1700

2. 案例

洗手盆的安装和管卡的固定如下。

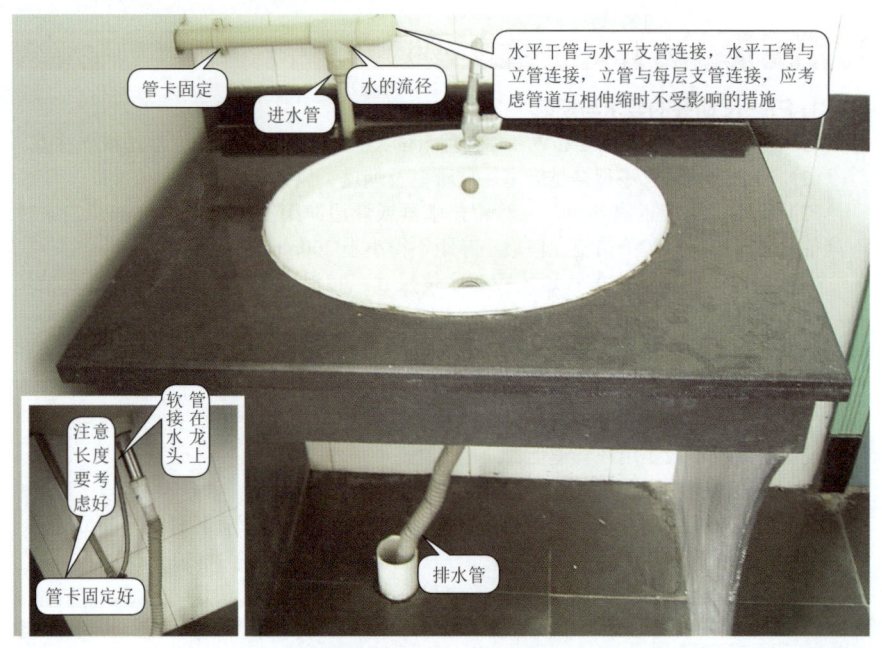

洗手盆的安装（一）

第6章 明装技能教你用 | 225

洗手盆的安装（二）

6-20 聚丙烯给水管道的管支撑中心距离的确定

聚丙烯给水管道管支撑中心距离见表6-9。

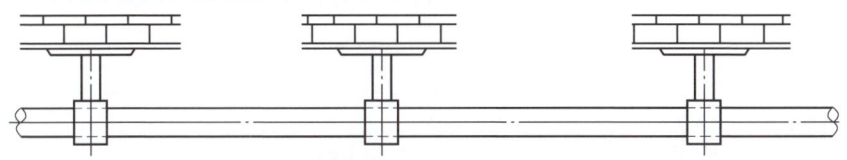

聚丙烯给水管道的管支撑中心距离

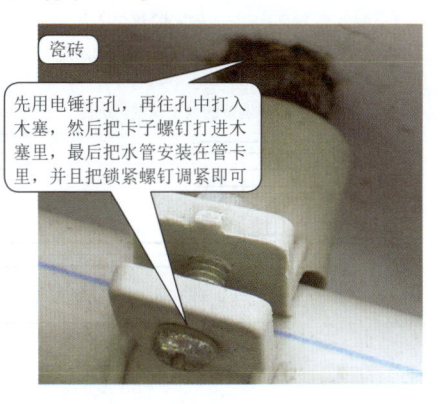

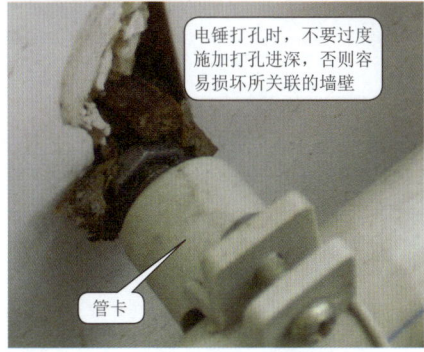

采用专用卡子，这种自制的卡子，固定不稳

排水管专用卡子

瓷砖

先用电锤打孔，再往孔中打入木塞，然后把卡子螺钉打进木塞里，最后把水管安装在管卡里，并且把锁紧螺钉调紧即可

阀门前后需要采用管卡固定，否则，操作阀门时，会使管子位移以及操作不便

电锤打孔时，不要过度施加打孔进深，否则容易损坏所关联的墙壁

管卡

管卡固定

表 6-9　　　　　　　　聚丙烯给水管道的管支撑中心距离　　　　　　　　　　cm

d/mm	20℃ PN10	20℃ PN20	40℃ PN20	60℃ PN20	80℃ PN20	d/mm	20℃ PN10	20℃ PN20	40℃ PN20	60℃ PN20	80℃ PN20
20	70	80	70	65	60	63	130	140	130	120	110
25	75	85	80	75	70	75	150	170	160	150	130
32	90	100	90	75		90	185	205	195	180	160
40	100	110	105	95	85	110	195	220	200	180	160
50	115	125	115	105	90						

注　用槽钢来支撑管道，管夹间的距离应约为150~180cm。

6-21　PP-R 明装补偿臂最小长度的确定

PP-R 明装补偿臂最小长度的确定方法如下。

- U 形接头补偿臂的最小长度是指从 90°拐弯的点到下一个结合处间的距离
- T 形接头补偿臂的最小长度是指从 90°拐弯的点到下一个铆接点之间的距离

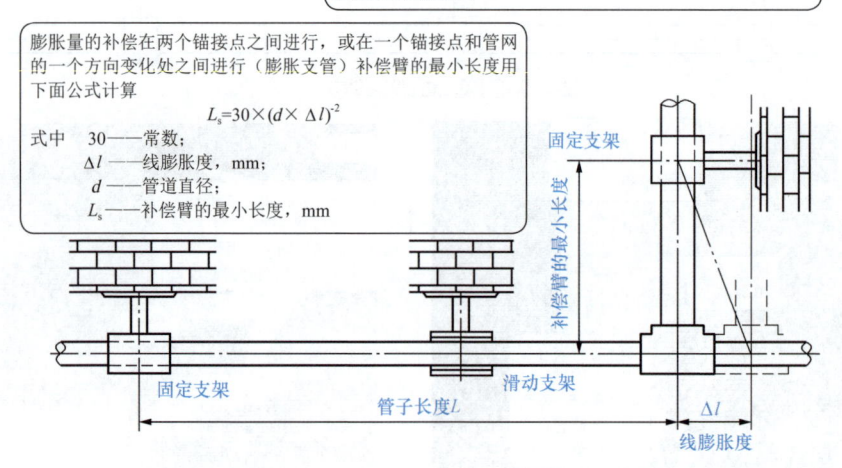

膨胀量的补偿在两个锚接点之间进行，或在一个锚接点和管网的一个方向变化处之间进行（膨胀支管）补偿臂的最小长度用下面公式计算

$$L_s = 30 \times (d \times \Delta l)^{1/2}$$

式中　30——常数；
　　　Δl——线膨胀度，mm；
　　　d——管道直径；
　　　L_s——补偿臂的最小长度，mm

PP-R 明装补偿臂最小长度的确定

6-22　PP-R 明装膨胀或收缩的防止与补偿

PP-R 明装膨胀或收缩的防止与补偿方法如下。

第6章 明装技能教你用

用膨胀回路补偿膨胀（$d63\sim d110$）：管网方向改变的各处均可用来补偿线膨胀量，某些情况下，要用一种膨胀"U"回路（该方法主要用于 $d50$ 以上的管道）

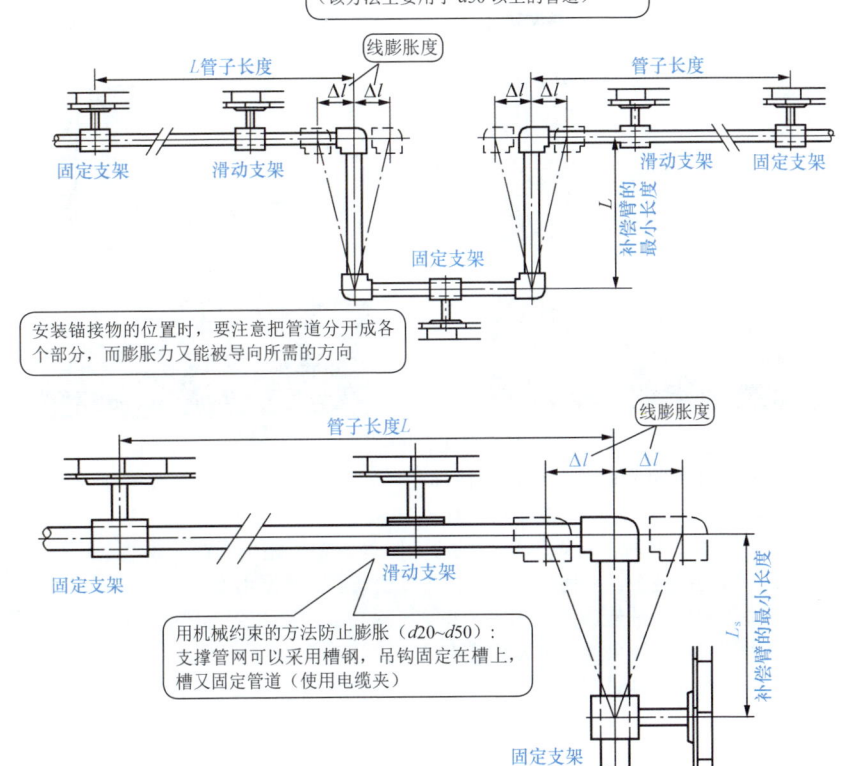

图中标注：L 管子长度、线膨胀度 Δl、固定支架、滑动支架、补偿臂的最小长度 L、管子长度

安装锚接物的位置时，要注意把管道分开成各个部分，而膨胀力又能被导向所需的方向

图中标注：管子长度 L、线膨胀度 Δl、固定支架、滑动支架、补偿臂的最小长度 L_s、固定支架

用机械约束的方法防止膨胀（$d20\sim d50$）：支撑管网可以采用槽钢，吊钩固定在槽上，槽又固定管道（使用电缆夹）

安装说明：

PP-R 暗装到墙壁、楼板、隔离材料等处的管道是能够防止膨胀的。压力和拉伸应力都被吸收而又不损坏各种材料。

管道外径不宜超过 D_e25，连接方式应采用热熔连接。

PP-R 明装膨胀或收缩的防止与补偿

6-23 波纹管安装、成型技巧

（1）波纹管成型——两根波纹管并排安装，一般需要注意平行。

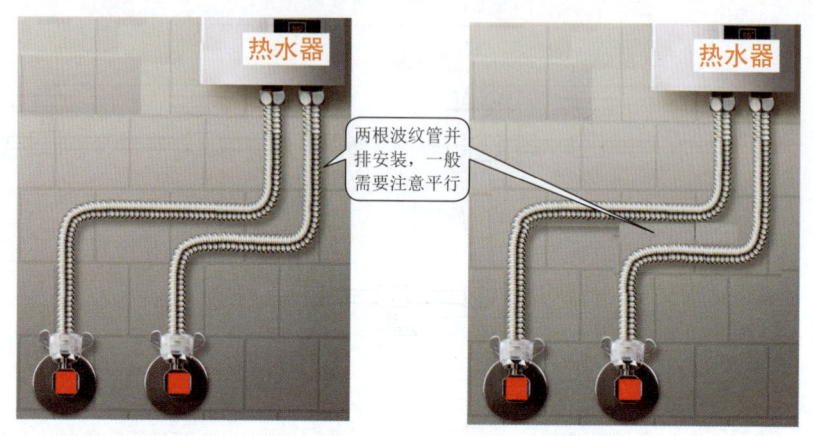

两根波纹管并排安装，一般需要注意平行

两根波纹管并排安装

（2）不管任何类型的波纹管，弹性都是一定的，过度弯曲，会使波纹管变形折损、折瘪，影响使用，甚至只能截断换管。

（3）波纹管安装时，带螺母那一段弯的时候一定要跟角阀在一条线上，不能倾斜。如果斜着硬拧进去，会使螺母或者接口处变弯，出现漏水现象。

（4）由于编织管的密封圈老化快，并且不耐高温，进水管（冷端）可以用编织管连接，出水管（热端）只能够用波纹管连接。

（5）使用波纹管尽量采用常规尺寸的，这样有利于安装成型后漂亮一些，以及维修更换便利。

（6）波纹管成型最好一次弯曲成型。

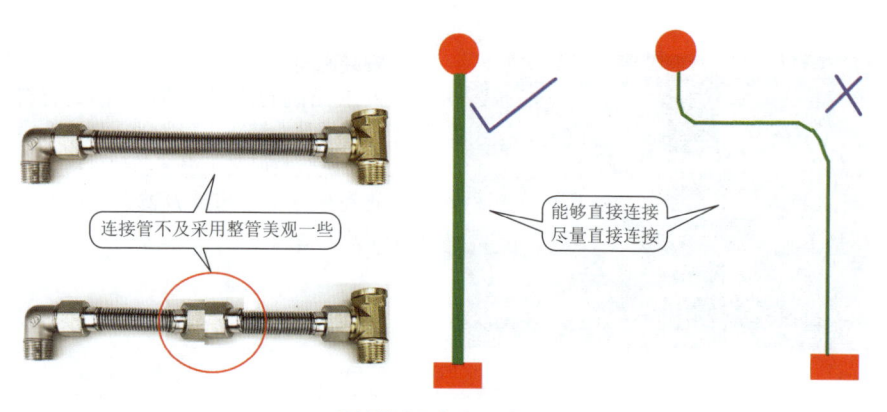

连接管不及采用整管美观一些

能够直接连接尽量直接连接

波纹管成型与连接（一）

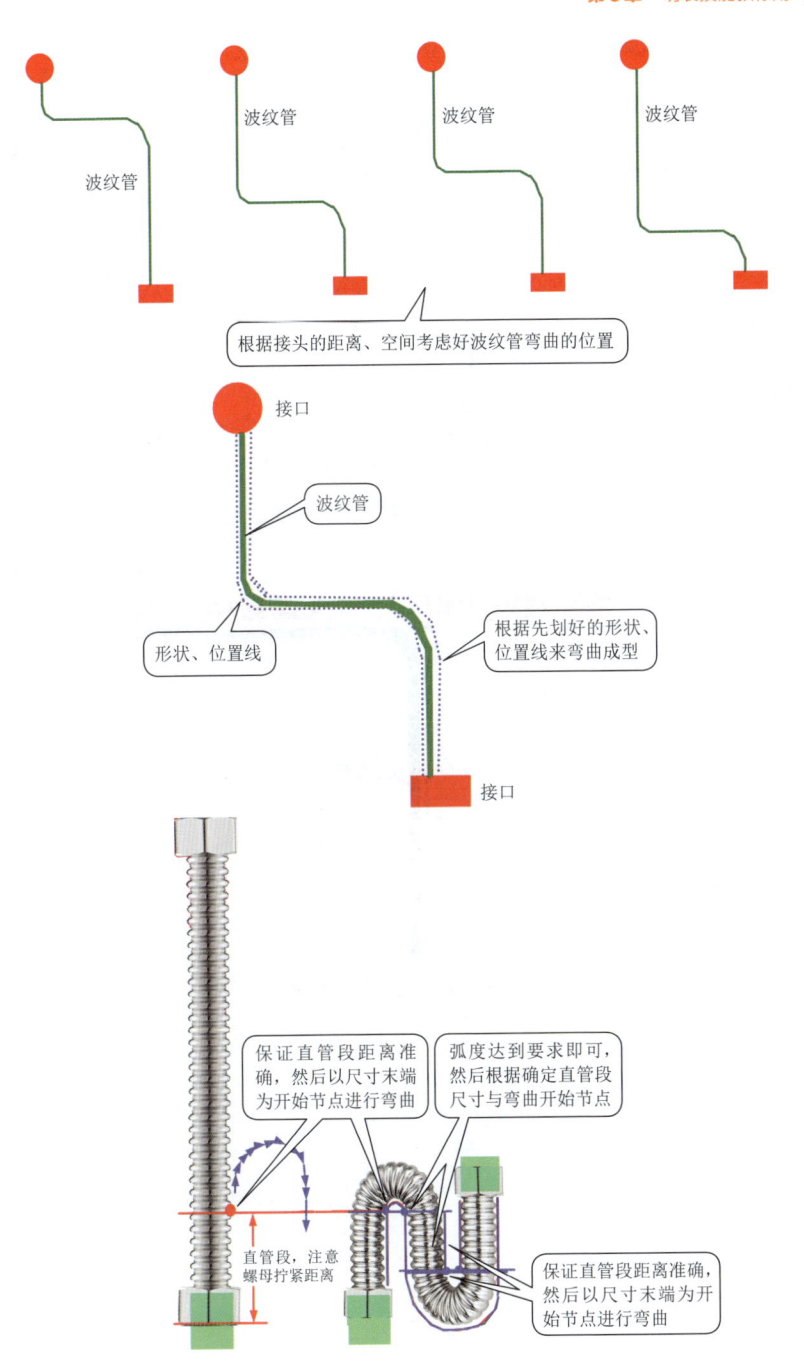

第6章 明装技能教你用　229

波纹管

波纹管

波纹管

波纹管

根据接头的距离、空间考虑好波纹管弯曲的位置

接口

波纹管

形状、位置线

根据先划好的形状、位置线来弯曲成型

接口

保证直管段距离准确，然后以尺寸末端为开始节点进行弯曲

弧度达到要求即可，然后根据确定直管段尺寸与弯曲开始节点

直管段，注意螺母拧紧距离

保证直管段距离准确，然后以尺寸末端为开始节点进行弯曲

波纹管成型与连接（二）

（7）需要呈圆弧 90°的波纹管成型，尽量不要弯曲成为大于或者小于 90°的波纹管。

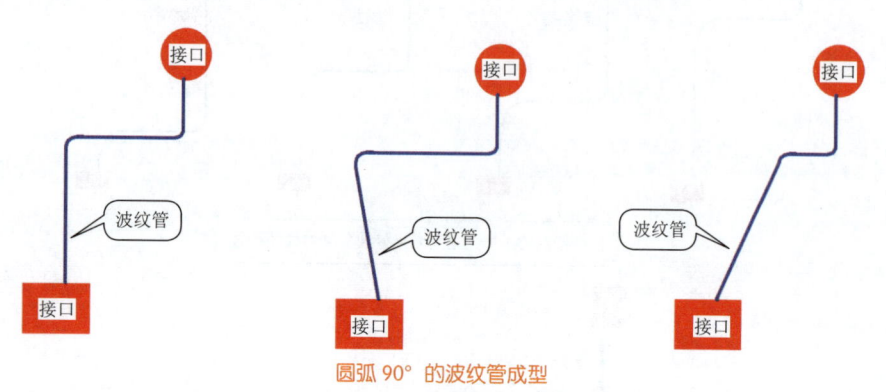

圆弧 90°的波纹管成型

（8）需要呈圆弧 90°的可以利用弯曲模型支架来进行。

利用弯曲模型支架来进行

附录A 掌握家装常见尺寸

根据身高确定洗菜盆台面的方法如下：

如果 1.7m 的人，洗菜盆台面高度一般为 850mm。

如果 1.65m 的人，洗菜盆台面高度一般为 820mm。

如果 1.6m 的人，洗菜盆台面高度一般为 800mm。

依次类推身高相差 5cm 的人，洗菜盆台面高度相差大约 20~30mm。如果洗菜盆台面距地面的高度太高，则洗菜时很累手。

洗脸盆距地面的高度一般 80~85cm 比较合理。洗脸盆不可太矮，洗菜盆比洗脸盆距地面的高度要矮一些，大约比洗脸盘距地面的高度矮 10~15cm。

一些家装常见尺寸要求如下图所示。

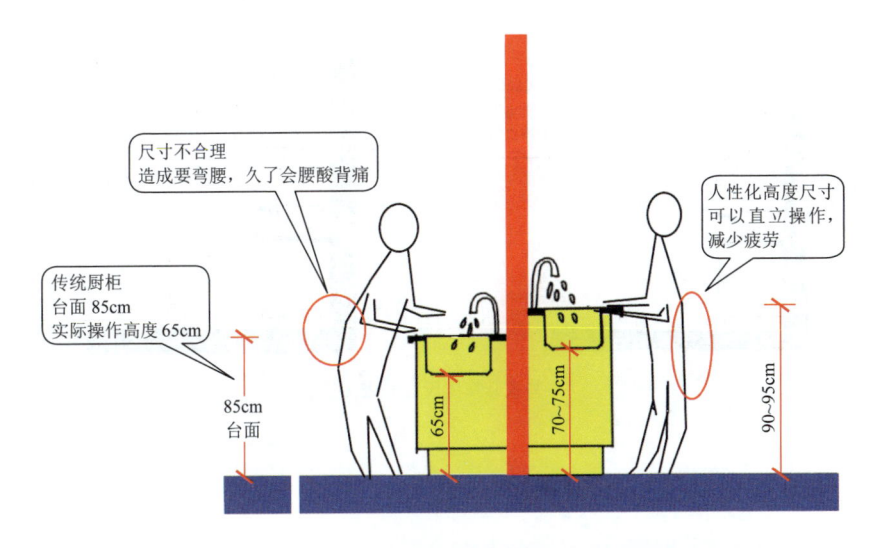

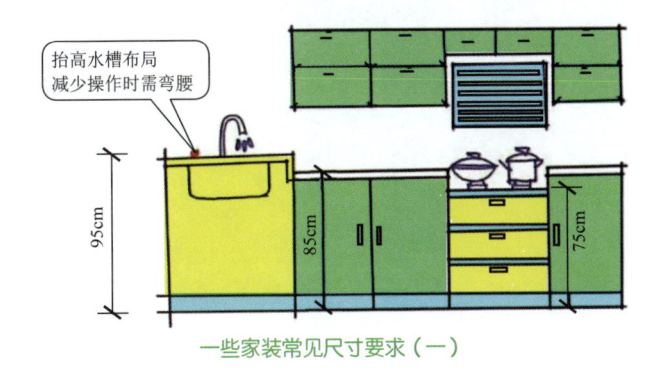

一些家装常见尺寸要求（一）

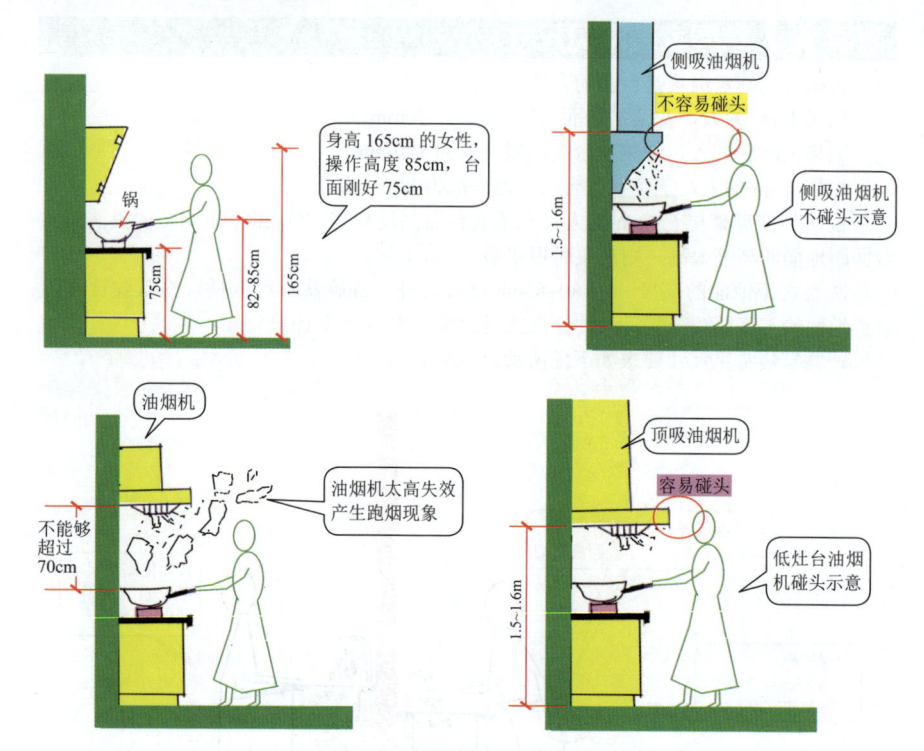

一些家装常见尺寸要求（二）

附录 B　水电基础知识

光环境：光（照度水平、照度分布、照明形式、光色等）与颜色（色调、饱和度、室内色彩分布、显色性能等）与房间形状结合，在房间内所形成的生理和心理的环境。

一般照明：为照亮整个工作面而设置的照明，一般是由若干灯具对称的排列在整个顶棚上所组成。

应急照明：在正常照明因故熄灭的情况下，供暂时继续工作、保障安全或人员疏散用的照明。

弱电线路：电报、电话、有线广播、网络线路装置与保护信号等线路。

中性线（符号 N）：与系统中性点相连接并能起传输电能作用的导体。

接触电压：绝缘损坏后能同时触及的部分之间出现的电压。

带电部分：在正常使用时带电的导体或可导电部分，它包括中性线，但不包括 PEN 线。

外露可导电部分：在正常情况时不带电，但在故障情况下可能带电的电气设备外露可导电体。

保护线（符号 PE）：某些电击保护措施所要求的用来将以下任何部分用作电气连接的导体。

PEN 线：起中性线和保护线两种作用的接地的导体。

接地线：从总接地端子或总接地母线接至接地极的一段保护线。

等电位联结：使各个外露可导电部分及装置外导电部分的电位作实质相等的电气连接。

等电位联结线：用作等电位联结的保护线。

影响管道阻力的因素：有管道粗糙、水的流速、水管管径大小、水管材料、水管组成形式。

公称压力：管材在 20℃时输水的工作压力。如果水温在其他温度需要考虑相关系数，从而修正工作压力。

工作压力：水管正常工作状态下作用在管内壁的最大持续运行压力，其不包括水的波动压力。

设计压力：给水管道系统作用在管内壁上的最大瞬时压力，其一般采用工作压力与残余水锤压力之和。

压力关系：公称压力大于或等于工作压力。设计压力等于工作压力的 1.5 倍。

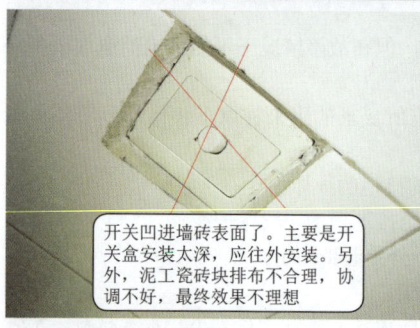

附录 C　家装施工的不规范操作

家装施工的不规范操作如下。

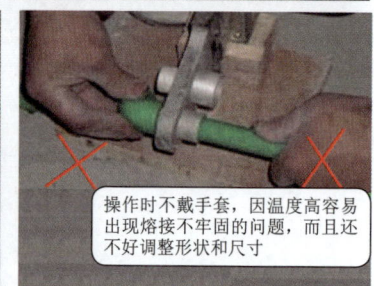

- 灯座必须固定
- 插座布局时，除了考虑使用方便外，还需要考虑维修方便，以及是否妨碍附近设施的后期装饰
- 开关凹进墙砖表面了。主要是开关盒安装太深，应往外安装。另外，泥工瓷砖块排布不合理，协调不好，最终效果不理想
- 需要整理好
- 吊盒、灯头要打蝴蝶结
- 电线需要穿 PVC 管
- PVC 管切口要平齐
- 插座开关应平齐
- 操作时不戴手套，因温度高容易出现熔接不牢固的问题，而且还不好调整形状和尺寸

家装施工的不规范操作（一）

附录C 家装施工的不规范操作

家装施工的不规范操作（二）

贴瓷砖时，应把水龙头去掉

间隙太大，控制盒外盖没能遮住。控制盒不能够凹进去

附录 D 胀塞、膨胀管与金属锚栓套管

1. 胀塞

一些胀塞的特点图解如下。

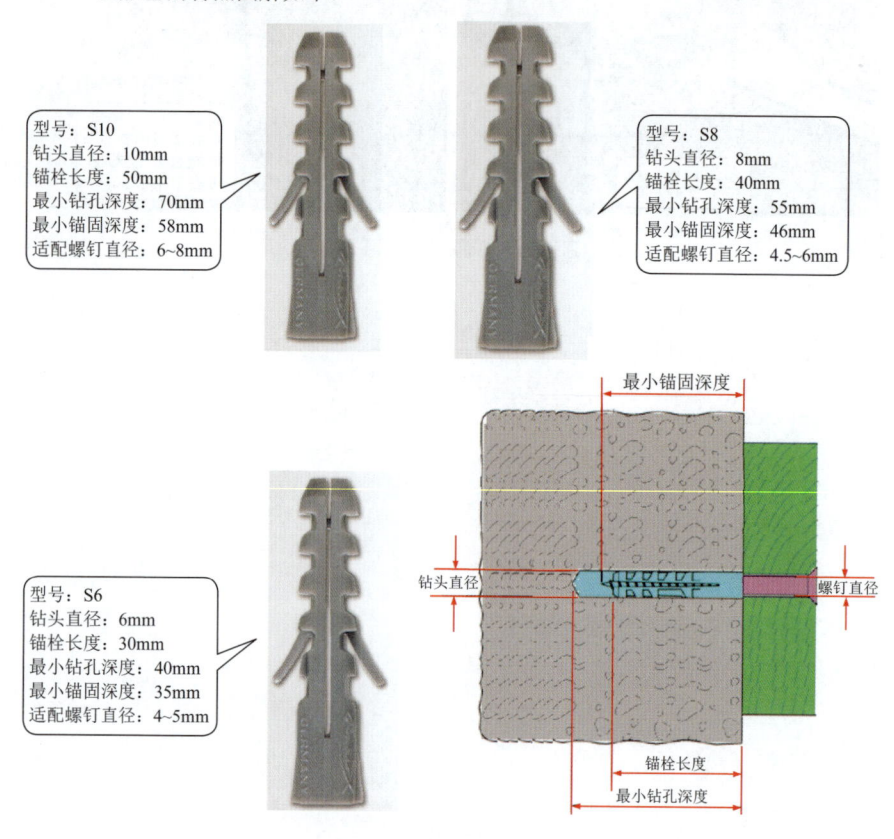

型号：S10
钻头直径：10mm
锚栓长度：50mm
最小钻孔深度：70mm
最小锚固深度：58mm
适配螺钉直径：6~8mm

型号：S8
钻头直径：8mm
锚栓长度：40mm
最小钻孔深度：55mm
最小锚固深度：46mm
适配螺钉直径：4.5~6mm

型号：S6
钻头直径：6mm
锚栓长度：30mm
最小钻孔深度：40mm
最小锚固深度：35mm
适配螺钉直径：4~5mm

一些胀塞的特点图解

2. 膨胀管

膨胀管 6×30（400 个）的识读方法如下：前面的数字代表大小，后面的数字代表长度，括号里的数字代表数量。例如膨胀管 6×30（400 个），直径是 6mm，长度是 30mm，数量是 400 个。

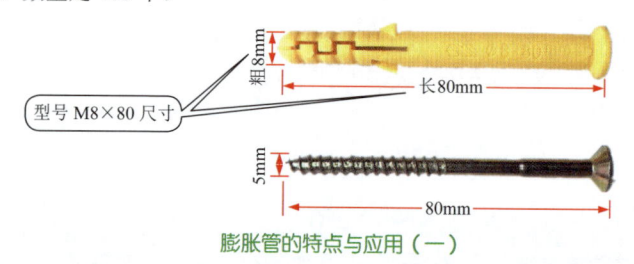

型号 M8×80 尺寸
粗 8mm
长 80mm

5mm
80mm

膨胀管的特点与应用（一）

附录 D 胀塞、膨胀管与金属锚栓套管 | 237

规格 10×50 膨胀管+钉→胀管直径 10mm，总长 50mm，螺纹直径 6mm，螺杆长度不含头 50mm

型号	钻孔直径	钻孔深度	胀管直径 外径	胀管直径 长度	螺钉直径 直径	螺钉直径 长度
M4×20	4	25	4	20	3	20
M5×25	5	30	5	25	3.5	25
M6×30		40		30		30
M6×40	6	50	6	40	4	40
M6×100		110		100		100
M8×40		50		40		40
M8×60	8	70	8	60	5	60
M8×150		160		150		150
M10×50		60		50		50
M10×60	10	70	10	60	6	60
M10×300		310		300		300

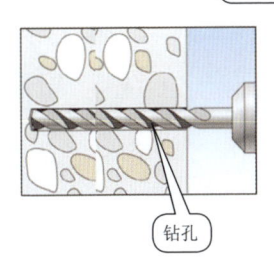

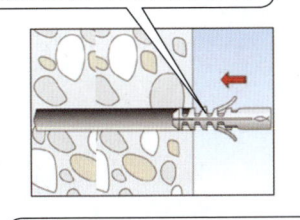

适用于预插式安装和穿透式安装尼龙锚栓

最小边距为一个锚栓长度

钻孔

需要的螺钉长度=锚栓长度+抹灰层和保温材料厚度+1×螺钉直径

膨胀管的特点与应用（二）

3. 金属锚栓套管

金属锚栓套管的特点如下。

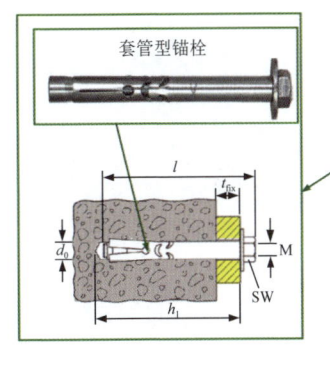

套管型锚栓

规格	钻孔直径 d_0/mm	穿透式安装最小钻孔深度 h_1/mm	最大锚固厚度 t_{fix}/mm	锚栓长度 l/mm	螺杆型号 M	扳手开口 OSW
FSA 8/15 S	8	65	15	64	M6	10
FSA 8/40 S	8	90	40	89	M6	10
FSA 8/65 S	8	115	65	114	M6	10
FSA 10/10 S	10	65	10	65	M8	13
FSA 10/35 S	10	90	35	90	M8	13
FSA 10/60 S	10	115	60	115	M8	13
FSA 12/10 S	12	75	10	76	M10	17
FSA 12/25 S	12	90	25	91	M10	17
FSA 12/50 S	12	115	50	116	M10	17

金属锚栓套管的特点